W0462028

Inhaltsverzeichnis

7 ... Die Zahlen am Seitenrand beziehen sich auf die Seiten im Schulbuch.

Mit Bescheid des Bundesministeriums für Bildung und Frauen, GZ BMUKK-5.091/0009-B/8/2013 vom 14.05.2013 zur Aufnahme in den Anhang zur Schulbuchliste für allgemein bildende höhere Schulen-Oberstufe für die 5. Klasse im Unterrichtsgegenstand Mathematik empfohlen.

Wir freuen uns über Ihre Rückmeldungen (Lob, Kritik und Anregungen). Bitte senden Sie diese an das Lektorat für Mathematik: mathematik@dorner-verlag.at.

3. Auflage, 2015
Alle Drucke sind im Unterricht parallel verwendbar.
Umschlag: Manuela Tippl, Wien
Satz, Layout: Bibliomania GmbH, Esens
Druck: Westermann Druck Zwickau GmbH

Buch-Nr. 165 713

Bleier, Lindenberg, Lindner, Süss-Stepancik
Dimensionen
Mathematik 5 – Neubearbeitung, Lösungen

Hainburger Straße 33, 1030 Wien
Tel.: 01 533 56 36, Fax: 01 533 56 36-15
E-Mail: office@dorner-verlag.at
www.dorner-verlag.at

ISBN 978-3-7055-**1693**-9

Zahlen und Rechengesetze

1 Mengen

1 a) M = Menge der geraden Zahlen von 2 bis 10; V = Menge der Vokale 7
b) $2 \in M$ … wahr, $1 \notin M$ …wahr, $u \in V$ …wahr, $b \in V$ …falsch
c) T … Die Punkte stehen für die geraden Zahlen von 8 bis 16.
G … Die Punkte stehen für alle geraden Zahlen ab 8.
d) D = Menge aller Vielfachen von $3 = \{3, 6, 9, 12, \ldots\}$
e) $W = \{x \mid x \in \mathbb{N} \text{ und } 10 < x < 100\}$
f) Die leere Menge
g) B – F – G – E – C – D – H – A

2 a) $A \subseteq B$ bedeutet: Jedes Element von A ist Element von B. 9
wahr falsch wahr falsch
b) $S \cup T = \{1, 2, 3, 4\}$ (Menge aller Elemente, die entweder Element von S oder Element von T sind)
$S \cap T = \{2, 3\}$ (Menge aller Elemente, die S und T gemeinsam haben)
$S \setminus T = \{4\}$ (Menge aller Elemente von S, die nicht Element von T sind)
c) $W \setminus V = \{-2, 2\}$. Es ist $V \subseteq W$.
d) $E \cap F = \{2\}$ (E und F sind nicht disjunkt); $E \cap H = \{\ \}$ (E und H sind disjunkt)
$F \cap G = \{\ \}$ (F und G sind disjunkt); $F \cap H = \{3\}$ (F und H sind nicht disjunkt)
e)

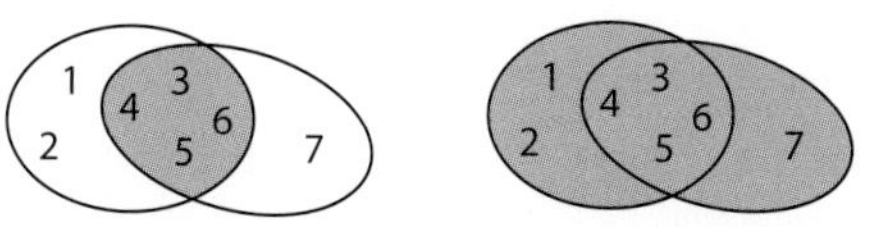

f)

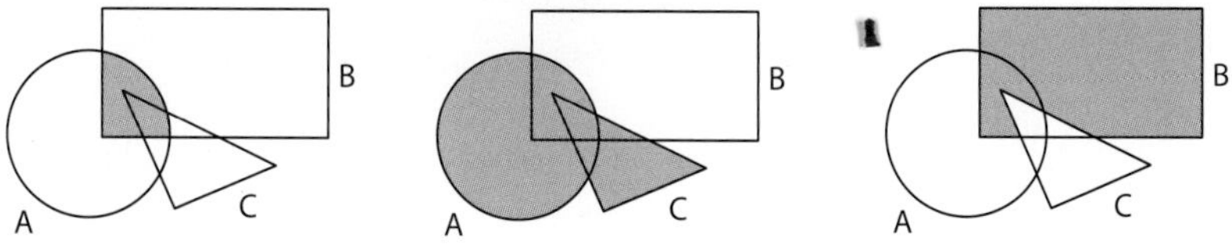

3 a) $3 \in R$, b) $3 \in S$, c) $31 \notin R$, d) $1 \notin S$, e) $13 \in R$

4 ja – nein – nein – nein – ja

5 nein – ja – ja – nein – ja

6 a) $\{n \in \mathbb{N}_u \mid n > 12\}$
b) $\{n \in \mathbb{N}_g \mid n > 7 \text{ und } n < 13\}$, kürzere Schreibweise: $\{n \in \mathbb{N}_g \mid 7 < n < 13\}$. Das ist die Menge $\{8, 10, 12\}$.
c) $\{n \in \mathbb{N}_u \mid 4 < n \text{ und } n < 18\} = \{n \in \mathbb{N}_u \mid 4 < n < 18\}$
d) $\{n \in \mathbb{N}_g \mid n^2 < 19\}$. Das ist die Menge $\{0, 2, 4\}$.
e) $E = \{n \in \mathbb{N} \mid n < 101\}$
f) $F = \{n \in \mathbb{N}_g \mid n \geq 100\}$
g) $G = \{n \in \mathbb{N}_u \mid 13 \leq n \leq 99\}$

7 a) $\{1, 3, 5, 7, 9\}$ b) $\{6, 8, 10\}$ c) $\{4\}$ d) $\{1, 3\}$ 10

8 a) $\{2, 4\}$ b) $\{\ \}$ c) $\{\ \}$ d) $\{\ \}$

9 a) $\{p \in P \mid p < 1000\}$
b) $\{p \in P \mid p > 100$ und $p < 1000\}$ oder $\{p \in P \mid 100 < p < 1000\}$
c) $\{p \in P \mid p < 100$ oder $p > 1000\}$

10 a) H = {Bregenz, Eisenstadt, Graz, Innsbruck, Klagenfurt, Linz, Salzburg, Sankt Pölten, Wien}
b) –
c) T ist die Menge all jener Hauptstädte, die du noch nicht besucht hast.

11 1. Zeile: ja – ja – nein; 2. Zeile: nein – nein – nein

12 a) $\{\ \}, \{2\}, \{3\}, \{2, 3\}$. Beachte: Die leere Menge und die gegebene Menge selbst werden als Teilmengen angesehen! $\{\ \}, \{4\}, \{5\}, \{6\}, \{4, 5\}, \{5, 6\}, \{4, 6\}, \{4, 5, 6\}$
b) $\{4\}, \{9\}, \{4, 9\}$ c) $\{3\}$

13 a) F – D – A – C b) B – D – E – C

14 a) $A \cup B = \{-2, -1, 0, 1, 2\}$, $A \cap B = \{\ \}$, $A \setminus B = A = \{-2, 0, 2\}$
b) $C \cup D = \{1, 2, 3, 4, 5, 6\}$, $C \cap D = \{\ \}$, $C \setminus D = C = \{1, 3, 5\}$
c) $X \cup Y = \{-3, -2, -1, 0, 1, 2, 3\}$, $X \cap Y = \{0\}$, $X \setminus Y = \{-3, -2, -1\}$, $Y \setminus X = \{1, 2, 3\}$
d) Es gibt verschiedene Möglichkeiten, die Mengen anzuschreiben.
$\mathbb{N}_g \cup H = \mathbb{N}_g \cup \{1, 3\} = \{0, 1, 2, 3, 4, 6, 8, 10, \ldots\}$
$\mathbb{N}_g \cap H = \{2, 4\}$
$\mathbb{N}_g \setminus H = \{n \in \mathbb{N}_g \mid n \neq 2$ und $n \neq 4\} = \{0, 6, 8, 10, 12, \ldots\}$
$\mathbb{N}_g \cup \mathbb{N}_u = \{0, 1, 2, 3, 4, 5, \ldots\}$ (Das ist die Menge der natürlichen Zahlen.)
$\mathbb{N}_g \cap \mathbb{N}_u = \{\ \}$
$\mathbb{N}_g \setminus \mathbb{N}_u = \mathbb{N}_g$

15 a)

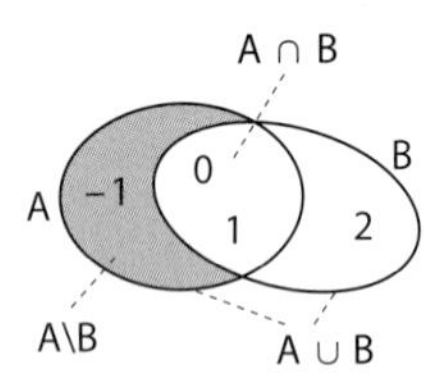

b)

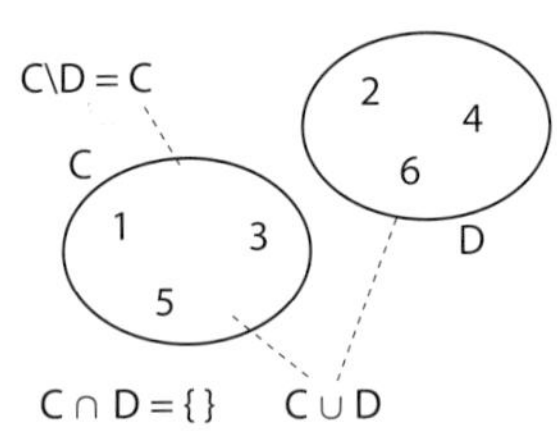

c)

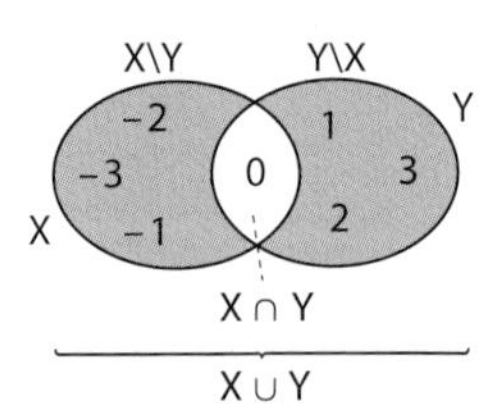

16 D – A – B – F

17 L = {Wien, Salzburg}
J \ L ist die Menge aller Bundesländer, die nicht genauso heißen wie ihre Hauptstadt
J \ L = {Burgendland, Kärnten, Niederösterreich, Oberösterreich, Steiermark, Tirol, Vorarlberg}

18 a) $\{2, 3, 5, 7, 11, 13\}$ b) $\{0, 2, 3, 4, 5, 7, 11\}$
c) $\{2\}$ (denn 2 ist die einzige gerade Primzahl) d) $\{0, 2, 4, 6, 8, 10, 12, 14\}$

19 • Eine eher verbale Begründung könnte so aussehen: $A \cup B$ besteht als allen Elementen von A und B. $A \cap B$ besteht hingegen nur aus den gemeinsamen Elementen von A und B. Jedes Element von $A \cap B$ ist daher auch Element von $A \cup B$. Es gibt kein Element, das in $A \cap B$, aber nicht in $A \cup B$ enthalten ist!

• Eine formalere Begründung könnte so aussehen: Sei $x \in A \cap B$.
Da laut Definition $A \cap B = \{x \mid x \in A \text{ und } x \in B\}$ ist, folgt $x \in A$ und $x \in B$.
Da $A \cup B = \{x \mid x \in A \text{ oder } x \in B\}$ definiert ist, folgt $x \in A \cup B$.
Das bedeutet: $A \cap B \subseteq A \cup B$.
Die Menge $A \cap B$ ist Teilmenge von $A \cup B$ und kann daher nie mehr Elemente haben als diese!

20 ja– nein – ja – nein – ja

21 a)

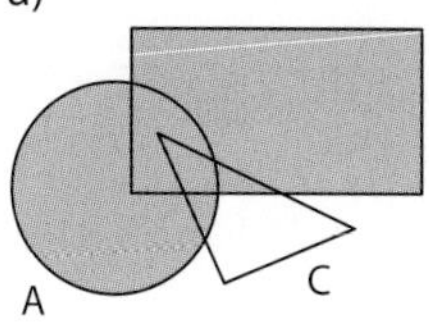

b)

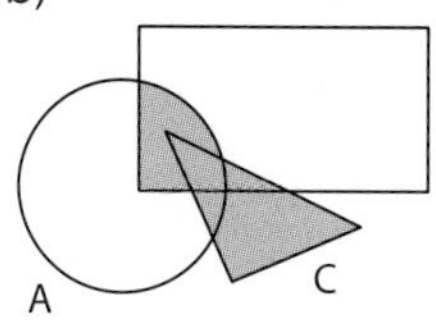

c)

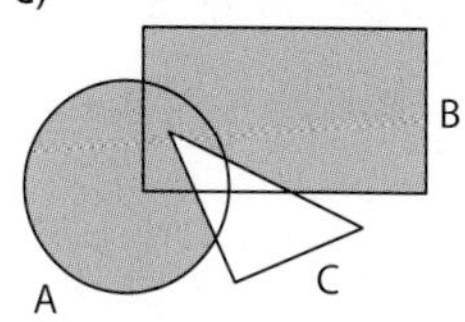

d)

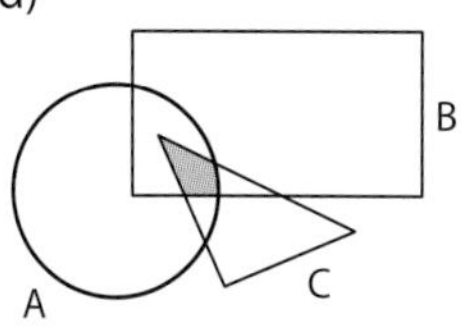

e)

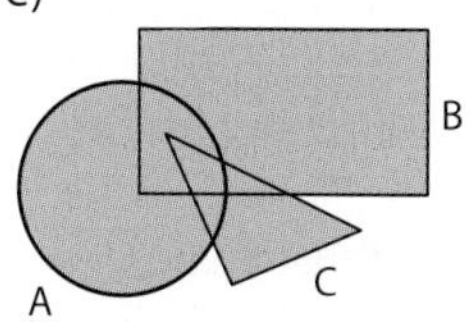

f)

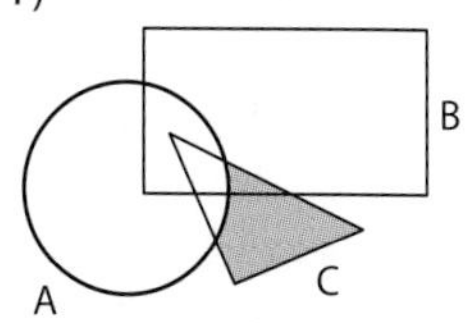

2 Zahlenbereiche

22 (1) Addition, Subtraktion, Multiplikation und Division. Addition und Subtraktion bzw. Multiplikation und Division sind Umkehroperationen. 12
(2) die Zahl 1

23 a) Ankara – Bern: 19 °C, Ankara – Canberra: 19 °C, Ankara – Detroit: –28 °C, Bern – Canberra: 38 °C, Bern – Detroit: –9 °C, Canberra – Detroit: –47 °C
b) Diese Fragen werden mithilfe der Subtraktion beantwortet.

24 Beim Addieren und Multiplizieren natürlicher Zahlen ist das Ergebnis stats wieder eine natürliche Zahl, nicht jedoch beim Subtrahieren und Dividieren. 13
Gegenbeispiele: 3 und 5 sind natürliche Zahlen, aber die Differenz $3 - 5$ ist keine natürliche Zahl. 10 und 3 sind natürliche Zahlen, aber der Quotient $10:3$ ist keine natürliche Zahl.

25 a) ja
b) nein! Gegenbeispiel: 1 und 2 sind ganze Zahlen, aber $\frac{1}{2}$ ist keine ganze Zahl.

26 14

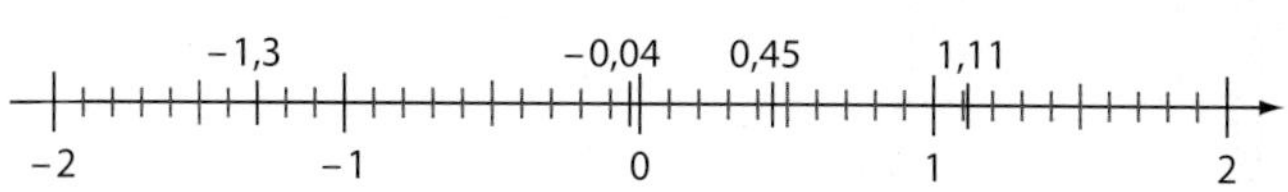

27 (A) −0,4 (B) 0,15 (C) 0,72 (D) 1,68

28 $\frac{12}{11}$ = 1,090 909 090 909 09…, wobei die Punkte die fortwährende Wiederholung der Ziffernfolge 09 bezeichnen.

29 a) 4,35 b) 0,584
c) 0,153 846 153 846 153 846… (Wobei die Ziffernfolge 153 846 fortlaufend wiederholt wird.)
d) 0,171 717 171 717 171 7… (Wobei die Ziffernfolge 17 fortlaufend wiederholt wird.)
e) −1,333 333 333 333 333 3… (Wobei auch alle folgenden Stellen 3 sind.)
f) −0,428 571 428 571 428 571… (Wobei die Ziffernfolge 428 571 fortlaufend wiederholt wird.)

15 30 a) $\frac{7}{9}$ b) $\frac{38}{99}$ c) $\frac{123}{999}$

31 z. B. a) $-\frac{16}{10}$ oder $-\frac{8}{5}$ b) $\frac{124}{9}$ c) $\frac{10}{99}$ d) $\frac{28}{100}$ oder $\frac{7}{25}$

32 z. B.: Zwischen −0,5 und 0,375 liegt −0,0625, zwischen 0,375 und 1,25 liegt 0,8125, zwischen −0,5 und −0,0625 liegt −0,28125.

16 33 3,14 ist rational; 7,055 555… ist rational; 0,0,123456789101112131415… ist irrational.

34 Nein, denn ihre Dezimaldarstellung bricht weder ab, noch ist sie periodisch.

35 1,414 213 562 373 095 048 801… Es ist keine Gesetzmäßigkeit der Ziffernfolge erkennbar.

17 36 wahr – wahr – falsch – falsch – falsch
Richtigstellung: $\sqrt{23} \notin \mathbb{Q}$, $\sqrt{81} \in \mathbb{Q}$, $\pi \notin \mathbb{Q}$

37

	$\mathbb{N}$	$\mathbb{Z}$	$\mathbb{Q}$	$\mathbb{R}$
1 ist Element von …	X	X	X	X
−3 ist Element von …	O	X	X	X
10,7 ist Element von …	O	O	X	X
π ist Element von …	O	O	O	X
0 ist Element von …	X	X	X	X

18 38 a) [−3; 2]

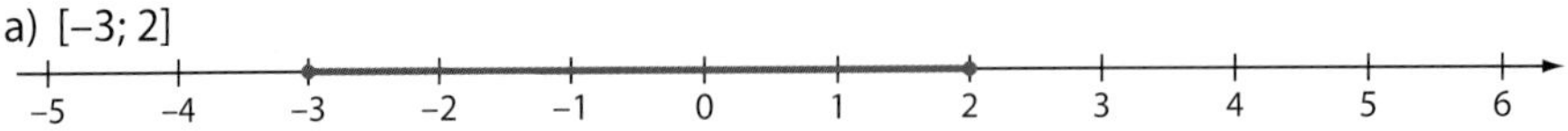

b)]−4; 0[

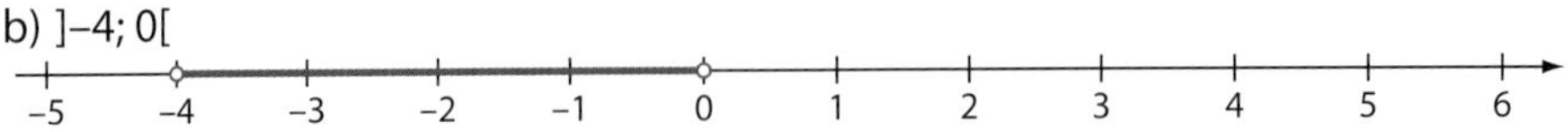

c)]−∞; 5]

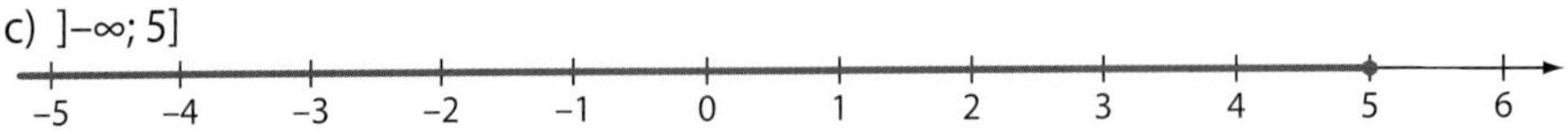

d)]0; ∞[

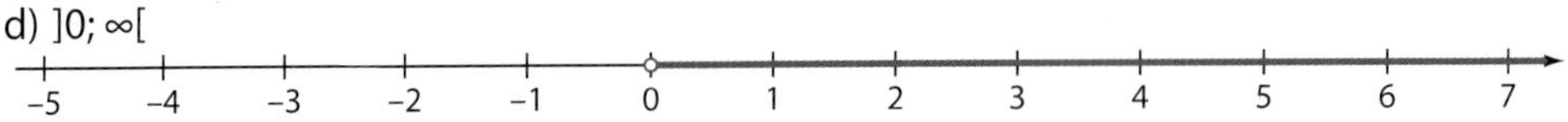

39 a) $\{x \in \mathbb{R} \mid 4 \leq x \leq 10\}$ b) $\{x \in \mathbb{R} \mid -2 < x \leq 3\}$ c) $\{x \in \mathbb{R} \mid 1 \leq x\}$
d) $\{x \in \mathbb{R} \mid 0 < x < 5\}$ e) $\{x \in \mathbb{R} \mid -3 \leq x < -1\}$ f) $\{x \in \mathbb{R} \mid x \leq 0\}$

40 A entspricht der Zahl 5,236. B entspricht der Zahl 5,243.
C entspricht der Zahl 5,2495. D entspricht der Zahl 5,2552.

41 a) 0,181 818 181 818 18… b) 0,072 727 272 727 272… c) −0,666 666 666 666…
d) 3,142 857 142 857 142 857 (Wobei die Zifferfolge 142 857 fortlaufend wiederholt wird.)
e) 3,666 666…

42 a) 1,4 b) −0,833 333 333… c) 9 d) 0,36
e) −0,142 857 142 857 142 857… f) 0,444 444 44… g) −0,666 666 66…
h) 3,75 i) 0,181 818 181 8… j) −1,125

43 a) $-\frac{2308}{999}$ b) $\frac{103}{33}$ c) $-\frac{41}{333}$ d) $\frac{73}{10}$

44 falsch – falsch – richtig – richtig – falsch

45 a) $\mathbb{N}^*$ umfasst alle natürlichen Zahlen ab 1.
b) $\mathbb{R}\setminus\mathbb{Q}$ umfasst alle reellen Zahlen, die nicht als Bruch darstellbar sind, also alle irrationalen Zahlen.
c) $\mathbb{Z}\setminus\mathbb{N}$ umfasst alle negativen ganzen Zahlen.
d) $\mathbb{Q} \cap \mathbb{Z}$ umfasst alle ganzen Zahlen.
e) $\{z \in \mathbb{Z} \mid z > 0\}$ umfasst alle positiven ganzen Zahlen.
f) $\{a \in \mathbb{Q} \mid 0 < a < 1\}$ umfasst alle rationalen Zahlen, die größer als 0 und kleiner als 1 sind..

46 a)]3, 6[b) [0, ∞[c) [3, 5[d)]7, 10] e)]−∞, − 1] f)]−1, 1]

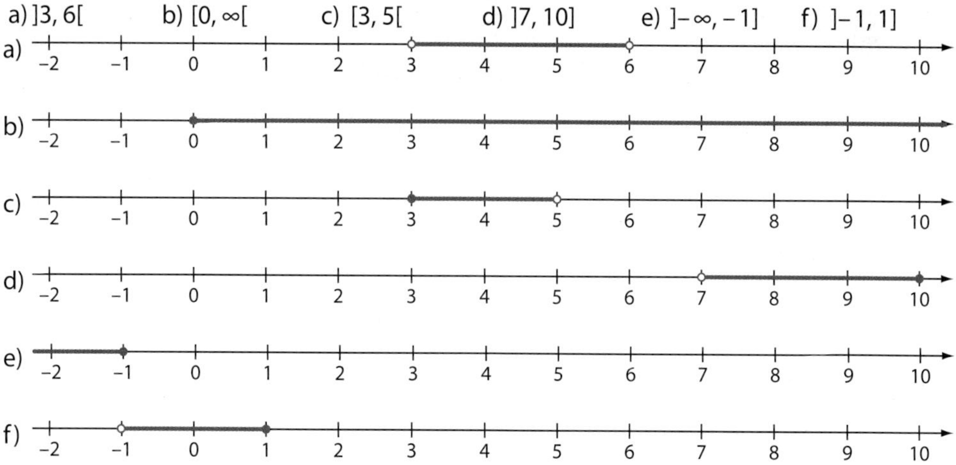

47 a) $\{x \in \mathbb{R} \mid 0 < x \leq 1\}$
b) $\{x \in \mathbb{R} \mid -1 < x < 1\}$
c) $\{x \in \mathbb{R} \mid -2 \leq x \leq 4\}$
d) $\{x \in \mathbb{R} \mid 0 \leq x < 10\}$
e) $\{x \in \mathbb{R} \mid x > 0\}$
f) $\{x \in \mathbb{R} \mid x \geq 0\}$
g) $\{x \in \mathbb{R} \mid -20 \leq x < 5\}$
h) $\{x \in \mathbb{R} \mid 0{,}5 < x < 1\}$
i) $\{x \in \mathbb{R} \mid x < 1\}$
j) $\{x \in \mathbb{R} \mid -1 < x \leq 1\}$
k) $\{x \in \mathbb{R} \mid 8 < x < 9\}$
l) $\{x \in \mathbb{R} \mid 3 \leq x < 9\}$

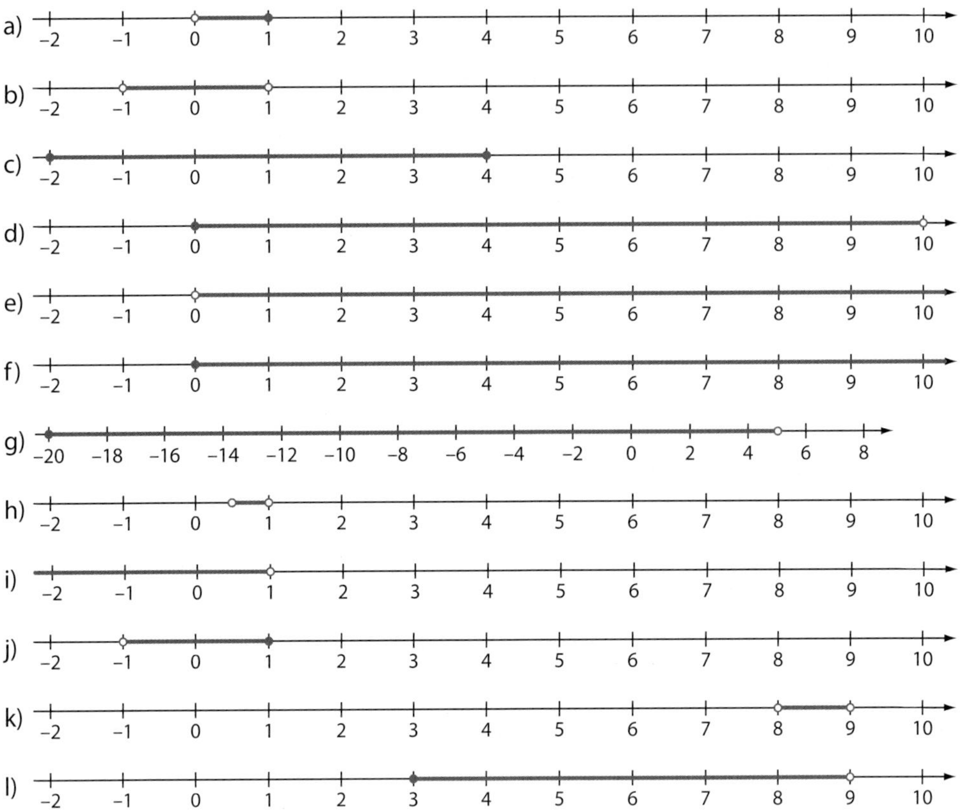

48 C – D – A – E – B

49 a) $\{x \in \mathbb{R} \mid 2 < x < 7\} =]2, 7[$ (ist ein Intervall)
b) $\{x \in \mathbb{R} \mid 1 \leq x \leq 2 \text{ oder } 3 \leq x \leq 4\}$ (ist *kein* Intervall)
c) $\{x \in \mathbb{R} \mid 0 \leq x \leq 3\} = [0, 3]$ (ist ein Intervall)

50 Die Beweise verlaufen ganz analog zum Beweis für die Irrationaliltät von $\sqrt{2}$.

51 Wird $\sqrt{4} = \frac{p}{q}$ geschrieben, wobei so weit wie möglich gekürzt wurde, so ist $q = 1$, denn es gilt $\sqrt{4} = \frac{2}{1}$. Damit fällt die entscheidende Voraussetzung für das Funktionieren des Arguments weg: Das Quadrat dieser Darstellung, $4 = \frac{2 \cdot 2}{1 \cdot 1}$, führt nun auf keinen Widerspruch mehr.

52 falsch – richtig – richtig – falsch – richtig

3 Rechengesetze für reelle Zahlen

53 falsch – richtig – falsch – richtig – richtig 20

54 ja – nein – nein – ja
Beim zweiten und dritten Ausdruck wird durch 0 dividiert.

55 a) $29 \cdot 16 = (30 - 1) \cdot 16 = 30 \cdot 16 - 1 \cdot 16 = 480 - 16 = 464$ (Distributivgesetz) 22
b) $27{,}2 + 23{,}4 + 6{,}6 - 7{,}2 = 27{,}2 - 7{,}2 + 23{,}4 + 6{,}6 = (27{,}2 - 7{,}2) + (23{,}4 + 6{,}6) =$
$= 20 + 30 = 50$ (Kommutativgesetz der Add., Assoziativgesetz)
c) $17 \cdot 5{,}1 = 17 \cdot (5 + 0{,}1) = 17 \cdot 5 + 17 \cdot 0{,}1 = 85 + 1{,}7 = 86{,}7$ (Distributivgesetz)

56 a) 0 b) 9 c) 4 d) 3

57 ja – ja – nein – nein 23
Beim dritten Ausdruck wird durch 0 dividiert. Beim 4. Ausdruck wird aus einer negativen Zahl die Wurzel gezogen.

58 a) 40 b) 30 c) 320 d) 300
(Kommutativgesetz der Addition, Assoziativgesetz)

59 a) 1624 b) 2990 c) 1176 d) 2970
(Distributivgesetz)

60 a) $23 \cdot 81 + 19 \cdot 23 = 23 \cdot 81 + 23 \cdot 19 = 23 \cdot (81 + 19) = 23 \cdot 100 = 2300$
(Kommutativgesetz der Multiplikation, Distributivgesetz)
b) $114 \cdot 39 - (62 - 48) \cdot 39 = 114 \cdot 39 - 14 \cdot 39 = (114 - 14) \cdot 39 = 100 \cdot 39 = 3900$
(Distributivgesetz)
c) $241 \cdot 61 - 6100 - 61 \cdot 41 = 241 \cdot 61 - 100 \cdot 61 - 41 \cdot 61 = (241 - 100 - 41) \cdot 61 =$
$= 100 \cdot 61 = 6100$ (Kommutativgesetz der Multiplikation, Distributivgesetz)
d) $378 \cdot (172 - 22) - 140 \cdot 378 = 378 \cdot 150 - 140 \cdot 378 = 378 \cdot 150 - 378 \cdot 140 =$
$= 378 \cdot (150 - 140) = 378 \cdot 10 = 3780$
(Kommutativgesetz der Multiplikation, Distributivgesetz)

61 a) 2 b) 8 c) 8 d) –1

62 a) 3,5 b) 4,4 c) 3,4

4 Zehnerpotenzen: Von großen und kleinen Zahlen

63 24

a) $10^3 = 10 \cdot 10 \cdot 10 = 1000$	3 Nullen	eintausend
b) $10^6 = \ldots = 1\,000\,000$	6 Nullen	eine Million
c) $10^9 = \ldots = 1\,000\,000\,000$	9 Nullen	eine Milliarde
d) $10^{12} = \ldots = 1\,000\,000\,000\,000$	12 Nullen	eine Billion

64 a) 450 b) 230 c) 7071,1 d) 96 e) 37,2
Beim Multiplizieren mit 10, 100, 1000, … verschiebt sich das Komma um 1, 2, 3, … Stellen nach rechts. Beim Dividieren durch 10, 100, 1000, … verschiebt sich das Komma um 1, 2, 3, … Stellen nach links.

65

	Anzahl der Nullen		
	erster Faktor	zweiter Faktor	Ergebnis
a) $10^4 \cdot 10^8 = 1\,000\,000\,000\,000 = 10^{12}$	4	8	12
b) $10^6 \cdot 10^{12} = 10^{18}$	6	12	18
	Zähler	Nenner	Ergebnis
c) $\frac{10^5}{10^3} = 100 = 10^2$	5	3	2
d) $\frac{10^8}{10^2} = 1\,000\,000 = 10^6$	8	2	6

25 66 Die entsprechenden Regeln bzw. Definitionen lauten:
a) $10^a \cdot 10^b = 10^{a+b}$ b) $10^0 = 1$ c) $10^a \cdot 10^b = 10^{a+b}$ d) $10^a \cdot 10^b = 10^{a+b}$
e) $\frac{10^a}{10^b} = 10^{a-b}$ f) $\frac{10^a}{10^b} = 10^{a-b}$ g) $\frac{1}{10^n} = 10^{-n}$ h) $\frac{1}{10^n} = 10^{-n}$

26 67 a) $8 \cdot 10^4 = 8 \cdot 10\,000 = 80\,000$ b) $1{,}6 \cdot 10^6$ = 1,6 Millionen = 1 600 000
c) $0{,}25 \cdot 10^9 = 0{,}25 \cdot 1\,000\,000\,000 = 250\,000\,000$
d) 10^{12} = 1 Billion, daher: $9{,}2 \cdot 10^{12}$ = 9,2 Billionen
e) $3 \cdot 10^{-2} = 3 \cdot 0{,}01 = 0{,}03$ f) $7{,}01 \cdot 10^{-4} = 7{,}01 \cdot 0{,}0001 = 0{,}000701$
g) $0{,}54 \cdot 10^{-2} = 0{,}0054$ h) $400 \cdot 10^{-3}$ ℓ = 400 ml
i) $8 \cdot 10^6$ kg = 8 Millionen kg = 8 000 t

27 68 –

69 –

28 70 a) (1) 3,142 (2) 1,414 (3) 2,236 b) (1) 6,28319 (2) 2,64575 (3) 2,82843
c) (1) 0,38 s (2) 3,45 s (3) 2 min 34,29 s d) (1) 23,7 g (2) 0,4 g (3) 62,3 g
e) (1) 150 Mio km (2) 778 Mio km

71 B – C – E – A

29 72 a) 10^{23} b) 10^{21} c) $5 \cdot 10^{-4}$ d) 10^{14}

73 a) 32 000 000 = 32 Millionen b) 89 000 000 000 = 89 Milliarden
c) 567 000 000 000 000 = 567 Billionen d) 0,000 031 4 = 314 Zehnmillionstel

74 a) $6{,}378 \cdot 10^6$ m b) $45 \cdot 10^9$ W c) $50 \cdot 10^{12}$ drops of water
d) $0{,}2 \cdot 10^{-1}$ ℓ = $2 \cdot 10^{-2}$ ℓ e) $6{,}2 \cdot 10^{-6}$ g f) $250 \cdot 10^{-6}$ m^3

75 a) $6378 \cdot 10^3$ m oder 6378 km b) 348 dag c) 25,68 m
d) 1,732 e) 60,100 f) 60,10

76 a) von 52,8 m/s bis 55,2 m/s bzw. [52,8; 55,2] (Werte in m/s)
b) von 0,013 s bis 0,017 s bzw. [0,013; 0,017] (Werte in s)

77 $9{,}93 \cdot 10^{14}$ km b) $1{,}8 \cdot 10^{11}$

78 a) 10^{19} b) 10^{8} c) $10^{3+6+10} = 10^{19}$ d) $10^{7-(-7)} = 10^{14}$ 30
e) 10^{-9} f) 10^{4} g) 10^{0} h) 10^{-2}

79 a) 10 b) 0,000 000 1 c) 0,000 01 d) 0,1

80 24 Millionen = 24 000 000 = $240 \cdot 10^{5} = 24 \cdot 10^{6}$
24 Tausend = 24 000 = $24 \cdot 10^{3} = 2{,}4 \cdot 10^{4}$
24 Hundertstel = $0{,}24 = \frac{24}{100} = 0{,}024 \cdot 10$
24 Tausendstel = $0{,}024 = \frac{24}{1000} = 0{,}000\,024 \cdot 10^{3}$

81 1. Spalte: ja – ja – ja – nein; 2. Spalte: nein – ja – nein – ja

82 a) 5123 b) 1,212 c) 349 021,4 d) 45,36
e) 0,7123 f) 0,000 098 7 g) 1650 h) 0,006 02

83 a) $45 \cdot 10^{3}$ b) $1{,}234\,000 \cdot 10^{6}$ c) $1{,}2345 \cdot 10^{3}$ d) $812{,}333 \cdot 10^{6}$
e) $818{,}2 \cdot 10^{-3}$ f) $4{,}321 \cdot 10^{-3}$ g) $31{,}4 \cdot 10^{-3}$ h) $25 \cdot 10^{-6}$

84 –

85 a) $4 \cdot 10^{6}$ b) $4{,}39 \cdot 10^{14}$ c) $2{,}7 \cdot 10^{8}$ d) $9{,}82 \cdot 10^{19}$
e) $8 \cdot 10^{-3}$ f) 4,71 g) $2{,}1 \cdot 10^{-5}$ h) $3{,}82 \cdot 10^{-7}$

86 a) $250 \cdot 10^{-3}$ ℓ b) $3{,}7 \cdot 10^{3}$ m c) $78 \cdot 10^{6}$ Tonnen d) $23 \cdot 10^{-2}$ ℓ 31
e) $18 \cdot 10^{-3}$ m f) $45 \cdot 10^{9}$ Watt g) $55 \cdot 10^{3}$ Joule h) $800 \cdot 10^{2}$ ℓ

87 a) $17 \cdot 10^{-1}$ m b) $100 \cdot 10^{-9}$ Meter c) $2 \cdot 10^{-6}$ Sekunden d) $10 \cdot 10^{-12}$ Gramm
e) $78 \cdot 10$ g f) $4 \cdot 10^{-1}$ ℓ g) $12{,}5 \cdot 10^{3}$ g h) $2 \cdot 10^{-3}$ Ampere

88 a) 5 Kilometer b) 24 Megajoule c) 700 Gigawatt d) 1000 Teratonnen
e) 14 Nanogramm f) 50 Milliampere g) 0,8 Pikosekunden h) 6,6 Mikrometer

89 Zum Beispiel:
a) $25 \cdot 10^{3}$ mm b) $45 \cdot 10^{2}$ m c) $5 \cdot 10^{-13}$ m d) $5{,}67 \cdot 10^{3}$ cm
e) $78 \cdot 10^{-1}$ m f) $6{,}5892 \cdot 10$ km g) $9{,}8 \cdot 10^{-1}$ ha h) 5,12 a
i) $6{,}7 \cdot 10^{3}$ m² j) $5 \cdot 10$ dm³ k) $25 \cdot 10^{-3}$ m³ l) $6 \cdot 10^{-4}$ m³

90 C – B – F

91 a) 0,893 m b) 5,7 m c) 0,1 ℓ d) 0,006 s

92 a) von 207 bis 253 V bzw. [207; 253] (Werte in V)
b) von 7,49 g/cm^3 bis 7,55 g/cm^3 bzw. [7,49; 7,55] (Werte in g/cm^3)
c) von 1233 °C bis 1237 °C bzw. [1233; 1237] (Werte in °C)
d) von 34,3 mA bis 37,3 mA bzw. [34,3; 37,3] (Werte in mA)

32

93 a) $299\,792\,458 \cdot 3600 : 1000 = 1\,079\,252\,848{,}8$ km/h
b) (1) $3{,}00 \cdot 10^8$ m/s; 300 Millionen m/s (2) $2{,}99792 \cdot 10^8$ m/s; 299 792 000 m/s
(3) $1{,}079 \cdot 10^9$ km/h; 1079 Millionen km/h (4) $1 \cdot 10^9$ km/h; 1 Milliarde km/h
c) Die Anzahl der Nullen ist in der Gleitkommandodarstellung besser ersichtlich.

94 a) $1 \cdot 10^{-10}$ m = 0,000 000 000 1 m bis $5 \cdot 10^{-10}$ m = 0,000 000 000 5 m
b) $10^{-12} \cdot 10^{-12}$ g = 10^{-12} Pikogramm = 1 billionstel Pikogramm bis
$10^{-10} \cdot 10^{-12}$ g = 10^{-10} Pikogramm = 1 zehnmilliardstel Pikogramm
c) $0{,}2 \cdot 10^{-9} < 3{,}5 \cdot 10^{-10} = 0{,}35 \cdot 10^{-9}$
d) $10^{-24} < 10^{-22}$; bei 10^{-24} steht 1 an der 24. Stelle nach dem Komma, bei 10^{-22} an der 22. Stelle

33

95 a) $5{,}5 \cdot 10^3$ °C, $1{,}4 \cdot 10^9$ m, $1{,}37 \cdot 10^3$ Watt, $1{,}7 \cdot 10^{17}$ Watt
b) Sonne: $6{,}2 \cdot 10^{12}$ km^2, Erde: $5{,}115 \cdot 10^8$ km^2
Verhältnis der Radien Erde–Sonne = 1 : 110
Verhältnis der Oberflächen Erde–Sonne = 1 : 12 000
Der Radius der Sonne ist um das 110-Fache größer als der Radius der Erde, die Oberfläche um das 12 000-Fache.
c) Querschnitt: ca. $1{,}279 \cdot 10^8$ km^2 = $1{,}279 \cdot 10^{14}$ m^2
Strahlungsleistung:
$1{,}279 \cdot 10^{14}$ m$^2 \cdot 1370$ W/m$^2 \approx 1{,}75 \cdot 10^{17}$ W $\approx 1{,}75 \cdot 10^5$ TW $\approx$ 175 000 TW
d) Es ist nur jene Fläche von Bedeutung, auf die die Sonnenstrahlen im rechten Winkel einfallen.

96 a) $6{,}3 \cdot 10^{14}$ Joule, 10^9 Watt, $6 \cdot 10^9$ Tonnen = $6 \cdot 10^{15}$ g, $1{,}5 \cdot 10^7$ °C, 10^8 bar
b) 3,78 Billiarden Terajoule = $3{,}78 \cdot 10^{27}$ Joule; $6 \cdot 10^{12}$ Wochen = 115 Milliarden Jahre
c)

Temelin	1930
Krško	670
Isar 2	1400
Mochovce	870
Goesgen	970

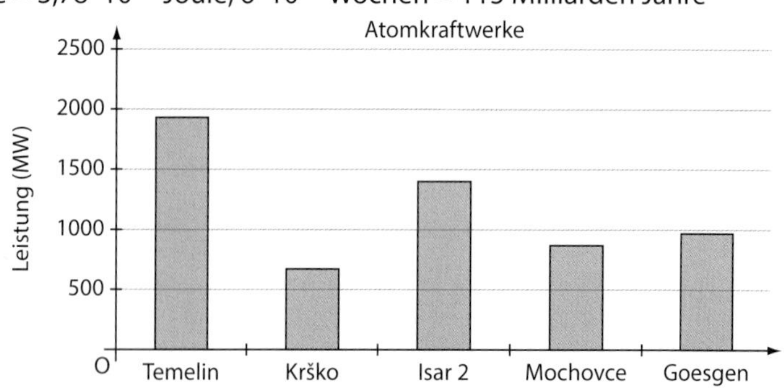

97 a) 1975: ca. $7{,}2 \cdot 10^6$ Fass pro Tag; 1990: ca. $6{,}4 \cdot 10^6$ Fass pro Tag; 2000: ca. $8{,}4 \cdot 10^6$ Fass pro Tag
b) 1970: $\frac{1{,}7 \cdot 10^6}{3{,}8 \cdot 10^6} \approx 0{,}45$, d. h. ca. 45 %; 1980: $\frac{5{,}5 \cdot 10^6}{9{,}9 \cdot 10^6} \approx 0{,}56$, d. h. ca. 56 %

98 a) wahr – wahr – falsch – wahr – falsch – wahr 34
b) Gesamtvermögen (in Klammer der Anteil der Auslandsvermögenswerte laut Grafik)
General Electric (ca. 50 %) – ca. 803 Mrd. Dollar
Toyota Motor (Anteil ca. 58 %) – ca. 292 Mrd. Dollar
Royal Dutch (Anteil ca. 79 %) – ca. 281 Mrd. Dollar
BP (Anteil ca. 83 %) – ca. 228 Mrd. Dollar
Vodafon (Anteil ca. 92 %) – ca. 219 Mrd. Dollar

5 Zahlensysteme

99 Quiz: richtig: a, c, g, i, j 35

100 Quiz: richtig: a, c, d, e, g, j

101 $(1111\,1111)_2 = 128 + 64 + 32 + 16 + 8 + 4 + 2 + 1 = (255)_{10}$ 37

102 a) $2 \cdot 10^3 + 1 \cdot 10$ b) $3 \cdot 10^6 + 7 \cdot 10^5 + 5 \cdot 10^3 + 1 \cdot 10^0$
c) $2 \cdot 10^2 + 3 \cdot 10^0 + 4 \cdot 10^{-1} + 5 \cdot 10^{-2}$ d) $7 \cdot 10^{-1} + 8 \cdot 10^{-3}$

103 a) $8 + 2 + 1 = 11$ b) $128 + 16 + 8 + 1 = 153$
c) $128 + 64 + 32 + 16 + 8 + 4 + 2 + 1 = 255$ d) $64 + 32 + 4 + 2 + 1 = 103$

104 a) 1024 Byte b) 1 048 576 Byte
c) 1 073 741 824 Byte d) 1 099 511 627 776 Byte

105 a) 2 GB = 2 147 483 648 B, 4 GB = 4 294 967 296 B, 8 GB = 8 589 934 592 B, 16 GB = 17 179 869 184 B, 32 GB = 34 359 738 368 B
b) 4 294 967 295 (Es können 2^{32} verschiedene Zahlen dargestellt werden. Da mit 0 begonnen wird, ist die größte Zahl $2^{32} - 1$.)
c) 128 d) 1 114 112

106 a) Die in korrekter binärer Darstellung angegebene Festplatte hat um 8 849 018 880 Byte mehr. 38
b) ca. 112 GB (114 441 MB)

107 7:49

108 a) 2184 b) 65 535 c) 63 281 d) 983 040

109 a) $(0011\,0111\,1000)_2$ b) $(0001\,0011\,1000\,1000)_2$
c) $(1111\,0100\,0010\,0100\,0000)_2$ d) $(0111\,0010\,0111\,0000\,1110\,0000\,0000)_2$

110 –

111 –

Terme und Formeln

1 Aufstellen und Interpretieren von Termen und Formeln

42 **112** a) $n-(n+1)$ b) $z\cdot(z-7)$ c) $\frac{z_1}{z_2}$

113 D – F – A – B

43 **114** $A=\frac{3}{4}\cdot a\cdot h$

115 a) Gesamte Eintrittskosten für den Fanclub
b) Buskosten pro Person
c) Gesamtkosten (Bus + Eintritt) pro Person

116 a) Die Geschwindigkeit der Radfahrerin ist größer als die der Fußgängerin.
b) Die Geschwindigkeit der Radfahrerin ist um 75 % größer als die der Fußgängerin.
c) Die Geschwindigkeit der Fußgängerin beträgt 25 % der Geschwindigkeit der Radfahrerin.
d) Die Geschwindigkeit der Fußgängerin beträgt höchstens 1/3 der Geschwindigkeit der Radfahrerin.

44 **117** (1) Monom (2) Polynom (2) Binom

118 Zum Beispiel: $A=\frac{a\cdot h_a}{2}$, wobei $P=A$, $R=a\cdot h_a$ und $S=2$

45 **119** a) $(a-b)^2=(a-b)(a-b)=a^2-ba-ab+b^2=a^2-2ab+b^2$
b) $(a-b)^3=(a^2-2ab+b^2)(a-b)=a^3-2a^2b+ab^2-a^2b+2ab^2-b^3$
$=a^3-3a^2b+3a^2b-b^3$
c) $(a+b)(a-b)=a^2+ba-ab-b^2=a^2-b^2$

46 **120** a) (II) $(y+2)^2$ b) (I) $(x-3)(x+3)$ c) –
d) – e) (IV) $(t+3)^3$ f) (I) $(3x-5y)(3x+5y)$
g) (I) $(2x-7)(2x+7)$ h) (III) $(x^2-4)^2$ i) (V) $(a-3)^3$

121 a) 5 % b) 25 % c) 75 % d) 50 % e) 10 %

122 A – C – D – B

47 **123** $\frac{700}{x}\,\%$ $\frac{900}{x}\,\%$

124 a) $0{,}12f+0{,}04w$ b) $0{,}07f+0{,}08w$

48 **125** (1) a^2 (2) $\frac{h_b^2}{4}$

126 a) 302,75 b) 87,5 c) 131,25 d) 5 359 375
K_1 ist größer als K_0, wenn der Faktor davor größer als 1 ist, ist der Faktor kleiner als 1, dann ist auch K_1 kleiner als K_0. In d) ist K_1 größer als K_0 für $K_0>1$.

127 zum Beispiel: a) $a = 1, b = 1$ b) $a = -2, b = 0$ c) $b = a$ d) $a = \frac{1}{7}, b = \frac{1}{7}$

128 a) $f > \frac{1}{3}$ b) $e = -10$

129 erste Zeile: falsch – falsch – richtig
zweite Zeile: falsch – richtig 49

130 a) – b) $E = 130x + 100y$ c) $E = mx + by$

131 $S = 12L$

132 $H = 7L$

133 a) $E = 234 \cdot t + 719 \cdot z$ b) $E = (t + 2{,}5) \cdot k_1 + (z + 2{,}5) \cdot k_2$

134 $E = e \cdot x + \frac{e}{3} \cdot y$

135 a) $J = 12f + 12 \cdot 1{,}2f = 26{,}4f$ b) $J = (721f + 390 \cdot 1{,}2f) \cdot 12 = 14\,268f$

136 8b

137 (1) $\frac{a+b}{2}$ (2) $\frac{a+b+c}{3}$ (3) $\frac{z_1 + z_2 + z_3 + \ldots + z_{10}}{10}$ (4) $\frac{z_1 + z_2 + z_3 + \ldots + z_n}{n}$ 50

138 a) nein b) nein c) –

139 a) 19 169 b) 9 584

140 a) $\rho = \frac{m}{V}$ b) $F = m \cdot a$ c) $E_{kin} = \frac{m \cdot v^2}{2}$ d) $v = \frac{s}{t}$ e) $s = v \cdot t$

141 erste Zeile: richtig – falsch – richtig
zweite Zeile: falsch – falsch – falsch

142 F – D – C – A 51

143 Es kamen weniger als 16 männliche Theaterbesucher zum Buffet.

144 (1) bis (4) entsprechen der Struktur $A = B \cdot C$
(1) $A = F, B = m, C = a$ (2) $A = v, B = a, C = t$
(3) $A = E_{pot}, B = m, C = g \cdot h$ oder $B = m \cdot g, C = h$ (4) $A = O, B = 6, C = a^2$
(5) entspricht ebenfalls der Struktur $A = B \cdot C$, wenn der Quotient in ein Produkt umgewandelt wird: $A = \rho, B = m, C = \frac{1}{V}$

145 (1) $A = E_{kin}; B = m \cdot v^2; C = 2$ (2) $A = v; B = s; C = t$
(3) $A = V; B = r^2 \cdot \pi \cdot h; C = 3$ (5) $A = \overline{x}; B = a + b; C = 2$

146 a) $x^2 - 4x + 4$ b) $y^2 + 8y + 16$ c) $4a^2 + 4ab + b^2$
d) $9f^2 - 12fg + 4g^2$ e) $h^3 + 9h^2 + 27h + 27$ f) $125 - 75k + 15k^2 - k^3$

147 a) $a^2 - 4$ b) $4e^2 - f^2$ c) $\frac{1}{25}x^2 - y^4$

148 a) $(4-a)(4+a)$ b) $(2a-5b)(2a+5b)$ c) $(3+k)^3$
d) $(r-2)^2$ e) $(s+3)^2$ f) $(b-4)^3$

52

149 $(5a-6b)(5a+6b)$; $(5a)^2-(6b)^2$; $(-6b-5a)(6b-5a)$

150 a) 8 Buschen, 24 Mädchen b) $0{,}08\,b+0{,}24\,m$

151 a) $4\cdot 1{,}25=5$ b) $4\cdot 1{,}4=5{,}6$ c) $4\cdot 1{,}75=7$ d) $4\cdot\left(1+\frac{p}{100}\right)$ e) 6,9

152 a) $W\cdot 1{,}05^4\approx W\cdot 1{,}2155$ b) $W\cdot 1{,}05^x$

153 $0{,}9\cdot p\cdot 1{,}1$; $0{,}99\cdot p$

154 a) $2h_a^2$ b) $1{,}3\cdot h_b^2$

155 a) $\frac{c^2}{2}$ b) $(a+c)^2$

156 a) $\frac{h^2}{3}$ b) $2f^2$

157 a) $3f^2$ b) $\frac{e^2}{8}$

158 a) $9x^2\cdot\pi$ b) $\frac{1}{16}x^2\cdot\pi$

159 a) $3x\cdot\pi$ b) $7x\cdot\pi$

160 a) $16h^3\cdot\pi$ b) $\frac{r^3\cdot\pi}{2}$

161 a) $\frac{4h^3\cdot\pi}{3}$ b) $r^3\cdot\pi$

53

162 a) $\frac{32r^3\cdot\pi}{3}$ b) $\frac{r^3\cdot\pi}{6}$

163 a) $16r^2\cdot\pi$ b) $r^2\cdot\pi$

164 (1) $(b+1{,}5b)\cdot 2$; $5b$
(2) $1\frac{1}{2}\cdot b^2\,(1{,}5b^2)$

165 a)

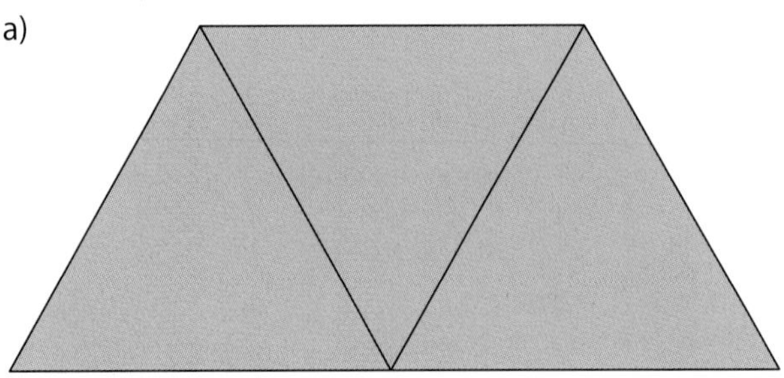

b) Trapez: $A=\frac{(a+c)\cdot h}{2}$
$\Rightarrow A=\frac{(2a+a)}{2}\cdot\frac{a}{2}\sqrt{3}=\frac{3a}{2}\cdot\frac{a}{2}\sqrt{3}=\frac{3a^2}{4}\cdot\sqrt{3}$

c) $20{,}78\,cm^2$

166 a) Die Fläche des Achtecks besteht aus 5 Quadraten mit Seitenlänge $\frac{a}{3}$ und 4 rechtwinkligen Dreiecken, die gleich groß wie zwei Quadrate mit Seitenlänge $\frac{a}{3}$ sind.

$A = 5\cdot\left(\frac{a}{3}\right)^2 + 2\cdot\left(\frac{a}{3}\right)^2 = \frac{7a^2}{9}$

b) Vom Quadrat mit der Seitenlänge a werden 4 rechtwinklige Dreiecke, die zusammen 2 Quadrate mit Seitenlänge $\frac{a}{3}$ ergeben, abgezogen.

$A = a^2 - 2\cdot\left(\frac{a}{3}\right)^2 = \frac{7a^2}{9}$

167 a) $\frac{ab}{2}$ b) $\frac{ab}{2}$

2 Terme umformen

168 C – E – G – B – I – A – D – H – J – F 54

169 WISSEN 55

170 a) $-y$ b) $2a(6-b)$ c) $3x+6y-z$
d) $-4m-15n-2k$ e) $-8a-3b$ f) $g^2+13g-h^2-11h$

171 a) $2a(a-b+3a^2b)$ b) $3(3u^2vw-u+9w^2)$ c) –
d) $xy\left(\frac{1}{2}x - \frac{3}{4y^2+2x}\right)$ e) – f) $(x-2)(1+2(x+2)+(x+2))$

172 56

$x^2+(y^2+z)^2$	$= a^2+b^2$	mit $a = x, b = y^2+z$
$(u^2+v)(w+(u^2+v)^2)$	$= a(b+a^2)$	mit $a = u^2+v, b = w$
$(x^2+(y^2+z)^2)(x^2-(y^2+z)^2)$	$= (a^2+b^2)(a^2-b^2)$	mit $a = x, b = y^2+z$
$(x^2+y^2+w^2)^2$	$= (a+b)^2$	mit $a = x^2+y^2, b = w^2$
$r^2(r+(s^2+t)^2)$	$= a^2(a+b^2)$	mit $a = r, b = s^2+t$

173 F – C – D – B – A – E und F

174 a) $A = a^2$ $B = \frac{a^2\pi}{4}$ $C = \left(a^2 - \frac{a^2\pi}{4}\right)$

$A + 4B + 2C = a^2 + 4\frac{a^2\pi}{4} + 2\left(a^2 - \frac{a^2\pi}{4}\right) = a^2\left(3+\frac{\pi}{2}\right)$

1028,43 E^2

b) $a^2\left(\frac{\pi}{2}+3\right)$

175 a) $4\cdot x - \frac{1}{x} - 5$ b) $4\cdot x - \frac{1}{x-5}$ c) $4\cdot x - \left(\frac{1}{x} - 5\right)$
d) $4\cdot\frac{x-1}{x-5}$ e) $4\cdot x - \frac{x-5}{1-x} - 5$ f) $\frac{4\cdot x - 1}{x}\cdot\frac{1}{-5}$

176 expand = multiplizieren 57
$= 6ac + 2bc - 12ad - 4bd - 12ac + 24ad - 4bc + 8bd =$
zusammenfassen
$= -6ac - 2bc + 12ad + 4bd$
alphabetisch geordnet
$= -6ac + 12ad - 2bc + 4bd$
factor = herausheben
$= 2(-3ac + 6ad - 6bc + 2bd) = 2(3a(2d-c) + b(2d-c)) =$
$= 2(3a+b)(2d-c)$

177 a) $-9u+6v$ b) $3x+9y$ c) $-10d-6$ d) $-3a-15c$ e) $17k-5l-10m$ f) $-6ab$

178 a) $-5a-2b-4ab$ b) $-a-2b+9c$ c) $-1{,}5a+11b-3c$

179 a) $0{,}25xy(x-2x^2yz+4y^2)$ b) $a\cdot(b-c+b+c)=a(2b)=2ab$
c) $x\cdot(1-(2a-b)+x)$ d) $\frac{1}{2}a\cdot\left(\frac{1}{4}a^2b+b^5-\frac{3}{8}a\right)$
e) $\frac{1}{3}ef\cdot\frac{2f-1}{3e+9}$ f) $2a\cdot(b-2c+4ab^3c)$

180 F – E – D – A – B – C

181 a) $(a+b)^2$ b) $(x-2)^2$ c) $(1+5a)^2$ d) $(1{,}2a+1{,}5b)^2$ e) $\left(x-\frac{1}{2}y\right)^2$
f) $1{,}44a^2+0{,}72ab+0{,}09b^2$ g) $4x^2-20xy+25y^2$
h) $\frac{1}{25}x^2-\frac{6}{5}xy+9y^2$ i) $\frac{25}{9}x^2-\frac{16}{25}y^2$
j) $\frac{1}{9}x^2-4$

182 a) $16x^2-9y^2=(4x-3y)(4x+3y)$ b) $x^2+xb+\frac{b^2}{4}=\left(x+\frac{b}{2}\right)^2$
c) $0{,}625a^2-0{,}25ab+0{,}25b^2=(0{,}25a+0{,}5b)^2$
d) $(-2x+5y)^2=4x^2-20xy+25y^2$

58

182 $T(x)=-2x^2+9x+35$ $x\geq 7$
Mit größer werdendem x wird das Rechteck schmäler und zugleich höher.

184 a) $A=2c^2+3ac+4ac+6a^2$ b) $A=6a^2+2c^2+7ac$
c) Die Terme sind äquivalent.

185 a) $G=(a-2x)(b-2x)$, $G=3000\,cm^2$
b) $V=G\cdot h=(a-2x)(b-2x)\cdot x$, $V=60\,dm^3$
c) $O=a\cdot b-4x^2$, $O=7400\,cm^2$

186 a) $A=\frac{a\cdot c}{2}$; b) $u=\sqrt{4a^2+8ab+4b^2+c^2}+\sqrt{4b^2+c^2}$

187 C – D – A – F

59

188 C – D – A – E

189 a) $(a+b)^3=a^3+3a^2b+3ab^2+b^3$
$(a+b)^4=a^4+4a^3b+6a^2b^2+4ab^3+b^4$
$(a+b)^5=a^5+5a^4b+10a^3b^2+10a^2b^3+5ab^4+b^5$
$(a+b)^6=a^6+6a^5b+15a^4b^2+20a^3b^3+15a^2b^4+6ab^5+b^6$
$(a+b)^7=a^7+7a^6b+21a^5b^2+35a^4b^3+35a^3b^4+21a^2b^5+7ab^6+b^7$
b) Zum Beispiel: Am Rand steht immer 1. Die Koeffizienten der ausmultiplizierten Binome entsprechen den Zahlen im Dreieck. Die Zahlen in den einzelnen Zeilen sind symmetrisch. Die zweite und die vorletzte Zahl in jeder Reihe entsprechen ab der zweiten Zeile stets dem Exponenten des Binoms.
c) Es treten auch Minuszeichen als Rechenzeichen auf. Das Minus steht bei all jenen Summanden, in denen b in ungerader Potenz vorkommt.

d) –

e) $(a + b)^8 = a^8 + 8a^7b + 28a^6b^2 + 56a^5b^3 + 70a^4b^4 + 56a^3b^5 + 28a^2b^6 + 8ab^7 + b^8$

190 a) Die Summe verdoppelt sich von Zeile zu Zeile.

b) Dabei wird in dem Dreieck ein auf dem Kopf stehendes kleineres Dreieck sichtbar, das von einzelnen geraden Zahlen gebildet wird.

c) In der äußeren stehen nur Einsen. In der zweiten befinden sich von oben nach unten der Reihe nach alle natürlichen Zahlen. In der dritten (von links oder rechts gesehen) stehen zum Beispiel folgende Zahlen: 1–3–6–10–15–21–28–… zur ersten Zahl wird 2 addiert, zur zweiten Zahl 3, zur dritten Zahl 4 usw.

d)

e) Suche z. B. im Internet unter dem Suchbegriff „Pascal'sches Dreieck".

191 –

3 Formeln und Gleichungen umformen

192 Zweite Zeile: $3x = 9$ $\quad |-3$ falsch; richtig wäre: 3 60
Erste Zeile: $u = 2a + 2b$ $\quad |:2$ müsste $\frac{u}{2} = a + b$ ergeben

193

$A = a \cdot h$:	$R = P \cdot S$	Termstruktur Produkt
$3x = 4 - 2x$:	$R = P + S$	Termstruktur Summe
$\frac{1}{2} = -\frac{1}{4} \cdot x$:	$R = P \cdot S$	Termstruktur Produkt
$O = r^2 \cdot \pi + r \cdot \pi \cdot s$:	$R = P + S$	Termstruktur Summe

194 a) $r = \sqrt{\frac{V}{\pi h}}$, $h = \frac{V}{r^2\pi}$; $h = \frac{O - 2r^2\pi}{2r\pi}$; 61

b) $r = \sqrt{\frac{3V}{h\pi}}$, $h = \frac{3V}{r^2\pi}$; $s = \frac{-2r^2\pi + O}{r\pi}$

c) $r = \sqrt[3]{\frac{3V}{4\pi}}$, $r = \frac{\sqrt{O}}{2\sqrt{\pi}}$

195 a) $x = 7$ b) $x = 10$ c) $u = -9$

62

196 (1) $m = \frac{F}{a}; a = \frac{F}{m}$
(2) $a = \frac{v}{t}; t = \frac{v}{a}$
(3) $m = \frac{E_{pot}}{gh}; g = \frac{E_{pot}}{mh}; h = \frac{E_{pot}}{mg}$
(4) $a = \sqrt{\frac{O}{6}}$
(5) $m = \rho V; V = \frac{m}{\rho}$

197 (1) $m = \frac{2E_{kin}}{v^2}; v = \sqrt{\frac{2E_{kin}}{m}}$
(2) $s = vt; t = \frac{s}{v}$
(3) $a = \frac{3V}{bh}; b = \frac{3V}{ah}; h = \frac{3V}{ab}$
(4) $a = \frac{V}{bc}; b = \frac{V}{ac}; c = \frac{V}{ab}$
(5) $a = 2\overline{x} - b; b = 2\overline{x} - a$

198 (1) –
(2) $J = \frac{GV + GM}{2} + 6{,}5; M = \frac{GV + GM}{2} - 6{,}5;$
(3) $2J - 13 - GV = GM$ und $2M + 13 - GV = GM$

199 (1) a) $m = \frac{rF}{v^2}$ b) $v = \sqrt{\frac{rF}{m}}$ c) $r = \frac{mv^2}{F}$
(2) a) $I = \frac{2E}{\varpi^2}$ b) $\varpi = \sqrt{\frac{2E}{I}}$
(3) a) $M = \frac{r^2 F}{mG}$ b) $m = \frac{r^2 F}{MG}$ c) $r = \sqrt{\frac{mGM}{F}}$
(4) a) $R = \frac{R_1 R_2}{R_1 + R_2}$ b) $R_1 = -\frac{RR_2}{R - R_2}$ c) $R_2 = -\frac{RR_1}{R - R_1}$

200 (1) $v_0 = v + gt$ (2) $v_0 = \frac{h + \frac{g}{2}t^2}{t}$

201 $r = \sqrt{\frac{360° \cdot A}{\alpha\pi}}, \alpha = \frac{360° \cdot A}{r^2 \pi}$

202 falsch (Gegenbeispiel: Multiplikation mit 0)
richtig
richtig
richtig
falsch (Gegenbeispiel: $\sqrt{x} = -1$ quadriert ergibt $x = 1$)
richtig
falsch (Gegenbeispiel: Wurzel ziehen aus $x^2 = 9$ ergibt $x = 3$)
richtig
falsch (Gegenbeispiel: Die Umformung führt von $x = 5$ auf $5x = 5x$)
richtig

63

203 a) $(a + b)^2 = a^2 + ba + ab + b^2 = a^2 + ab + ab + b^2 = a^2 + 2ab + b^2$
b) $(a - b)^2 = [(a - b) + b]^2 - b \cdot (a - b) - (a - b) \cdot b - b^2 = a^2 - b \cdot a + b^2 - a \cdot b + b^2 - b^2$
$= a^2 - 2ab + b^2$
c) $(a + b) \cdot (a - b) = (a + b) \cdot a - a \cdot b - b^2 = a^2 + b \cdot a - a \cdot b - b^2 = a^2 - b^2$

204 a) $T_1 = \frac{(a+2b)\cdot a}{2}$ $T_2 = \frac{ab+2b^2}{2}$ $D = \frac{a^2+ab}{2}$

b) $A = \frac{2a^2+4ab+2b^2}{2} = a^2+2ab+b^2$

205 a) $A_1 = \frac{(a-b)^2}{2}$ $A_2 = \frac{a^2-b^2}{2}$ $A_3 = \frac{2ab-b^2}{2}$ $A_4 = \frac{b^2}{2}$

b) $A = \frac{a^2-2ab+b^2+a^2-b^2+2ab-b^2+b^2}{2} = 2\frac{a^2}{2} = a^2$

206 a) $(a+b)^3 = (a+b)\cdot(a+b)\cdot(a+b) = (a^2+2ab+b^2)\cdot(a+b) = a^3+3a^2b+3ab^2+b^3$

b) Der Würfel lässt sich in einen Würfel mit $V_1 = a^3$, in einen Würfel mit $V_2 = b^3$, in drei Quader mit $V_3 = a^2b$ und in drei Quader mit $V_4 = b^2a$ zerlegen.

207 a) $u = 1$ b) $v = 2$ c) $x = 23$ d) $x = \frac{7}{2}$ e) $x = \frac{13}{7}$ f) $x = \frac{7}{4}$

208 a) $x = 18$ b) $u = \frac{18}{5}$ c) $b = \frac{9}{2}$ d) $w = 10$ e) $x = -1$ f) $y = -\frac{7}{2}$

209 a) $x = 2a$ b) $x = 4u$ c) $x = -v$

210 (1) $BI = \frac{m}{g-100}$ bei Verdopplung von m verdoppelt sich auch BI

(2) $g = \frac{m+100\,BI}{BI}$; $g = 160$ cm

64

211 (1) $P_{max} = 175$

(2) $L = \frac{P_{max}-214+0{,}11\,m}{-0{,}5}$, $m = \frac{P_{max}-214+0{,}5\,L}{-0{,}11}$

$L = \frac{P_{max}-210+0{,}11\,m}{-0{,}5}$, $m = \frac{P_{max}-210+0{,}5\,L}{-0{,}11}$

212 a) $f = \frac{bg}{b+g}$; $b = -\frac{fg}{f-g}$

b) $g = \frac{bf}{b-f}$

falsch – falsch – falsch – falsch – richtig – falsch

Funktionen

1 Abhängigkeiten

67 **213** Die ablesbaren Daten sind: Alice und Bob beginnen ihren Lauf um 10:15 Uhr (bei Kilometerstand 2,9) und kommen um 11:45 Uhr beim Gasthaus (Kilometerstand 11,7) an, bleiben dort bis 12:45 Uhr, kommen um 13:00 beim Aussichtsturm (Kilometerstand 14,1) an, bleiben dort bis 13:30 Uhr und kommen schließlich um 13:45 Uhr in Wieselhain (Kilometerstand 16,9) an. Die einzelnen Wegstrecken legen sie jeweils mit gleich bleibender Geschwindigkeit zurück. Die rote Linie für die zweite Wegstrecke ist steiler als für die erste – was bedeutet, dass die beiden zwischen Gasthaus und Aussichtsturm schneller laufen (9,6 km/h) als zu Beginn (5,9 km/h). Die letzte Wegstrecke legen sie noch schneller zurück (11,2 km/h), weil es möglicherweise bergab geht.
Die Geschwindigkeiten erhältst du, indem du die zurückgelegten Längen, die du aus den Kilometerständen gewinnen kannst, durch die benötigten Zeiten dividierst.

68 **214** a)

a	A
0,2	0,04
0,4	0,16
0,6	0,36
0,8	0,64
1,0	1,00
1,2	1,44
1,4	1,96
1,6	2,56
1,8	3,24
2,0	4,00

b) (1) 3,24 (2) 1,44 (3) Seitenlänge: 0,8

215 (1) Gesprächsgebühr für 1000 Minuten (2) 1000 Gesprächsminuten kosten 7 €.

69 **216** a) 2 °C und 1 °C b) für $t = 15$ c) für $t = 12$ und $t = 15$

217 (1) Ja. Jeder natürlichen Zahl wird genau ein Wert (die Anzahl der Teiler) zugeordnet. Dieser Wert hängt in eindeutiger Weise von der natürlichen Zahl ab.
(2) Ja. Die Strecke s hängt in eindeutiger Weise von der Fahrgeschwindigkeit ab.
(3) Ja. Jedem Altersabschnitt wird eindeutig eine Erwerbsquote zugeordnet.

218 a) unabhängige Variable: v; abhängige Variable: t
b) unabhängige Variable: a; abhängige Variable: u
c) unabhängige Variable: r; abhängige Variable: V

70 **219** (1) In der Grafik wird in eindeutiger Weise jedem Jahr die durchschnittliche Kinderzahl pro Frau zugeordnet.
(2) 1,6 (3) ca. 1,5 und ca. 1,4 (4) 1956 und 1970

220 a) $V(10) = 8{,}25$ und $V(20) = 18{,}79$ ist der Topf bis zu einer Höhe von 10 cm bzw. 20 cm gefüllt, so befinden sich 8,25 bzw. 18,79 Liter im Topf.
b) Für eine Füllhöhe von 25 cm werden 21,5 Liter benötigt. $V(h) > 14$ gilt für $h \geq 15$.
c) Volumen und Höhe sind proportional zueinander, was bei zylinderförmigen Gefäßen der Fall ist.

221 a) 67 %; 45 %; 30 %; 20 %; 13 %
b) 1,75 cm; 0,3 cm; 0,6 cm; 2,3 cm; 3,9 cm
c) Die Lichtintensität nimmt bei dünnen Glasplatten relativ schnell ab, bei dickeren wird die weitere Abnahme geringer.

2 Funktionen – Darstellungsform Term

222 5 020,27 cm^2, 6 283,19 cm^2, 8 639,38 cm^2 72
30 steht für die Höhe des Sitzkissens.

223 Mindmap

224 a) −12; −2; 0; 0; 4
b) $x = 2$ (wie die Lösung von a) zeigt)
c) $x = 0$ und $x = 1$ (wie die Lösung von a) zeigt)

225 a) $f(0) = -7$; $f(-3) = -16$; $f(4) = 5$ 73
b) $f(0) = 2$, $f(-3) = 5$, $f(6) = 14$
c) $f(0) = 0$, $f(-1) = 6$, $f(2) = 12$
d) $f(0) = 21$, $f(-2) = 7$, $f(2) = 147$

226 a) ja, $(1 - x)(1 + x) = 1 - x^2$
b) nein, z. B. liefert $s = 1$ einmal 8 und einmal 7
c) nein, Gegenbeispiel: $x = 2$ liefert 7 und $z = 2$ liefert 3
d) ja, für $s = y$ sind die Funktionen gleich

227 D – E – A und F – B – C und G 74

228 $s(t) = 5t$ (s in km, t in h) a) 1/12 km = 83,3 m b) 5/4 km = 1,25 km c) 10 km 75

229 richtig – richtig – falsch – richtig – falsch

230 a) 0; −1; −2 b) positiv c) positiv d) −6

231 a) für alle negativen z
b) in allen Fällen ist das Ergebnis 2
c) gar nicht: das Ergebnis ist 2 (für jedes a)

232 a) ja b) nein; $t = 2$ c) nein; $u = 0$ d) nein; $t = x = 2$ e) ja

233 B – A – C – E – D – E – B – F – A – C – D 76

77

79

234 a) $V(h) = G \cdot h$ b) $A(r) = r^2 \pi$ c) $s(v) = v \cdot t$ d) $s(t) = v \cdot t$

235 (1): $s(t) = 85 \cdot t$; (2): $s\left(\frac{1}{60}\right) = \frac{85}{60} \approx 1{,}42$; (3): 3 h 44 min

236 $t(v) = \frac{120\text{ km}}{v}$

Die Zeiten: a) 2 Stunden, b) eineinhalb Stunden, c) 1,2 Stunden (= 1 h 12 min)

237 a) $h(0) = 0$ m; $h(0{,}5) = 11{,}25$ m; $h(1) = 20$ m; $h(2) = 30$ m; $h(2{,}5) = 31{,}25$ m; $h(3) = 30$ m; $h(4) = 20$ m; $h(5) = 0$ m

b) Richtig sind die Aussagen 1, 2 und 4.

238 a) Es ist dann doppelt so groß wie auf der Erde.

b) Es ist dann ein Viertel von dem Gewicht auf der Erde.

239 a) $s(v) = \frac{v \cdot 3}{10} + \left(\frac{v}{10}\right)^2$ $s(30) = 18$ m $s(50) = 40$ m $s(80) = 88$

$s(100) = 130$ m $s(130) = 208$ m

b) $s_n(v) = 5 \cdot \left(\frac{v \cdot 3}{10} + \left(\frac{v}{10}\right)^2\right) = \frac{v \cdot 3}{2} + \frac{1}{20} v^2$; $s_n(70) = 350$ m; $s_n(90) = 540$ m

240 a) $v(t) = \frac{s}{t}$; $v_{Railjet} = 115{,}27$ km/h; $v_{ÖBBIC} = 100{,}63$ km/h

b) $t(v) = \frac{s}{v}$; $t_{PKW} = 2$ h 15 min; $t_{BUS} = 2$ h 55 min; $t_{LKW} = 3$ h 39 min

3 Funktionen – Darstellungsform Wertetabelle und Graph, Wechsel der Darstellungsformen

241

Minuten	500	1000	1500	2000	500	3000
Kosten in €	0	0	120,85	241,70	362,55	483,40

242

x	0	1	2	3	4	5	6	7	8	9	10
$x^2(x-1)$	0	0	4	18	48	100	180	294	448	648	900

x	9,00	9,02	9,04	9,06	...	9,46	9,48	9,50
$x^2(x-1)$	648	652,51	657,04	661,59	...	757,1	762,1	767,13

243 Anfang und Ende der Tabelle:

m	500	600	...	1400	1500
p(m) (in 1000 €)	2,3	2,36	...	2,84	2,9

244 a)

Euro	USD
1	1,32
10	13,20
20	26,40
30	39,60
40	52,80
50	66,00
60	79,20
70	92,40
80	105,60
90	118,80
100	132,00
110	145,20
120	158,40
130	171,60
140	184,80
150	198,00
160	211,20
170	224,40
180	237,60
190	250,80
200	264,00

b)

Euro	USD
1	0,76
10	7,60
20	15,20
30	22,80
40	30,40
50	38,00
60	45,60
70	53,20
80	60,80
90	68,40
100	76,00
110	83,60
120	91,20
130	98,80
140	106,40
150	114,00
160	121,60
170	129,20
180	136,80
190	144,40
200	152,00

245

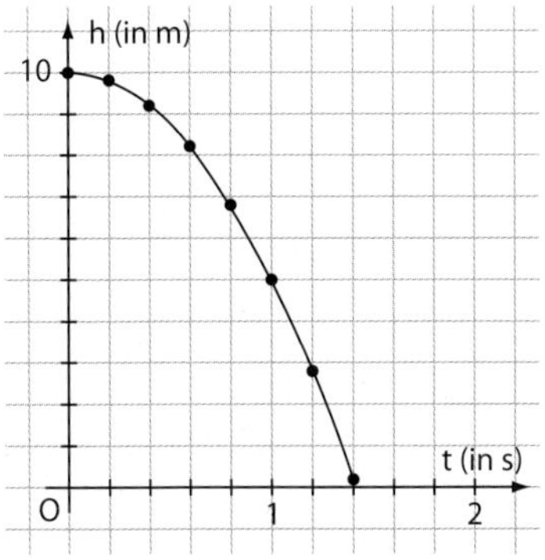

80

246 Beispiel A

a) $x = -1$, Punkt $(-1|-2)$

b) $x = -5$ und $x = 3$

c) im Punkt $(0|-1{,}5)$

d) $x = -3$ und $x = 1$

Beispiel B:

a) $x = 2$, Punkt $(2|4)$

b) $x = -4$ und $x = 8$

c) im Punkt $(0|3)$

d) $x = -2$ und $x = 6$

81

247 Beispiel C

a) 20 m
b) nach 2 Sekunden
c) 1,25 m bzw. 5 m
d) $h(0{,}8) = 16{,}8 \Rightarrow P(0{,}8 \mid 16{,}8)$. Der Ball befindet sich nach 0,8 Sekunden in einer Höhe von 16,8 m.
   $s(0{,}8) = 3{,}2 \Rightarrow P(0{,}8 \mid 3{,}2)$. Der Ball ist nach 0,8 Sekunden 3,2 m gefallen.
e) Der Verlauf des Graphen in der linken Abbildung drückt das Fallen des Balls aus, weil im Graphen die momentane Höhe zum jeweiligen Zeitpunkt abgelesen werden kann, dem Graphen in der rechten Abbildung kann man das nicht entnehmen, weil hier nur die zurückgelegte Strecke dargestellt wird.
   Die momentane Höhe kann nur in der linken Abbildung direkt abgelesen werden.
   Aus den Graphen kann nichts über den Bahnverlauf des Balls beim Fallen abgelesen werden, weil die horizontale Entfernung vom Abwurfpunkt im Graphen nicht als Variable auftritt.

82

248 –

249

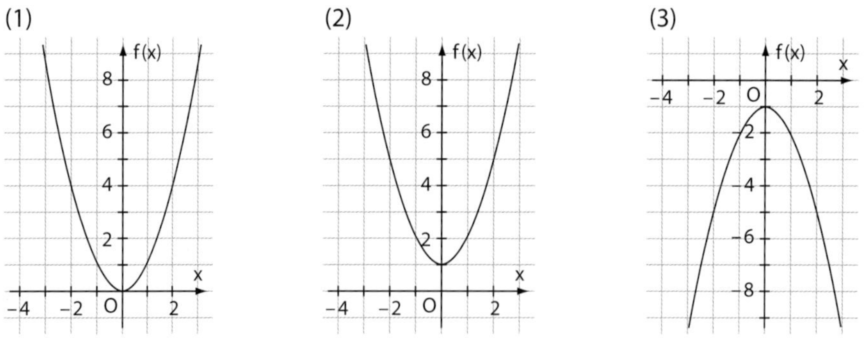

250 a) Aus der Tabelle lässt sich der Verlauf der Fahrt nur schwer entnehmen. Dazu müssen die zurückgelegten Strecken in den einzelnen Abschnitten ermittelt werden. Dabei zeigt sich, dass im Zeitraum zwischen 10 und 16 Minuten für einen Kilometer fast 3 Minuten benötigt werden, während davor und danach pro Minute fast ein Kilometer zurückgelegt wird.

b) Aus der grafischen Darstellung geht hervor, dass der Zug bis zum Kilometerstand 9 beschleunigt, zwischen Kilometerstand 10 und 17 langsamer fährt und danach wieder beschleunigt. Die Baustelle befindet sich daher zwischen den Kilometerständen 10 und 17.

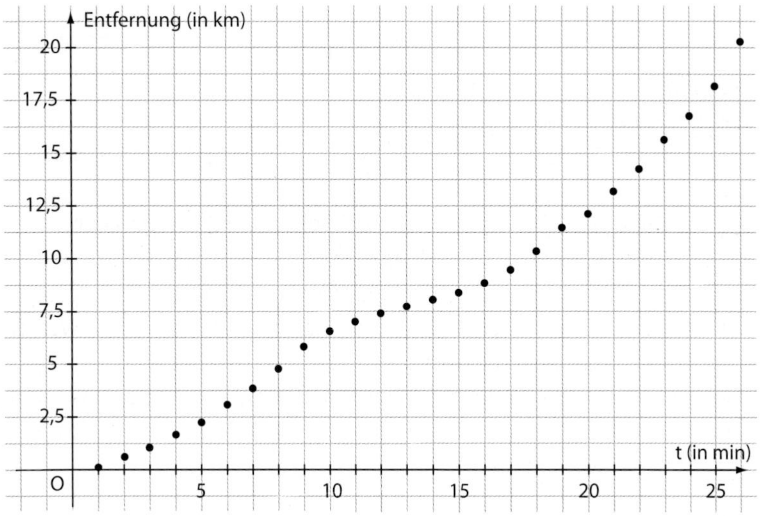

83

251

r	−1,5	−1	−0,5	0	0,5	1	1,5	2	2,5
T	1,4	−0,5	−1,2	−1	−0,3	0,5	1,1	1	−0,1

252

	a)	b)	c)	d)	e)	f)
x	f (x)	g (x)	h (x)	f (x)	g (x)	h (x)
−5	68	26,00	143,75	−0,5	4,80	1,71
−4	41	13,80	58,88	0	3,74	1,82
−3	20	6,40	18,63	0,5	2,65	1,91
−2	5	2,60	3,68	1	1,41	2,00
−1	−4	1,20	0,23	1,5	undef	2,08
0	−7	1,00	0	2	undef	2,15
1	−4	0,80	0,23	2,5	undef	2,22
2	5	−0,60	3,68	3	1,41	2,29
3	20	−4,40	18,63	3,5	2,65	2,35
4	41	−11,80	58,88	4	3,74	2,41
5	68	−24,00	143,75	4,5	4,80	2,47

253

°C	−100	−99	−98	−97	−96	−95	−94	−93	−92	−91	−90
°F	−148	−146,2	−144,4	−142,6	−140,8	−139	−137,2	−135,4	−133,6	−131,8	−130

254 Anfang und Ende der Tabelle (gerundet)

t (Minuten)	0	10	20	...	80	90
s (km)	0	14,2	28,3	...	113	128

255 Günstigste Stückzahl: s = 56, maximaler Gewinn: G = 27 776 Euro.

256 a)

−15	30 003
−14	26 323
−13	22 883
…	…
−1	323
0	3
1	−77
…	…
13	17 683
14	20 723
15	24 003

b)

−15	−1 249 000
−14	−1 015 530
−13	−813 140
…	…
−1	−620
0	−250
1	120
…	…
13	812 640
14	1 015 030
15	1 248 500

c)

−15	50,425
−14	38,216
−13	28,361
…	…
−1	−0,199
0	−0,2
1	−0,199
…	…
13	28,361
14	38,216
15	50,425

d)

−15	7540
−14	7860
−13	8180
…	…
−1	12 020
0	12 340
1	12 660
…	…
13	16 500
14	16 820
15	17 140

e)

−15	157,35
−14	137,05
−13	118,15
…	…
−1	0,55
0	−0,15
1	0,55
…	…
13	118,15
14	137,05
15	157,35

f)

−15	843,75
−14	735
−13	633,75
…	…
−1	3,75
0	0
1	3,75
…	…
13	633,75
14	735
15	843,75

257 a)

−2	4,57
−1,8	3,658
−1,6	2,842
…	…
2	4,57

b)

−2	−0,52
−1,8	−0,43
−1,6	−0,36
…	…
2	0,12

c)

−2	20,188 888 9
−1,8	23,100 96
−1,6	24,969 831 1
…	…
2	34,411 111 1

d)

−2	−0,15
−1,8	−0,1
−1,6	−0,05
…	…
2	0,85

e)

−2	−0,375
−1,8	−0,47
−1,6	−0,555
…	…
2	−0,375

f)

−2	0,1
−1,8	0,081
−1,6	0,064
…	…
2	0,1

84

258 a) $u = -2{,}5$ und $u = 1$ b) für $u \geq 2$ c) $u = -1$

259 a) falsch b) wahr c) falsch

260 für $x > 3$

261 (1) an den Stellen $x = -2{,}5$ und $x = 2{,}5$
(2) an den Stellen $x = -1$ und $x = 2$ (3) bei $x = 1$

262

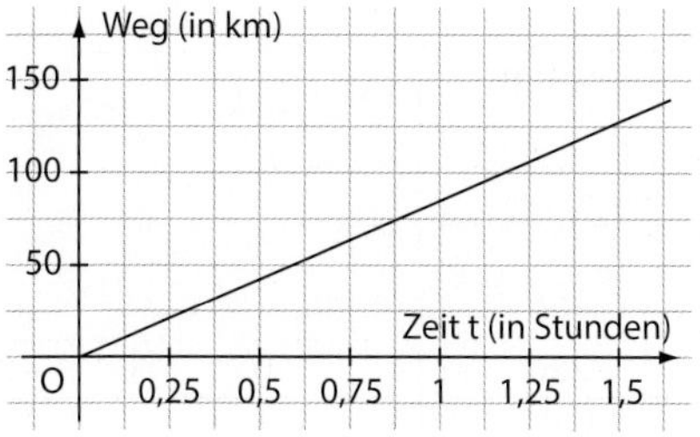

263

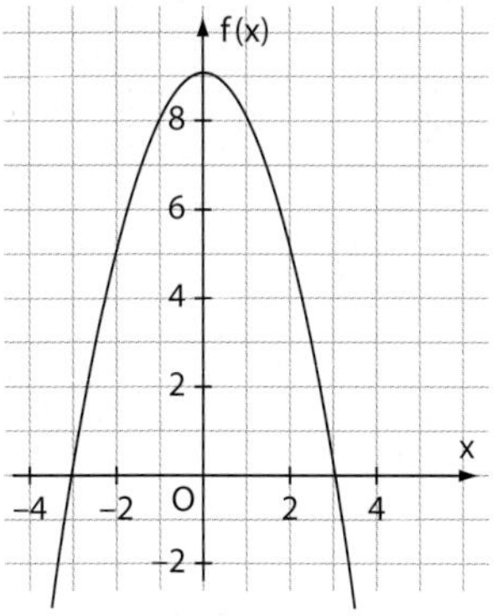

a) an der Stelle $x = 0$
b) $(0|9)$
c) an den Stellen $x = -2$ und $x = 2$
d) an der Stelle $x = 0$
e) an den Stellen $x = -3$ und $x = 3$
f) $P(-1|8)$
g) $Q(4|-7)$ und $(-4|-7)$

264

a)

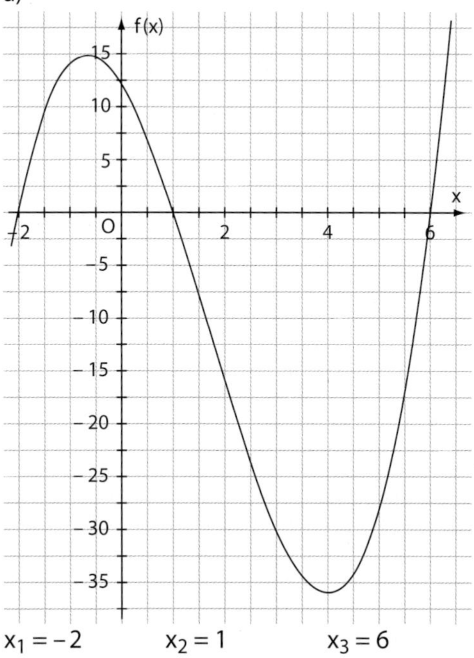

$x_1 = -2$ $x_2 = 1$ $x_3 = 6$

b)

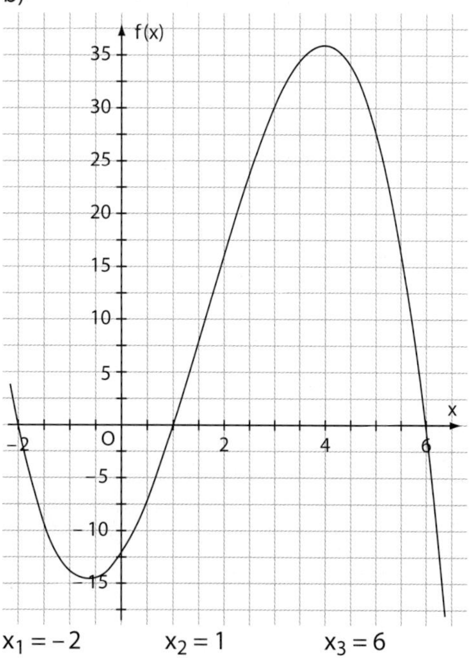

$x_1 = -2$ $x_2 = 1$ $x_3 = 6$

c)

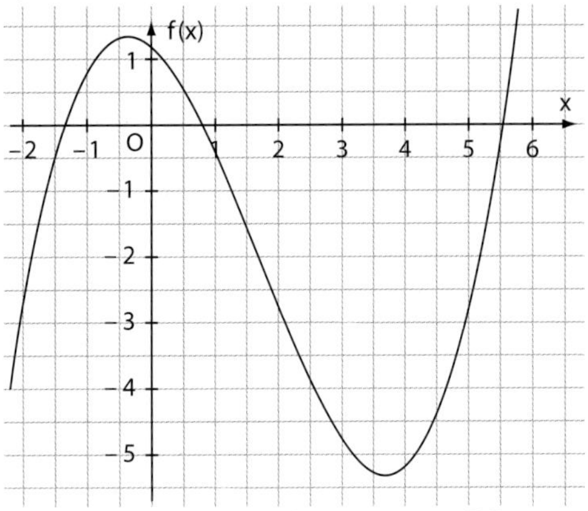

$x_1 = -1{,}3$ $x_2 = 0{,}8$ $x_3 = 5{,}5$

d)

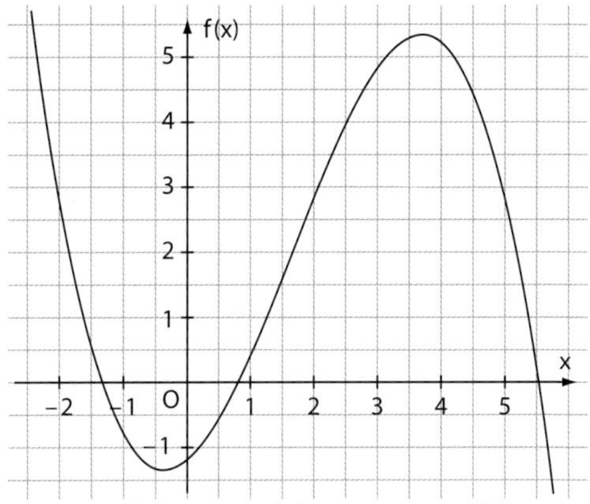

$x_1 = -1{,}3$ $x_2 = 0{,}8$ $x_3 = 5{,}5$

265 a) $x = -11{,}7$ und $x = 1{,}2$

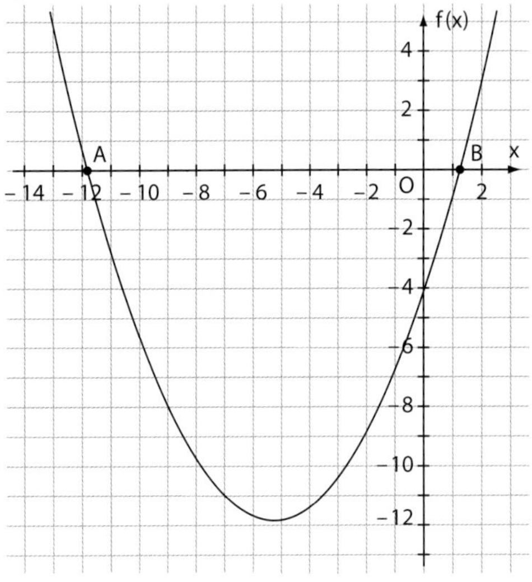

b) $x = 3$

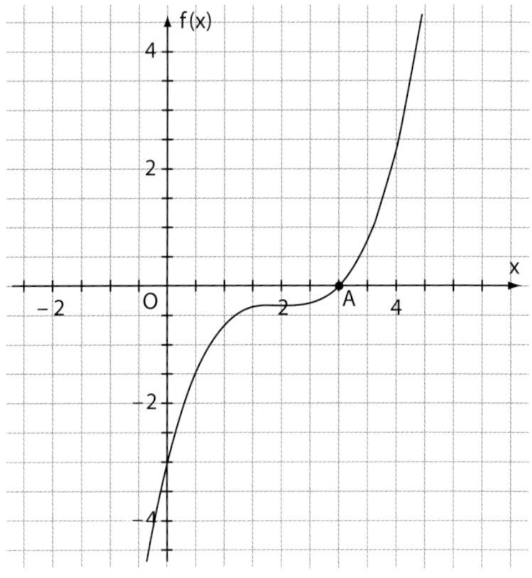

c) $x = 0{,}25$

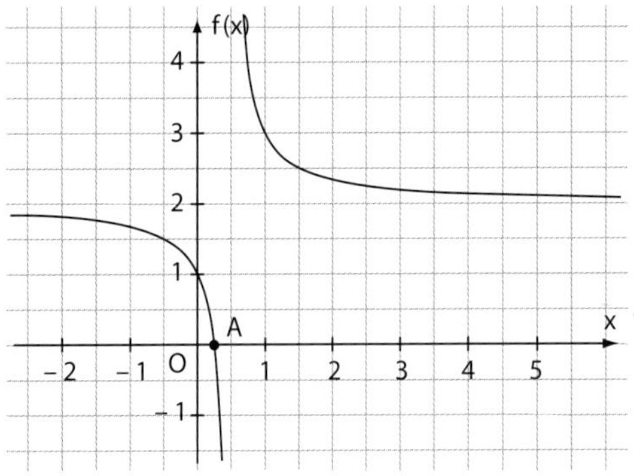

d) $x = 0$; $x = 0{,}2$

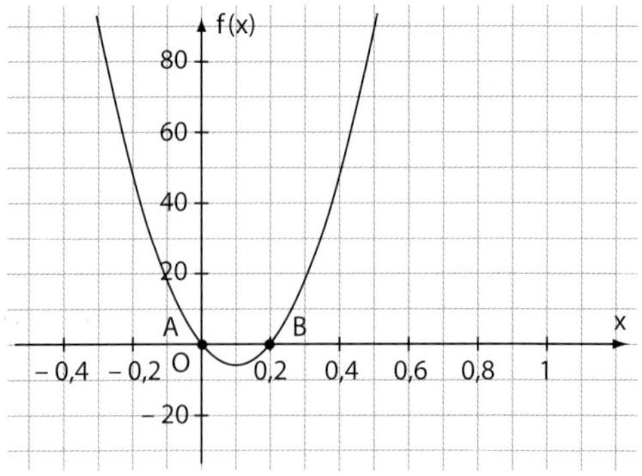

e) $x = \pm 1{,}73$

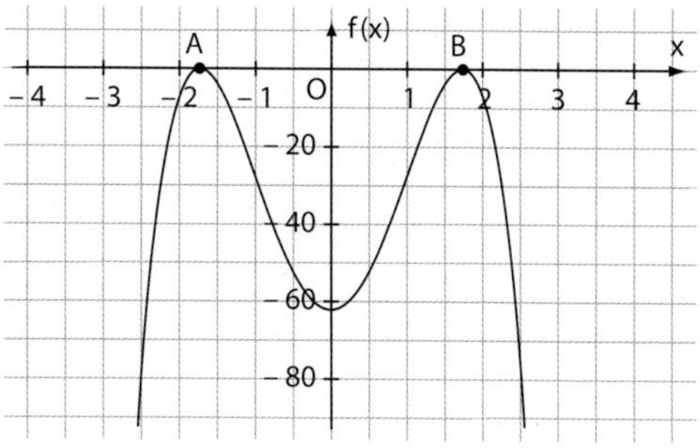

f) $x = -1{,}5$; $x = 0$; $x = 1$

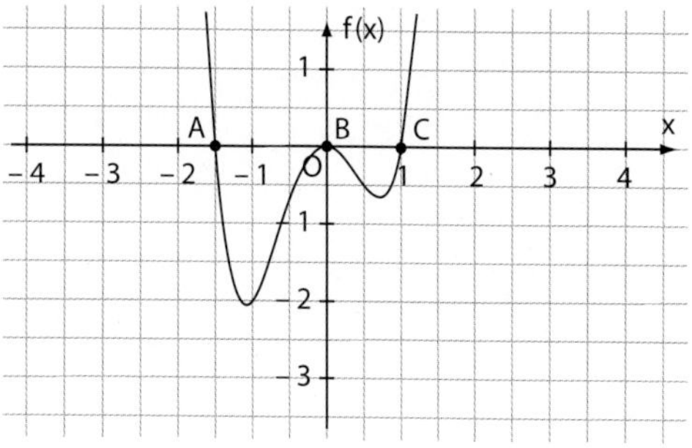

266

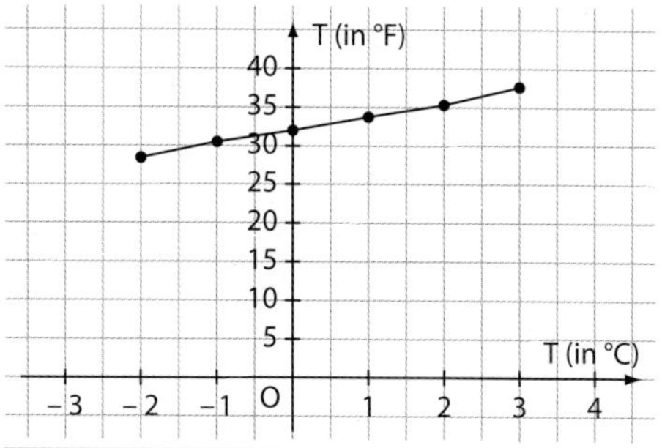

Temperatur (in°C)	–2	–1	0	1	2	3	4	5
Temperatur (in°F)	28,4	30,2	32	33,8	35,6	37,4	39,2	41

267

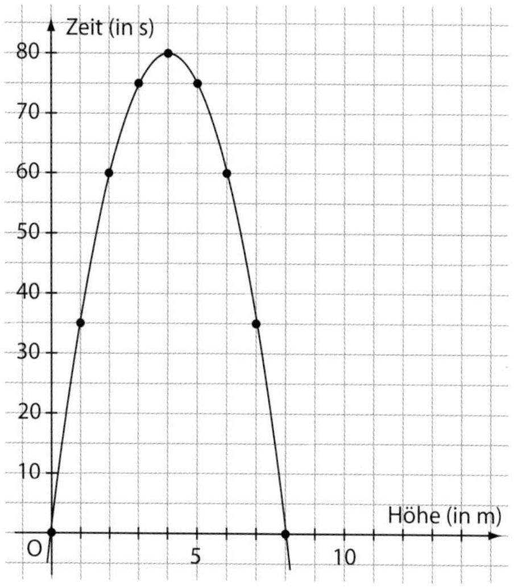

b) nach 8 Sekunden c) 80 m d) 35 m e) nach 3 Sekunden und nach 5 Sekunden

268

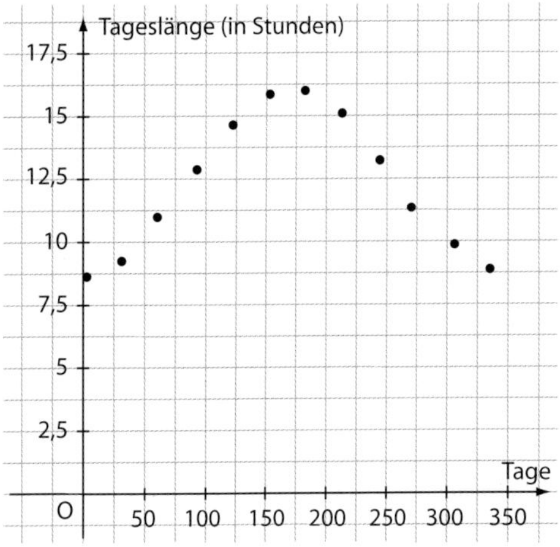

Der 1. Jänner wurde am Jahresende noch einmal hinzugefügt.
Hinweise für das Arbeiten mit Excel: In Excel kann auch mit Uhrzeiten gerechnet, also die Differenz zwischen Sonnenuntergang und Sonnenaufgang automatisch ermittelt werden. Die Beschriftung der Abszisse mit dem Datum lässt sich nicht sinnvoll verwirklichen.

269

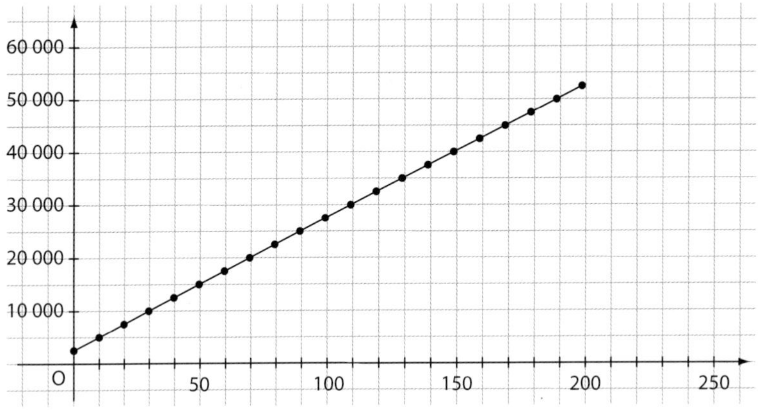

86

270

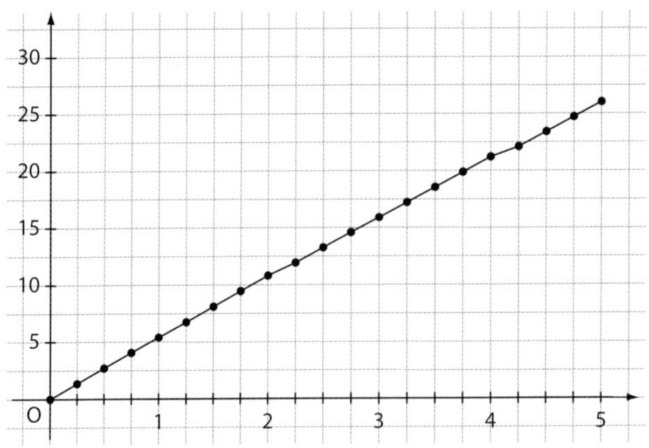

271

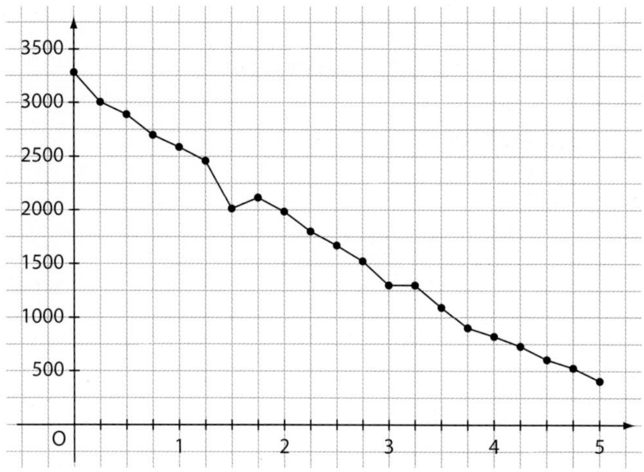

272
a) (–5 | 5), (–3 | 1,5), (–1 | –0.5), (1 | 1,2), (3 | 2,4), (5 | 3)
b) An den Stellen x = –4,3; x = –2,5; x = –1 und x = 5.
c) An den Stellen –5; –2,2 sowie 2,2 und 5.
d) (–3 | 1,5), (–2,5 | 1), (–2 | 0,7), (–1,5 | 0,6), (–1 | 0,5), (0 | 0,7)
e) Die Funktionswerte sind an den Stellen –3,8 und 3,8 am kleinsten.

273
a) Mit 20 km/h ist man 30 min schneller als mit 10 km/h; mit 30 km/h ist man 10 min schneller als mit 20 km/h.
b) bei 40km: 110 km/h : t ≈ 21,8 min, 100 km/h: t = 24 min, Zeitdifferenz: 2,2 Minuten.
bei 10km: 110 km/h : t ≈ 5,45 min, 100 km/h: t = 6 min, Zeitdifferenz: 0,55 Minuten.
c) 20 km: t (60) = 20 min; t (80) = 15 min; t (100) = 12 min
40 km: t (60) = 40 min; t (80) = 30 min; t (100) = 24 min

274
a)

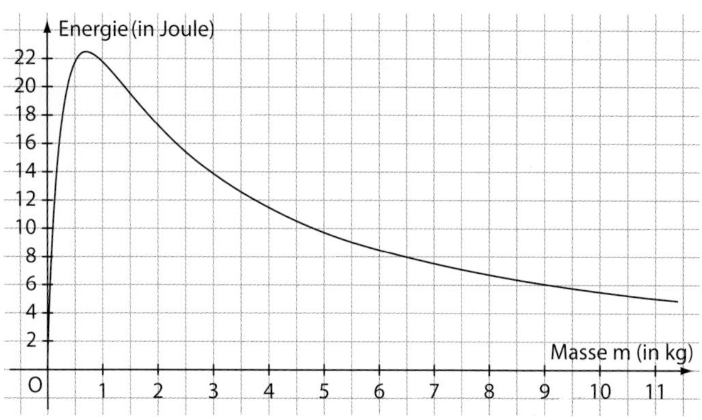

b)

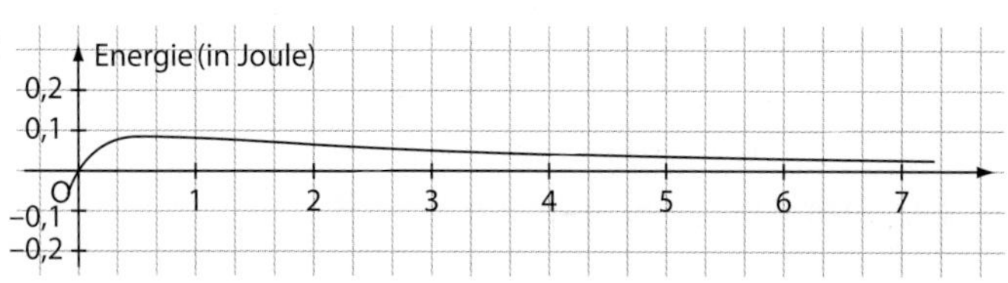

87

275 a)

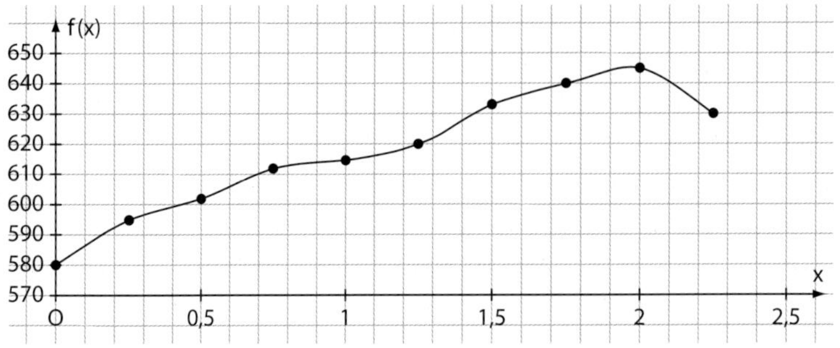

b) Im Intervall [0; 0,25] am schnellsten; im Intervall [0,75; 1] am langsamsten

c) Nach 2 Stunden sinkt der Pegel.

4 Elementare Eigenschaften von Funktionen

88

276 Die Funktion steigt im Bereich $-3 \leq x \leq 1$.
Die Funktion fällt im Bereich $x \leq -3$ und im Bereich $x \geq 1$.
Der maximal mögliche Bereich umfasst jeweils auch die Grenzen $x = 1$ und $x = -3$, weil die Funktion für den gesamten Bereich $-3 \leq x \leq 1$ (also auch für $x = -3$ und $x = 1$) steigt: Je größer das Argument ist, desto größer ist der Funktionswert. Analoges gilt für die Bereiche, in denen die Funktion fällt.

89

277 Nullstellen: $x \approx -4{,}4$; $x \approx -1{,}7$ und $x \approx 4{,}2$
Schnittpunkte mit der x-Achse: $(-4{,}4|0)$, $(-1{,}7|0)$, $(4{,}2|0)$
Schnittpunkt mit der y-Achse: $(0|-31)$

278 a) $x = 3$, $(3|0)$, $(0|-3)$ b) $x = 0$, $(0|0)$

c) $z = -7$, $(-7|0)$, $(0|14)$ d) $y = -\frac{3}{2}$, $\left(-\frac{3}{2}\middle|0\right)$, $(0|3)$

e) $s_1 = 2$ und $s_2 = -2$, $(2|0)$, $(-2|0)$, $(0|-4)$ f) $n_1 = 0$ und $n_2 = 1$, $(0|0)$, $(1|0)$

90

279 B – C – D

280 f(x) hat ein Minimum (einen Tiefpunkt) an der Stelle $x = 0$, im Punkt $(0|0)$

281 – (Mindmap)

282 Steigend für $x \leq 1$, fallend für $x \geq 1$.
Der maximal mögliche Bereich umfasst jeweils auch die Grenze $x = 1$, weil die Funktion für den gesamten Bereich $x \leq 1$ (also auch für $x = 1$) steigt: Je größer das Argument ist, desto größer ist der Funktionswert. Analoges gilt für den Bereich, in dem die Funktion fällt.

283 Steigend bis etwa $-2{,}9$; fallend bis $\approx 1{,}8$; steigend ab $\approx 1{,}8$

284 fällt im Bereich $0 \leq x \leq 1$, ist konstant im Bereich $1 \leq x \leq 4$, steigt im Bereich $4 \leq x \leq 7$

285 konstant im Bereich $-1 \leq x \leq 2$, steigend im Bereich $2 \leq x \leq 4$, fallend im Bereich $4 \leq x \leq 6$

286 a) Nullstelle: $x \approx 0{,}6$; Maximum bei $x = 2$, Minimum bei $x = 4$; steigend für $x \leq 2$ und $x \geq 4$, fallend für $2 \leq x \leq 4$, 91

b) Nullstellen: $x_1 \approx -1{,}8$; $x_2 \approx 0{,}2$; $x_3 \approx 3{,}25$; Maximum bei $x = 2$, Minimum bei $x = -1$; fallend für $x \leq -1$ und $x \geq 2$, steigend für $-1 \leq x \leq 2$

c) Nullstellen: $x_1 \approx 0{,}4$; $x_2 \approx 3{,}6$; Maximum bei $x = 2$, Minimum bei $x = 1$ und $x = 3$; fallend für $x \leq 1$ und $2 \leq x \leq 3$, steigend für $1 \leq x \leq 2$ und $x \geq 3$

d) Nullstellen: $x_1 \approx -1{,}5$; $x_2 \approx 4$; Maximum bei $x = -1$ und $x = 2{,}8$; Minimum bei $x = 0$; steigend für $x \leq -1$ und $0 \leq x \leq 2{,}8$, fallend für $-1 \leq x \leq 0$ und $x \geq 2{,}8$

287 Nullstelle: $x \approx 3{,}3$, Schnittpunkt mit x-Achse: $(3{,}3 \mid 0)$, Schnittpunkt mit y-Achse: $(0 \mid 3)$

288

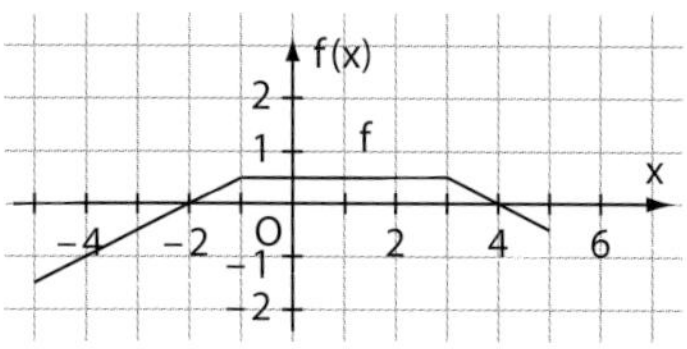

289 a) Nullstelle: $x = -3$, $(-3 \mid 0)$, $(0 \mid 3)$

b) Nullstelle: $x = 0{,}5$; $(0{,}5 \mid 0)$, $(0 \mid -1)$

c) Nullstellen: $s_1 = -5$ und $s_2 = 5$, $(-5 \mid 0)$, $(5 \mid 0)$, $(0 \mid -25)$

d) Diese Funktion besitzt keine Nullstelle, $(0 \mid 1)$

e) Nullstellen: $x_1 = 2$ und $x_2 = -3$, $(2 \mid 0)$, $(-3 \mid 0)$, $(0 \mid -6)$

f) Nullstellen: $u_1 = 0$ und $u_2 = 2$, $(0 \mid 0)$, $(2 \mid 0)$

290 a) $x = 0$ b) $x = 0$ und $x = 1$ c) $x = 0$ und $x \approx -1{,}259\ldots \approx -1{,}260$

d) $x \approx -1{,}4142\ldots \approx -1{,}414$, $x = 0$ und $x \approx 1{,}4142\ldots \approx 1{,}414$

291 a) $x \approx -1{,}6180\ldots \approx -1{,}618$ (näherungsweise), $x \approx 0{,}6180\ldots \approx 0{,}618$ (näherungsweise) und $x = 1$ (exakt)

b) $x = 1$ und $x = 2$ (beide exakt)

c) $x = 0$ (exakt)

d) $x = -1$ (exakt)

292 a) ja b) nein (Beispiel: $x = 2$) c) ja d) ja 92

293 a) $H(1 \mid 0{,}83)$; $T(2 \mid 0{,}67)$ b) $H(-2 \mid 20)$; $T(1 \mid -7)$

c) $T(-1 \mid 0)$; $T(1 \mid 0)$; $H(0 \mid 1)$ d) $H(-2 \mid 1)$; $H(2 \mid 1)$; $T(0 \mid -15)$

294 a) Die Funktion steigt im Intervall $[-1; 2]$ von einem negativen Funktionswert (-1) zu einem positiven Funktionswert (3). Also muss sie in diesem Intervall die x-Achse schneiden, also eine Nullstelle haben.

b) Der Tiefpunkt bei $(-2 \mid 1)$ liegt oberhalb der x-Achse, bei $x = 4$ schneidet die Funktion die x-Achse. Also muss der Graph in dem dazwischen durchlaufenen Intervall $[-2; 4]$ einmal „die Richtung gewechselt" haben, also eine Maximumstelle durchlaufen haben.

295 a) $h(0) = 0$ und $h(400) = 0$. An diesen Stellen befindet sich der Radfahrer auf der Höhe 0, also vor bzw. hinter der Geländekuppe.

b) Extremstelle (Maximum) der Höhenfunktion bei 200 m: h (200) = 20 m
An dieser Stelle überwindet der Radfahrer die größte Höhe.
Extremstelle (Minimum) der Geschwindigkeitsfunktion bei $t = 37$ s: v(37) = 10 km/h.
Hier ist der Radfahrere am langsamsten.

c) Vermutlich ist der Radfahrer am langsamsten, wenn er die Kuppe überfährt, also nach etwa 37 s, er ist dann 10 km/h schnell. Die Geschwindigkeit nimmt davor ab, weil es bergauf geht, danach nimmt sie zu, weil es bergab geht.

5 Präzisierung des Funktionsbegriffs

93

296 Nein, $\frac{1}{0}$ ist nicht definiert

297 Definitionsmenge: $\mathbb{R}\setminus\{0\}$, Zielmenge: $\mathbb{R}\setminus\{0\}$

298 a) Funktion von $\mathbb{N}$ nach $\mathbb{R}$; x wird abgebildet auf $3x^2$
b) Funktion von $\mathbb{Q}\setminus\{0\}$ nach $\mathbb{R}$; x wird abgebildet auf $\frac{4}{x} + 2$

94

299 C – A

300 a) $f\colon \mathbb{Z}\setminus\{3\} \to \mathbb{R};\ x \mapsto \frac{3}{x-3}$ b) $f\colon \mathbb{R} \to \mathbb{R};\ x \mapsto x^2 + 2$

301 je nach Klassengröße und anderen Überlegungen, z. B. natürliche Zahlen von 15 bis 27

302 a) $\mathbb{R}\setminus\{0\}$ b) $\mathbb{R}\setminus\{2\}$

95

303 (1) ja (2) ja (3) nein (4) ja (5) nein (6) ja
ja: Die Zuordnung ist eindeutig. Jedem Argument x der Definitionsmenge wird genau ein Wert zugeordnet.
nein: Die Zuordnung ist nicht eindeutig. Es gibt Argumente x der Definitionsmenge, denen zwei oder mehr Werte zugeordnet werden.

304 – (Mindmap)

305 a) nein, denn $-3 \notin [0; 1]$
b) ja

306 F – A – H – D – C – F

307 a) Definitionsmenge = Zielmenge = $\mathbb{R}$
b) Definitionsmenge = $\mathbb{R}$, Zielmenge $[-1; \infty[$
c) Definitionsmenge = Zielmenge = $\mathbb{R}$
d) Definitionsmenge = $\mathbb{R}\setminus\{-2\}$, Zielmenge = $\mathbb{R}\setminus\{0\}$
e) Definitionsmenge = Zielmenge = $[0; \infty[$
f) Definitionsmenge = Zielmenge = $\mathbb{R}$

308 a) $f(x) = 2x$ b) $f(x) = \frac{x}{2}$ c) $f(x) = x + 7$ d) $f(x) = x^2$

96

309 a) $f\colon \mathbb{R} \to \mathbb{R}$ $f(x) = x^2$ b) $g\colon \mathbb{R}_0^+ \to \mathbb{R}$ $g(x) = \sqrt{x}$

310 a) $f: \mathbb{R}^* \rightarrow \mathbb{R}$ $f(x) = \frac{1}{x^2}$

b) $f: \{-2; -1; 0; 1; 2\} \rightarrow \mathbb{R}$ $f(x) = x + x^2$

Du kannst auch zuerst $A = \{-2; -1; 0; 1; 2\}$ definieren und dann kürzer schreiben:

$f: A \rightarrow \mathbb{R}$ $f(x) = x + x^2$

(Wenn du andere Bezeichnungen für die Funktionen gewählt hast, ist das natürlich auch richtig.)

311 a) $\mathbb{R}_0^+$ oder $\mathbb{R}^+$

b) $\mathbb{R}_0^+$ oder $\mathbb{R}^+$

c) $\left[0; \frac{1}{2}\right]$ oder $\left]0; \frac{1}{2}\right[$

d) $[2; \infty[$ oder $]2; \infty[$

312 (2), (4) und (5) stellen Funktionsgraphen einer Zuordnung $x \rightarrow y$ dar, da die Zuordnung eindeutig ist.

313 (1) ja, denn $f(0) = 0$ (2) nein, denn f ist bei $x = 5$ nicht definiert

314 (1) nein (2) ja (3) nein (4) nein, denn x_0 ist kein Element der Definitionsmenge

315 Die erste und vierte Aussage ist immer wahr.

316 a) $E: \mathbb{R}^+ \rightarrow \mathbb{R}$ $E(m) = mc^2$ b) $d: \mathbb{R}^+ \rightarrow \mathbb{R}$ $d(F) = \sqrt{2F}$ 97

c) $r: \mathbb{R}^+ \rightarrow \mathbb{R}$ $r(F) = \sqrt{\frac{F}{\pi}}$ d) $r: \mathbb{R}^+ \rightarrow \mathbb{R}$ $r(V) = \sqrt[3]{\frac{3V}{4\pi}}$

e) $a:]2; \infty[\rightarrow \mathbb{R}$ $a(c) = \sqrt{c^2 - 4}$

317 (1) $T: [-273{,}15°; \infty[\rightarrow \mathbb{R}$ mit $T(x) = x + 283{,}15$

(2)

x	−200	−150	−100	−50	0	50
T(x)	73,15	123,15	173,15	223,15	273,15	323,15

Die Punkte liegen auf einer Geraden. Die Funktion steigt.

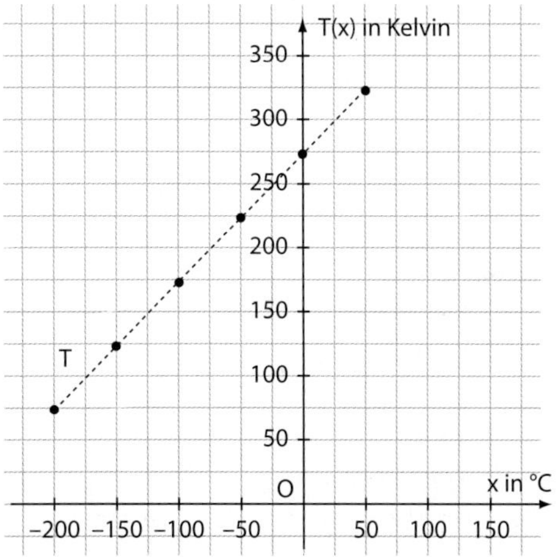

(3) $W = \{73{,}15; 123{,}15; 173{,}15; 223{,}15; 273{,}15; 323{,}15\}$

318 (1) v_S: [-273,15; ∞[$\to \mathbb{R}_0^+$ mit $v_S(T) = 72{,}2 \cdot \sqrt{T + 273{,}15}$ mit T in °C und v_S in $\frac{km}{h}$

(2)

T	-250	-200	-150	-100	-50	0	50
$v_S(T)$	347	618	801	950	1079	1193	1298

Die Funktion steigt.

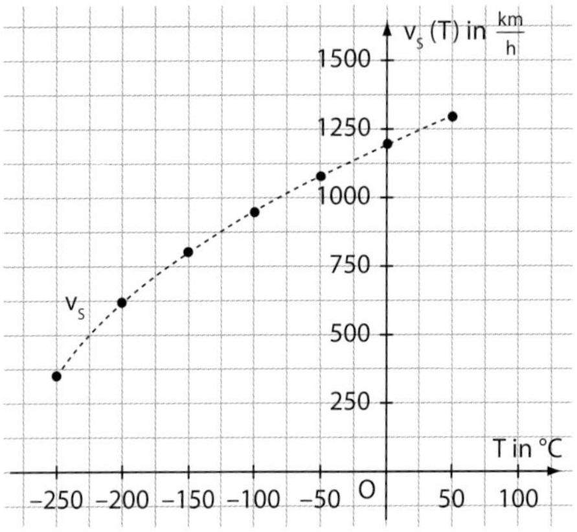

(3) W = [347; 1298]

(4) Beim absoluten Nullpunkt ist die Schallgeschwindigkeit 0 $\frac{km}{h}$. Bei ca. 19 °C beträgt die Schallgeschwindigkeit 1235 $\frac{km}{h}$.

319 a) $V = (6 - 2x)^2 \cdot x$

b) Das Schachtelvolumen ist für $x = 1$ maximal.

6 Lineare Funktionen

6.1 Termdarstellung, Wertetabelle und Graph

100

320 a)

t	D(t)
0	0
1	1024
2	2048
3	3072
…	…

$D(t) = 1024 \cdot t$
Nach 80 Sekunden

b)

t	D(t)
0	0
1	800
2	1600
3	2400
…	…

$D(t) = 800 \cdot t$
Nach 102,4 Sekunden

321 a) $y = 3 - 2x$ b) $y = -2 + 5x$ c) $y = 0{,}8x$ d) $y = 0{,}7 + 0{,}9x$

322 a) $k = 30$; $f(0) = 7$; $f(1) = 37$; $f(1) = f(0) + 30$
allgemein: $f(x + 1) = 30 \cdot (x + 1) + 7 = 30x + 37$

b) $k = -120$; $f(0) = 350$; $f(1) = 230$; $f(1) = f(0) - 120$
allgemein: $f(x + 1) = -120 \cdot (x + 1) + 350 = -120x + 230$

c) $k = -\frac{1}{2}$; $f(0) = 2$; $f(1) = 1{,}5$; $f(1) = f(0) - \frac{1}{2}$
allgemein: $f(x + 1) = -\frac{1}{2} \cdot (x + 1) + 2 = -\frac{1}{2}x + 1{,}5$

d) $k = 3$; $f(0) = -10$; $f(1) = -7$; $f(1) = f(0) + 3$
allgemein: $f(x + 1) = 3 \cdot (x + 1) - 10 = 3x - 7$

101

323 – (Mindmap)

324 a)

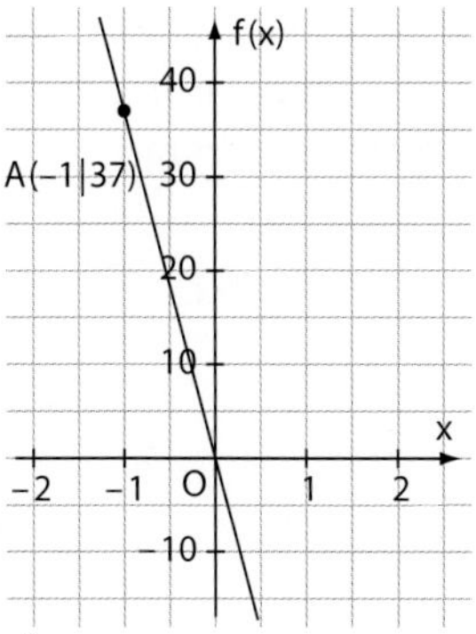

b)

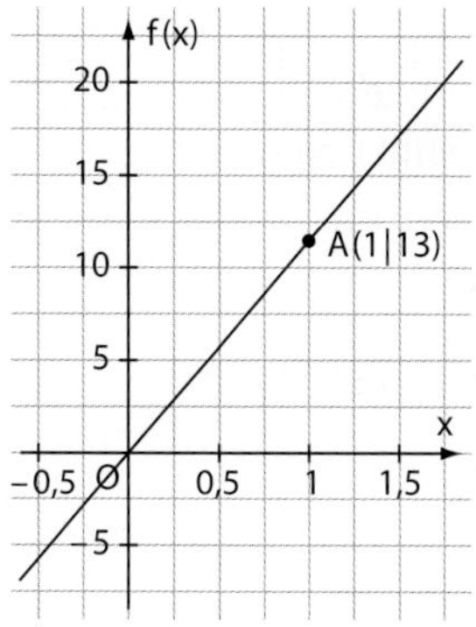

c)

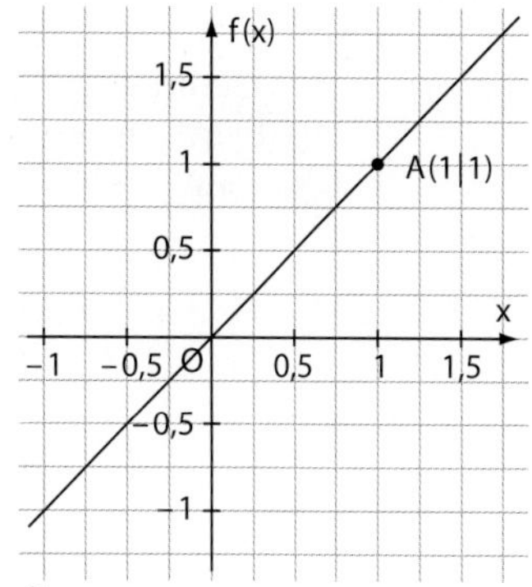

d)

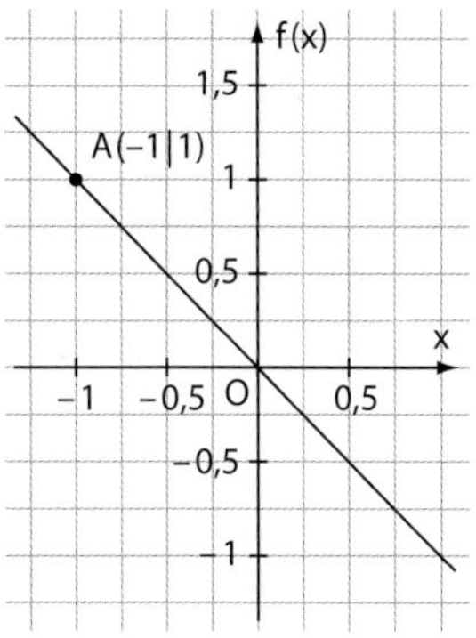

e)

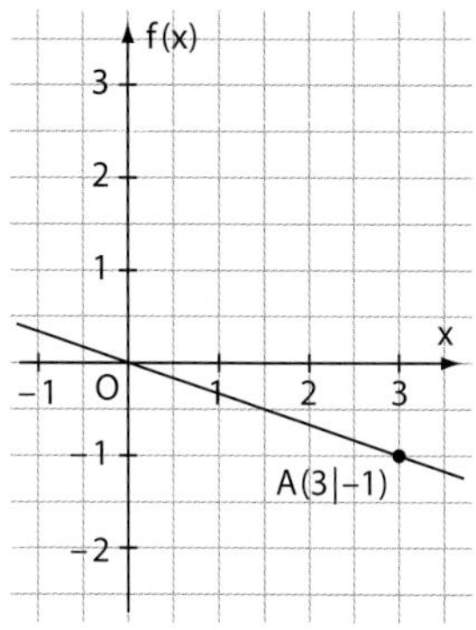

f)

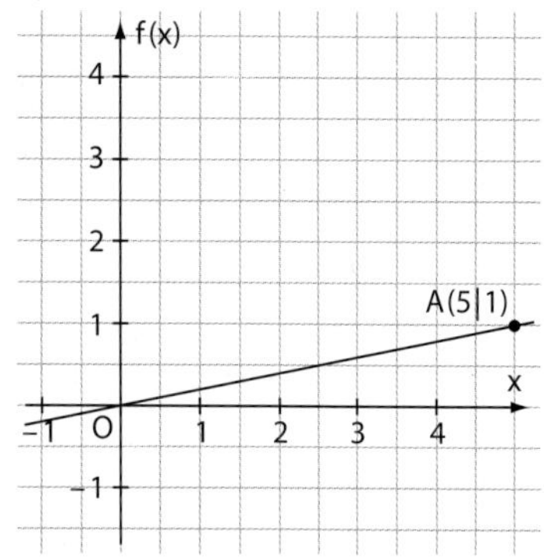

325 a) $f(0) = 2$

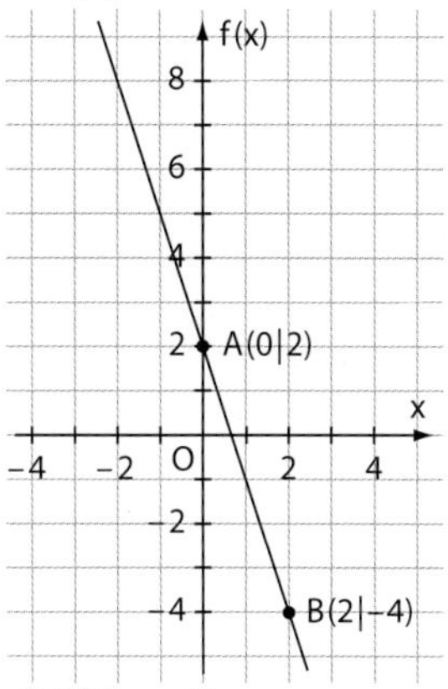

b) $f(0) = -7$

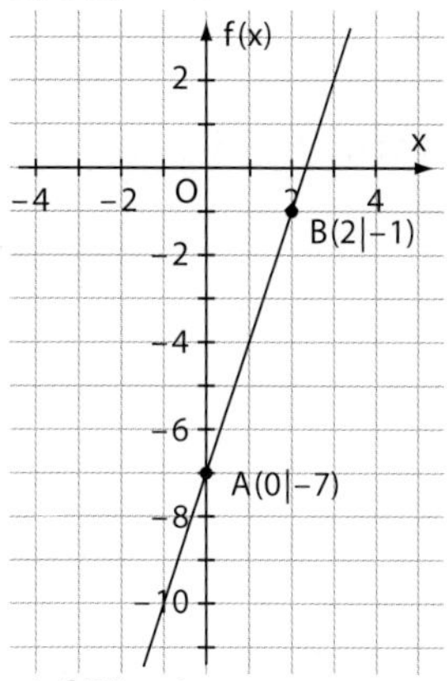

c) $f(0) = 4$

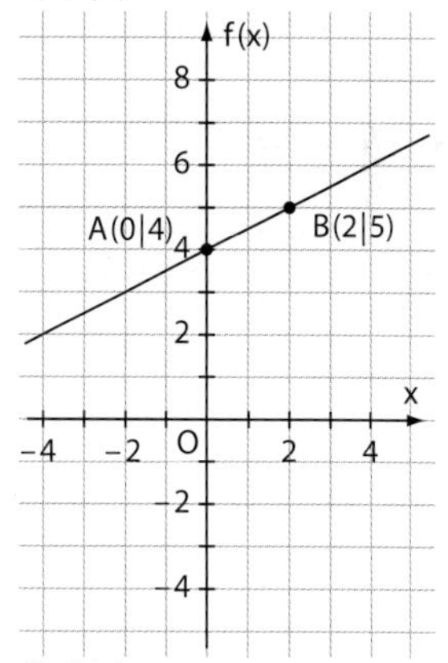

102

d) $f(0) = -5$

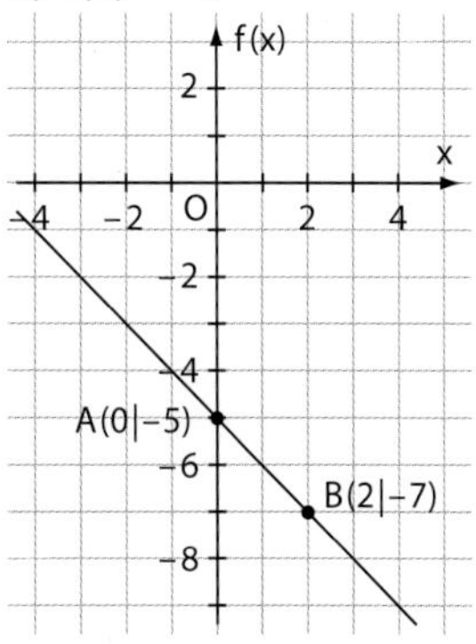

e) $f(0) = 1$

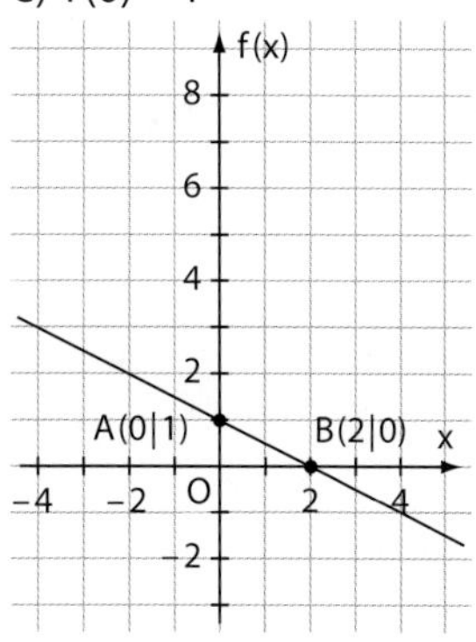

f) $f(0) = -3$

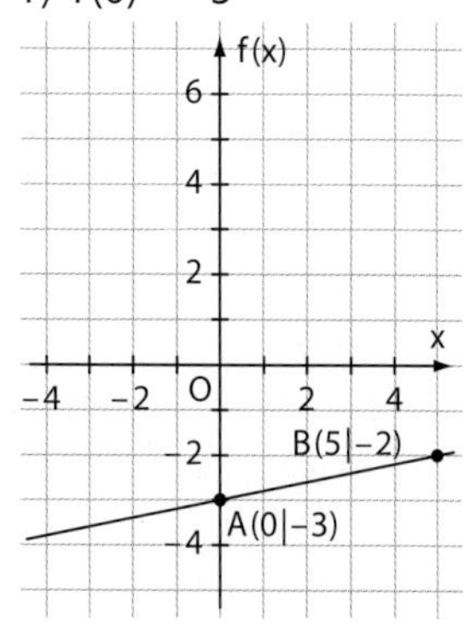

326 B – D – A – E

327 a) Alle Geraden gehen durch den Punkt (0 | – 1), da für alle Funktionen gilt f(0) = – 1.

b) Die Geraden sind parallel, da sie die gleiche Steigung haben.

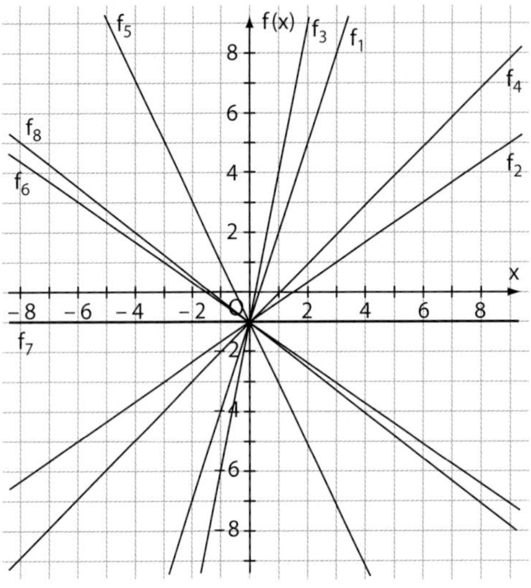

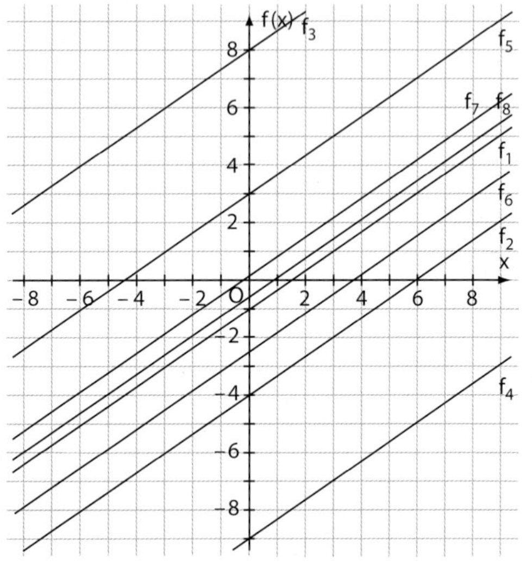

328 Den ersten, zweiten und vierten Sachverhalt kann man durch lineare Gleichungen beschreiben.

329 a) k = 3; d = 7 b) k = 2; d = –2 c) – d) $k = -\frac{3}{5}$; d = –10

103 **330** a) y = 0,77 x
b) 42,35 €
c) ~ 29,9 €

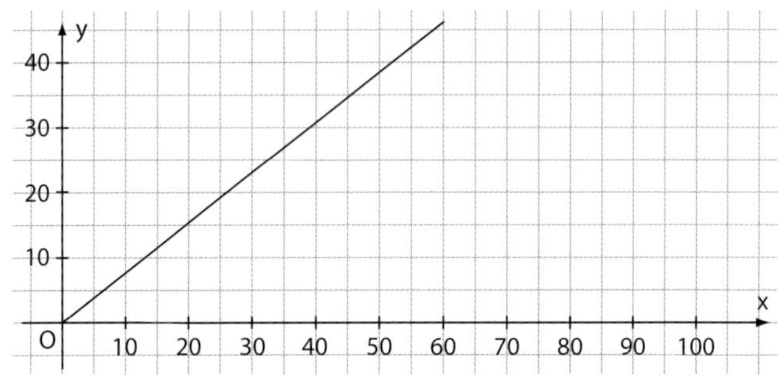

331 a) LKW: $y = 100x$
PKW: $y = 120(x - 0{,}25)$
b) Nach 1,5 Stunden hat der PKW-Fahrer den LKW-Fahrer eingeholt.

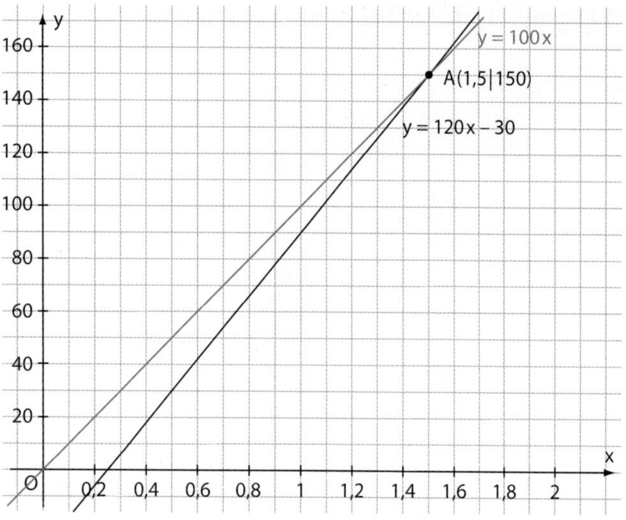

c)

Zeit (in min)	0	10	20	30	…	80	90	100
Weg LKW (in km)	0	16,7	33,3	50	…	133,3	150	166,7
Weg Auto (in km)	0	0	10	30	…	130	150	170

332 a) $h(t) = 1150 - 5 \cdot t$
b) nach 230 Sekunden (3 min 50 sec)

t	h
0	1150
1	1145
2	1140
3	1135
…	…

333 a) $s(t) = 300t$
Der Zug erreicht nach etwa 1 Stunde und 40 Minuten Paris.

b) $s(t) = 230 \cdot t$;
Der Zug erreicht jetzt nach etwa 2 Stunden und 10 Minuten Paris.

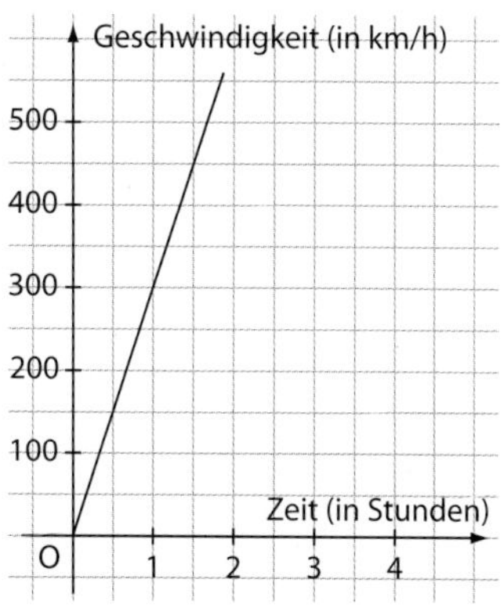

334 F1: $y = 1{,}2 - 20x$; nach 0,06 Stunden (nach 216 Sekunden)
F2: $y = 1{,}1 - 20x$; nach 0,055 Stunden (198 s)
F3: $y = 0{,}98 - 20x$; nach 0,049 Stunden (ca. 176 s)

104

6.2 Eigenschaften linearer Funktionen

335 B – C – A

105 **336**

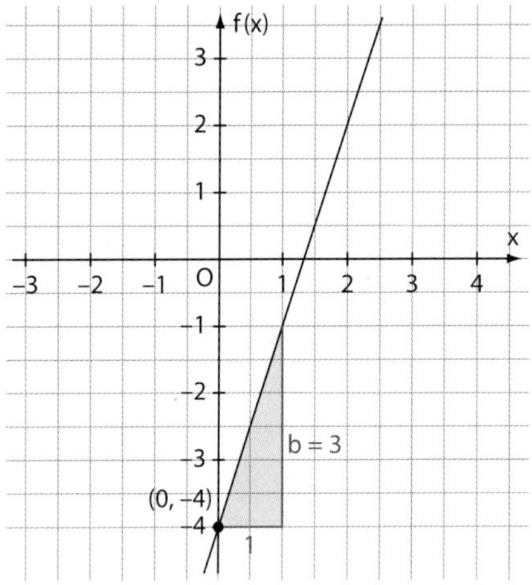

106 **337** a)

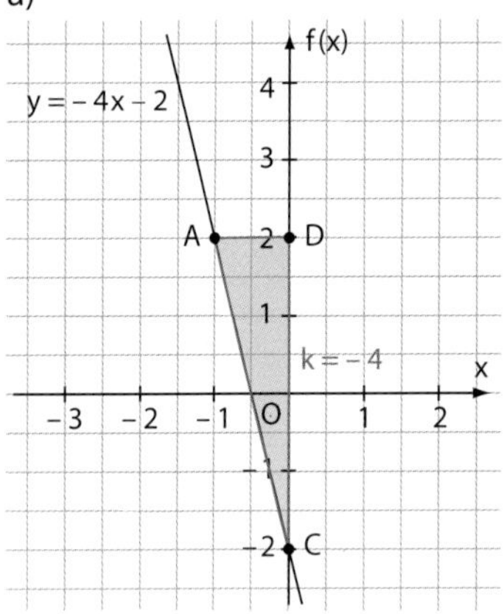

b)

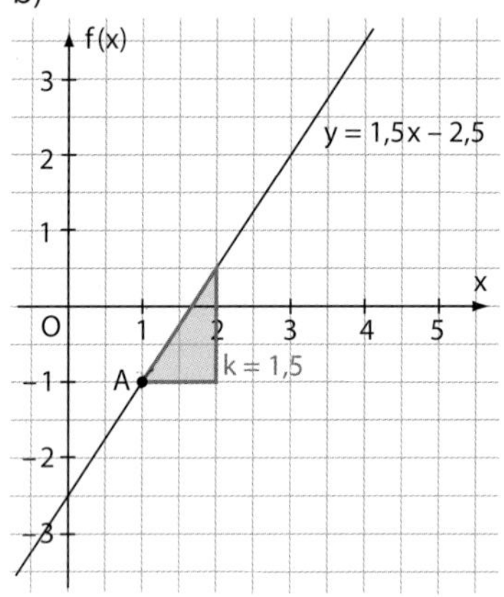

338 a)

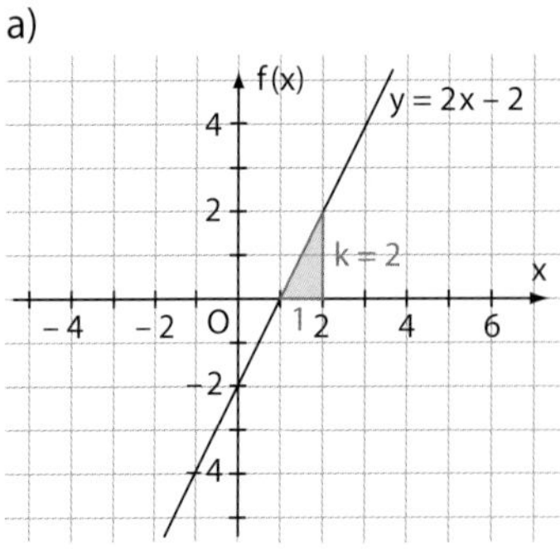

b)

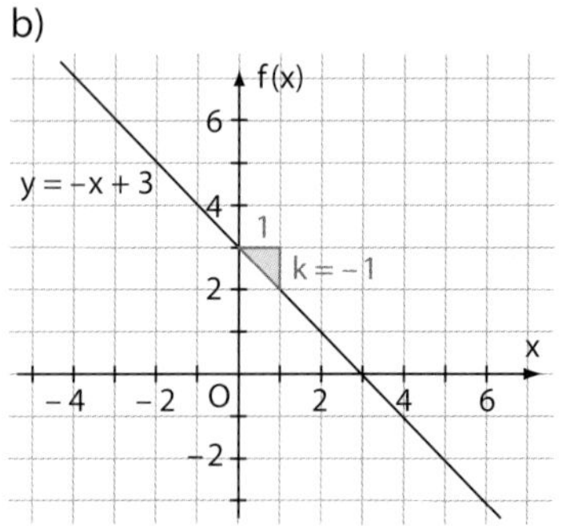

107 **339** a) steigend; d = 1,5; k = 0,5
b) fallend; d = 2,5; k = –1,25
c) konstant; d = -1; k = 0
d) steigend; k = 1; d = 0

340 (1) keine lineare Funktion
(2) steigende Funktion, $k = 3$; $d = 0$
(3) fallende lineare Funktion, $k = -1$; $d = -1$
(4) konstante lineare Funktion, $k = 0$; $d = 6$
(5) keine lineare Funktion
(6) keine lineare Funktion

341 a) C ist Graph von f_1; D ist Graph von f_2; B ist Graph von f_3; A ist Graph von f_4; D und B sind parallel sowie A und C 108
b) C ist Graph von f_1; A ist Graph von f_2; B ist Graph von f_3; D ist Graph von f_4; A, B und D sind parallel

342 a) h nicht parallel zu f und g b) r nicht parallel zu s und p c) f_3 nicht parallel zu f_1 und f_2

343 $k = 3$; $f(0) = -2$; $f(1) = 1$; $f(1) = f(0) + 3$; allgemein: $f(x + 1) = 3 \cdot (x + 1) - 2 = 3x + 1$ 109

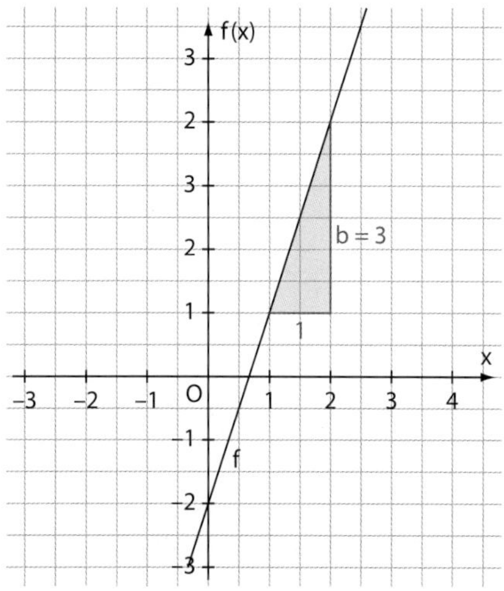

344 (1) 110

a) $k = 3 \Rightarrow k \cdot h = 3 \cdot 2 = 6$
$f(0 + 2) - f(0) = 2 - (-4) = 6$
b) $k = 3 \Rightarrow k \cdot h = 3 \cdot (-1{,}5) = -4{,}5$
$f(3 - 1{,}5) - f(3) = 0{,}5 - 5 = -4{,}5$

(2)
a) $k = 3$, $h = 1{,}5 - (-1) = 2{,}5$
$\Rightarrow k \cdot h = 3 \cdot 2{,}5 = 7{,}5$
$f(1{,}5) - f(-1) = 0{,}5 - (-7) = 7{,}5$
b) $k = 3$, $h = 0{,}5 - 2{,}5 = -2$
$\Rightarrow k \cdot h = 3 \cdot (-2) = -6$
$f(0{,}5) - f(2{,}5) = -2{,}5 - 3{,}5 = -6$

zum Beispiel (1) b

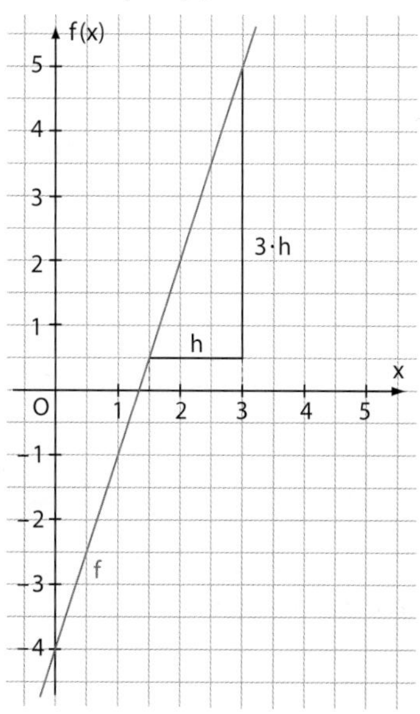

345 $k = -\frac{1}{3}$

z. B. wähle $h = 1$ und $x = 0$

$f(0 + 1) - f(0) = -\frac{1}{3} \cdot 1$

$\frac{11}{3} - \frac{12}{3} = -\frac{1}{3}$

$-\frac{1}{3} = -\frac{1}{3}$

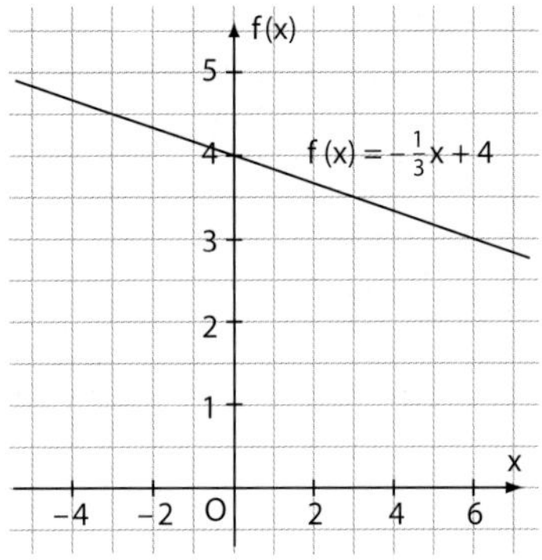

111

346 $f(x) = \frac{1}{3}x + \frac{7}{3}$

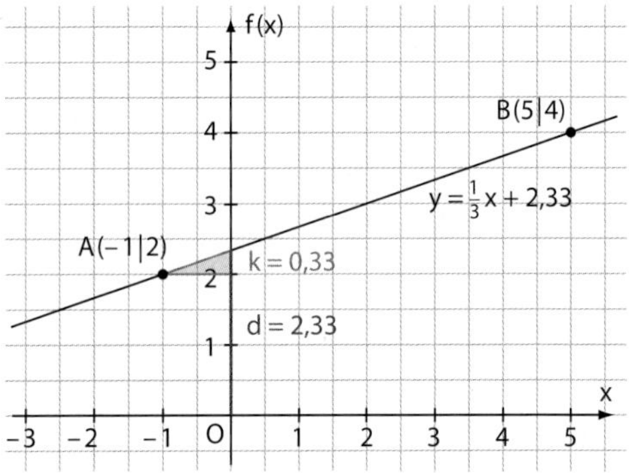

112

347 – (Mindmap)

348 a)

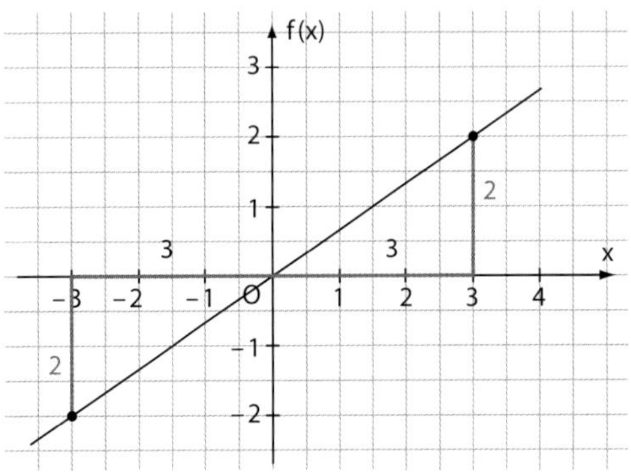

b)

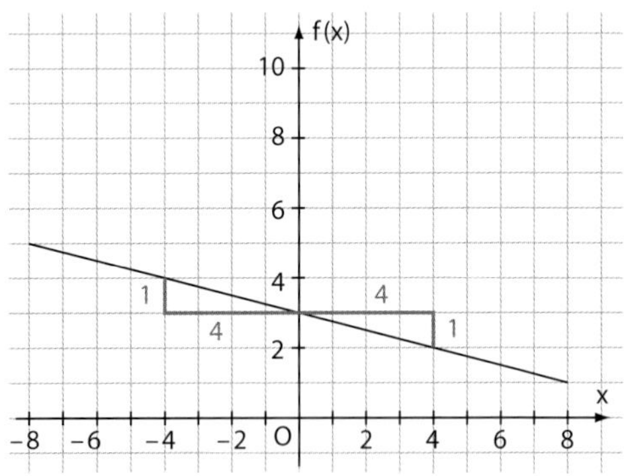

c)

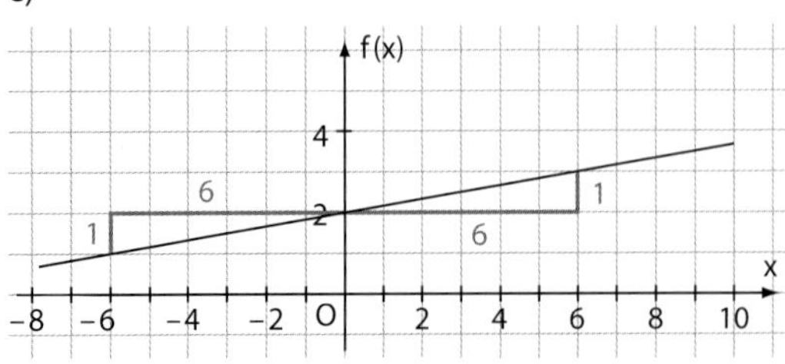

349 a) $\alpha = 38{,}66°$ b) $\alpha = 71{,}57°$ 113

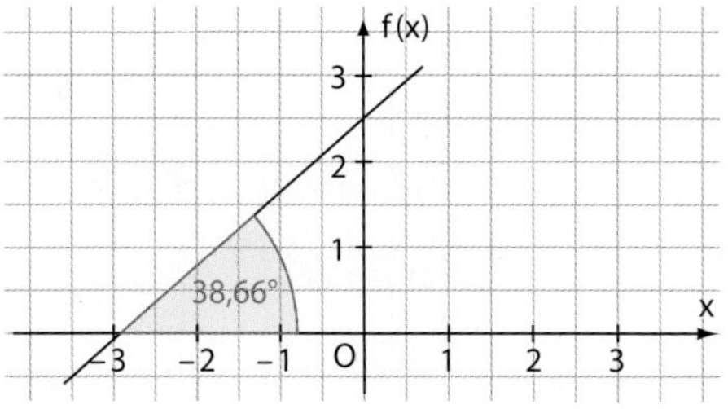

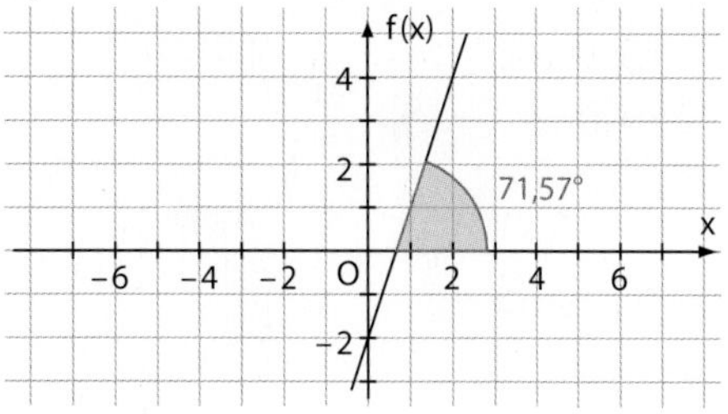

350 a) $\alpha = 8{,}53°$ b) $\alpha = 36{,}87°$

351 – (Mindmap)

352 – (Mindmap) 114

353 a) f_1 und f_2 b) f_1 und f_2 c) f_1 und f_2 115

354 a) $g(x) = 2x$
b) $h(x) = 2x - 3$

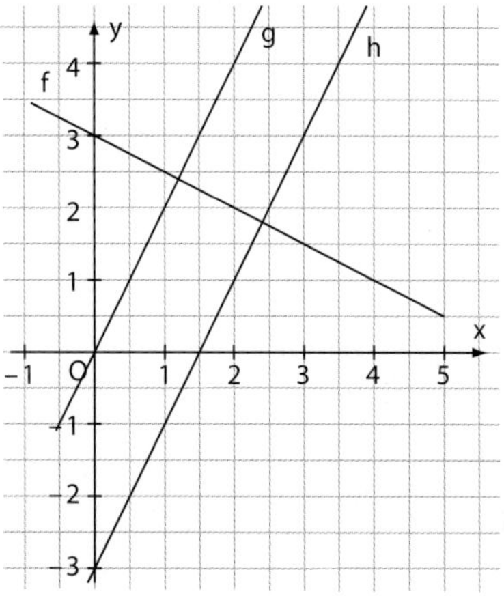

355 – (Formelsammlung)

356 a) $k = 0{,}5;\ f(0) = 1$
b) $k = -0{,}5;\ f(0) = 3$
c) $k = 4;\ f(0) = -2$
d) $k = -\frac{3}{4};\ f(0) = 1$
e) $k = -1;\ f(0) = 4$
f) $k = \frac{2}{3};\ f(0) = -1$

357 a) $k = 0{,}5;\ d = -1;$ steigend b) $k = 1;\ d = 0;$ steigend 116
c) $k = -6;\ d = 1;$ fallend d) $k = 0;\ d = 3;$ konstant

358 a)

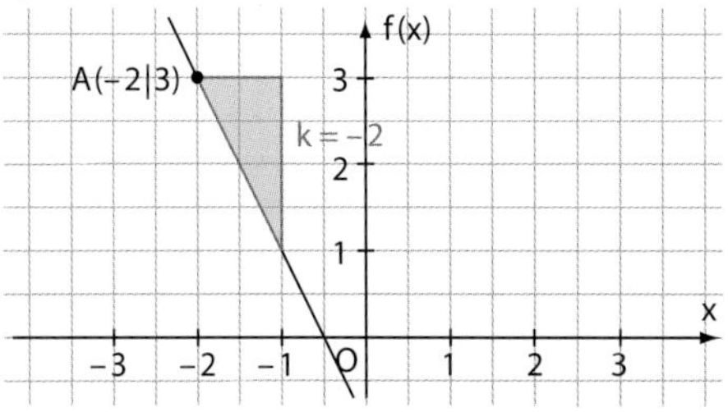

b)

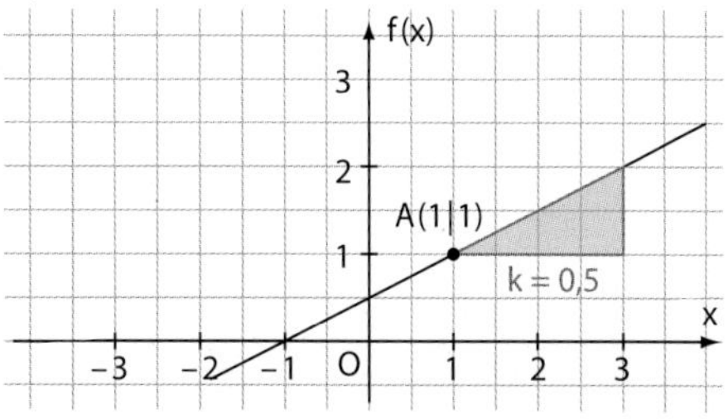

c)

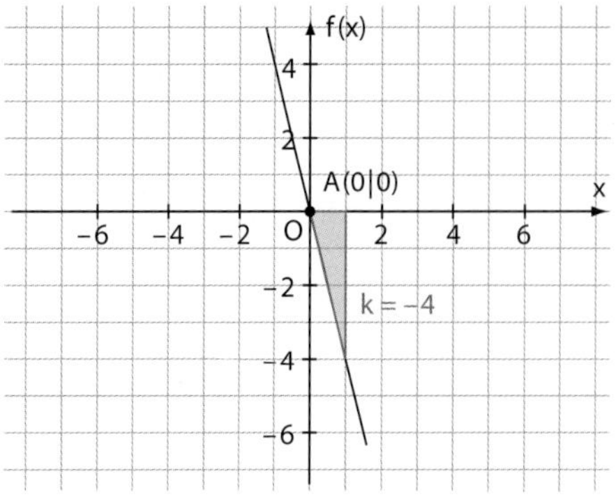

d)

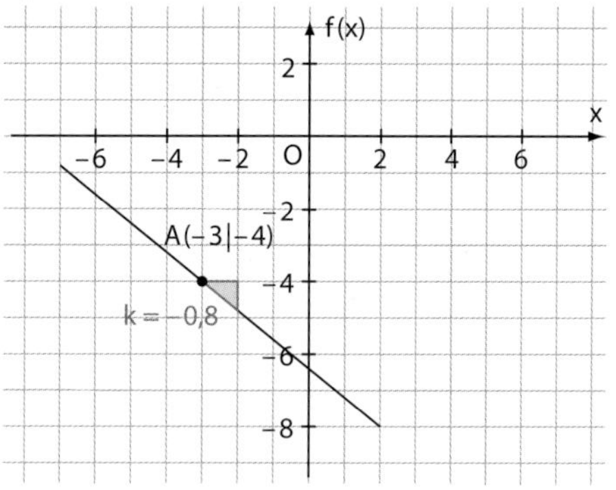

359 Die erste und dritte Funktion sind nicht steigend.

360 Die erste, zweite und vierte Funktion sind nicht fallend.

361 Die erste und dritte Funktion sind nicht konstant.

362 (1)

t	s(t)
0	0
1	23
2	46
3	69
4	92

(2) $s(t) = 23t$
homogen, steigend

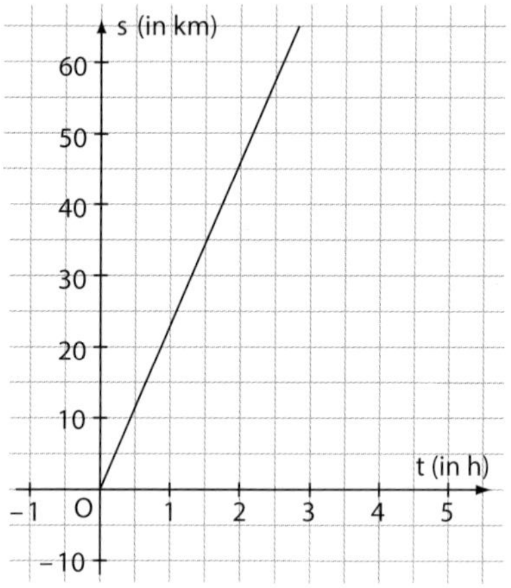

363 a) steigend
b) steigend
c) steigend; konstant, falls für die Gesprächszeit eine Pauschale anfällt
d) fallend
e) steigend
f) steigend

364 a) z.B.

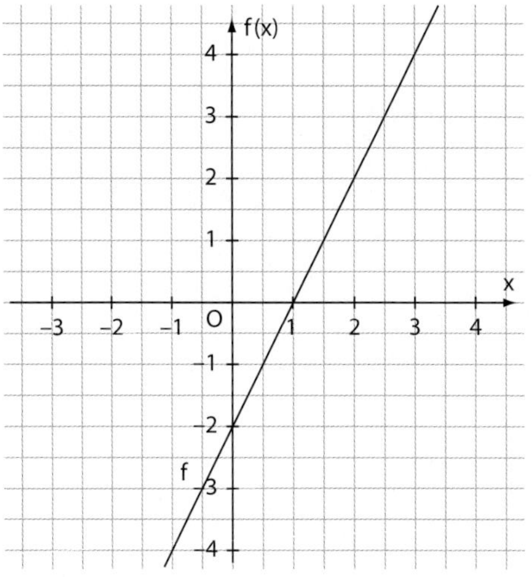

b) z.B.

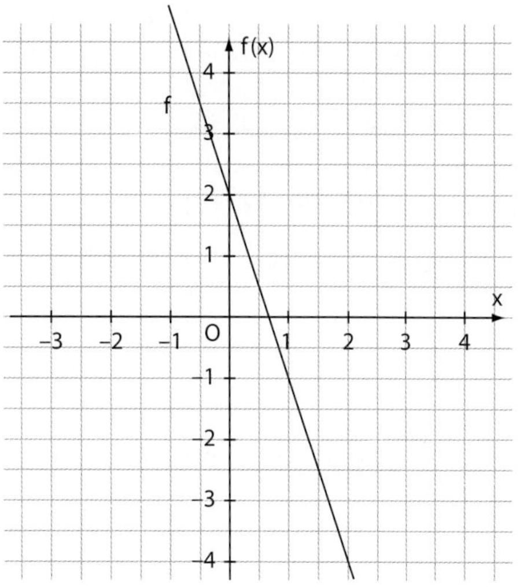

365 1. Zeile: weder steigend noch fallend, der Energieverbrauch pro Minute bleibt etwa gleich; 2. Zeile: steigend; 3. Zeile: fallend

366 a) $f(1) - f(0) = 5 - 4 = 1 = k$
b) $f(1) - f(0) = 2 - 0 = 2 = k$
c) $f(1) - f(0) = 2 - 3 = -1 = k$
d) $f(1) - f(0) = -2{,}75 - (-2) = -0{,}75 = k$
e) $f(1) - f(0) = 1{,}5 - (-2) = 3{,}5 = k$
f) $f(1) - f(0) = \frac{4}{5} - 1 = -\frac{1}{5} = k$

367 a) $f(x) = x - 3;\ k = 1;\ h = 1$:
$f(x + 1) = x + 1 - 3 = x - 3 + 1 = f(x) + 1 \cdot 1$
b) $f(x) = 3x + 2;\ k = 3;\ h = 1$:
$f(x + 1) = 3(x + 1) + 2 = 3x + 2 + 3 = f(x) + 3 \cdot 1$
c) $f(x) = -2x - 1;\ k = -2;\ h = 1$:
$f(x + 1) = -2(x + 1) - 1 = -2x - 1 - 2 = f(x) + (-2) \cdot 1$
d) $f(x) = \frac{1}{2}x + 4;\ k = \frac{1}{2},\ h = 1$:
$f(x + 1) = \frac{1}{2}(x + 1) + 4 = \frac{1}{2}x + 4 + \frac{1}{2} = f(x) + \frac{1}{2} \cdot 1$
e) $f(x) = -\frac{3}{4}x - 1;\ k = -\frac{3}{4};\ h = 1$:
$f(x + 1) = -\frac{3}{4}(x + 1) - 1 = -\frac{3}{4}x - 1 - \frac{3}{4} = f(x) + \left(-\frac{3}{4}\right) \cdot 1$
f) $f(x) = -\frac{2}{3}x - \frac{3}{4};\ k = -\frac{3}{4};\ h = 1$
$f(x + 1) = -\frac{2}{3}(x + 1) - \frac{3}{4} = -\frac{2}{3}x - \frac{3}{4} - \frac{2}{3} = f(x) + \left(-\frac{2}{3}\right) \cdot 1$

368 a) $y = -\frac{5}{6}x + \frac{32}{6}$
b) $y = \frac{1}{3}x + \frac{5}{3}$
c) $y = 4$
d) $y = -\frac{1}{2}x + 2$
e) $y = \frac{1}{3}x - 4$
f) $y = -1{,}75x - 0{,}5$

369 a) (1) $g(x) = 0{,}5x + 1$ (3) $h(x) = 0{,}5x$
b) (1) $g(x) = -\frac{4}{3}x + \frac{19}{3}$ (3) $h(x) = -\frac{4}{3}x$
c) (1) $g(x) = -x + 4$ (3) $h(x) = -x$
d) (1) $g(x) = \frac{1}{4}x + \frac{7}{2}$ (3) $h(x) = \frac{1}{4}x$
e) (1) $g(x) = -\frac{7}{8}x + \frac{1}{2}$ (3) $h(x) = -\frac{7}{8}x$
f) (1) $g(x) = -\frac{1}{3}x + \frac{25}{3}$ (3) $h(x) = -\frac{1}{3}x$

370 a) $k = \frac{1}{2}; d = 2; y = \frac{1}{2}x$ b) $k = -\frac{2}{3}; d = 4; y = -\frac{2}{3}x$
c) $k = 1; d = -2; y = x$ d) $k = -\frac{4}{3}; d = -1, y = -\frac{4}{3}x$

371 a) 153,43° b) 36,87° c) 116,57° d) 81,87°

372 Steigung von 35 %

373 Gefälle von 20 %

119

374 a) 14,04° b) 34,99° c) 16,7° d) 24,23°

375
a) (1) $g(x) = \frac{1}{3}x + \frac{5}{3}$ (3) $h(x) = -3x$ (4) $k(x) = -3x + 20$
b) (1) $g(x) = -\frac{1}{6}x + \frac{31}{6}$ (3) $h(x) = 6x$ (4) $k(x) = 6x - 34$
c) (1) $g(x) = \frac{1}{2}x + 6$ (3) $h(x) = -2x$ (4) $h(x) = -2x + 14$
d) (1) $g(x) = -\frac{1}{3}x - \frac{16}{3}$ (3) $h(x) = 3x$ (4) $k(x) = 3x - 16$
e) (1) $g(x) = -\frac{11}{5}x - 7$ (3) $h(x) = \frac{5}{11}x$ (4) $k(x) = \frac{5}{11}x - \frac{8}{11}$
f) (1) $g(x) = x - 4$ (3) $h(x) = -x$ (4) $k(x) = -x + 8$

376
a) Es entsteht eine fallende Gerade, k entspricht der Rieselgeschwindigkeit des Sandes, d der ursprünglichen Füllhöhe.
b) Es entsteht eine steigende Gerade, k entspricht der Rieselgeschwindigkeit des Sandes, d der ursprünglichen Füllhöhe (in der Regel also 0).

377
a) Die noch bestehenden Schulden betragen $K(t) = 120\,000 - 5000\,t$
$k = 5000$ beschreibt die monatliche Rate.
b) $K(x) = 2500$ € + 5000 € +7,5 x (x steht für die Stückzahl produzierter Ware.)
maximale Kosten bei $x = 1500$: 18 750 €
c) Erlös: $E(x) = 23x$. Kostendeckung bei $K(x) = E(x)$:
2500 € + 5000 € + 7,5 x = 23 x $\Rightarrow x = 483{,}87$: mit 484 Stück Ware sind die Kosten gedeckt.

120

378
a) Der Verkaufspreis beträgt 250 €: $E(x) = 250x$
b) $K(1) = 2000$ €, $K(4) = 500$ €, durchschnittlich pro ME also 500 €.

6.3 Nullstellen linearer Funktionen

121

379 (1) $N\left(\frac{1}{6}\middle|0\right)$ (2) $N\left(\frac{2}{3}\middle|0\right)$ (3) $N(-0{,}005\,|\,0)$

380 – (Mindmap)

381 a) $(1{,}5\,|\,0)$ b) $(0{,}5\,|\,0)$ c) $(21\,|\,0)$ d) keine Nullstelle

382 (1) $f(x) = -27x + 1000$

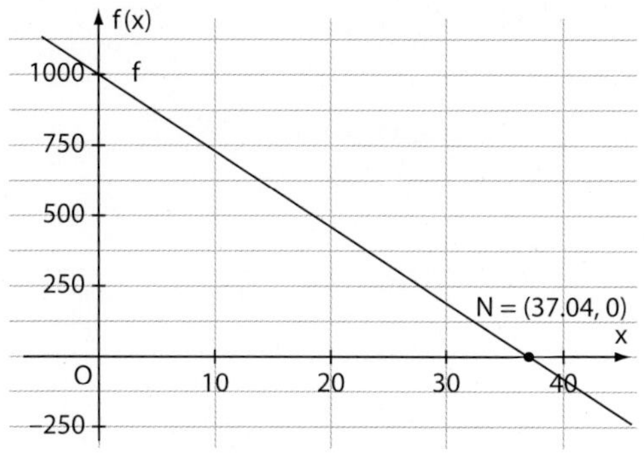

37 Tage lang können 27 SMS pro Tag verschickt werden. Am 38. Tag nur noch 1 SMS, dann ist das Guthaben aufgebraucht.

(2) $f(x) = 70x - 600$

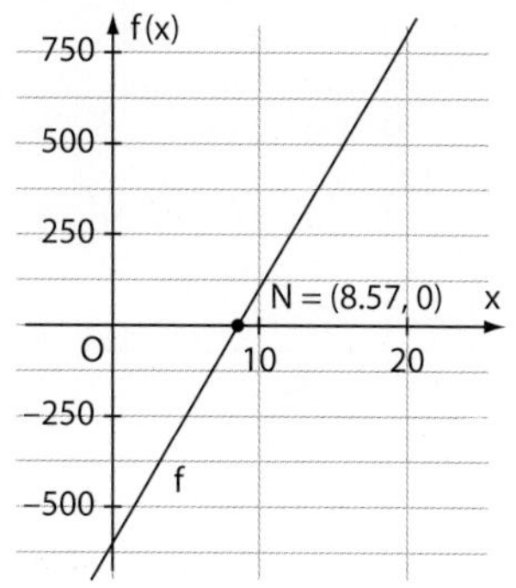

Nach 8,57 Minuten hat das U-Boot den Meeresspiegel erreicht.

6.4 Direkte Proportionalität

123

383 a) $D(x) = 64x$

b) $D(3 \cdot x) = 64 \cdot (3x) = 3 \cdot (64x) = 3 \cdot D(x)$

$D(4 \cdot x) = 64 \cdot (4x) = 4 \cdot (64x) = 4 \cdot D(x)$

$D(k \cdot x) = 64 \cdot (kx) = k \cdot (64x) = k \cdot D(x)$

c) $x_1 = 1$; $x_2 = 2$

$D(1 + 2) = D(3) = 192$

$D(1) = 64$; $D(2) = 128$

$D(1 + 2) = D(1) + D(2)$

$192 = 64 + 128$

$192 = 192$ w. A.

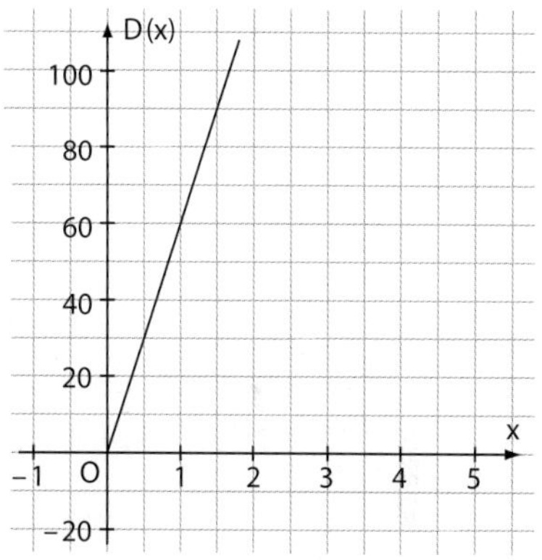

384 a) $V(t) = 120t$

b) $V(10) = 1200$

$V(2) + V(8) = 240 + 960 = 1200$

Die Wassermenge, die in 10 Minuten aus dem Rohr strömt, ist genauso groß wie die Menge, die zunächst in zwei Minuten und dann in 8 Minuten aus dem Rohr fließt.

c) $D = \mathbb{R}_0^+$; der Graph liegt im ersten Quadranten.

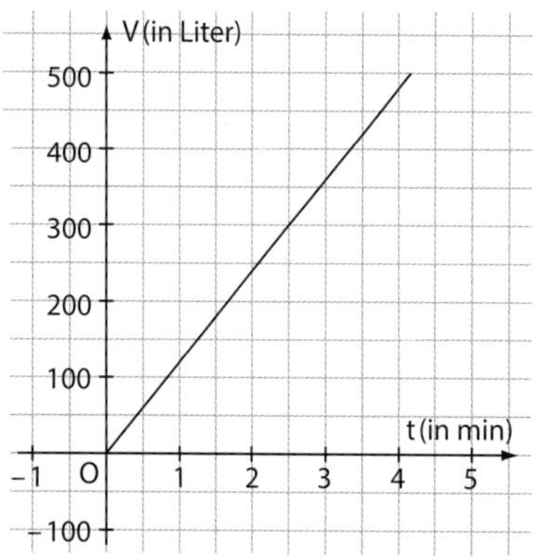

385 – (Mindmap)

386 Umfang eines gleichseitigen Dreiecks

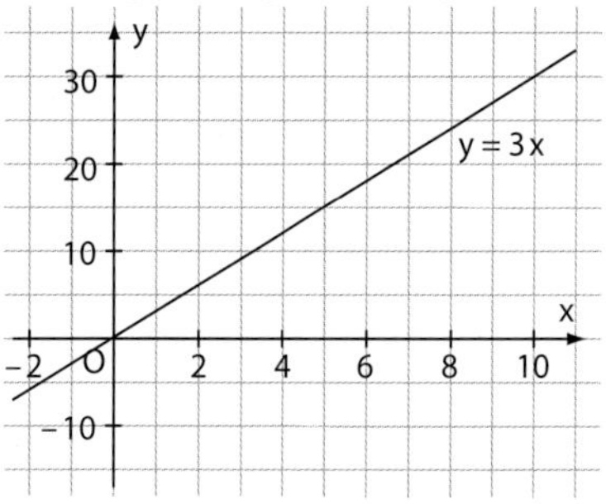

Umfang eines Quadrats

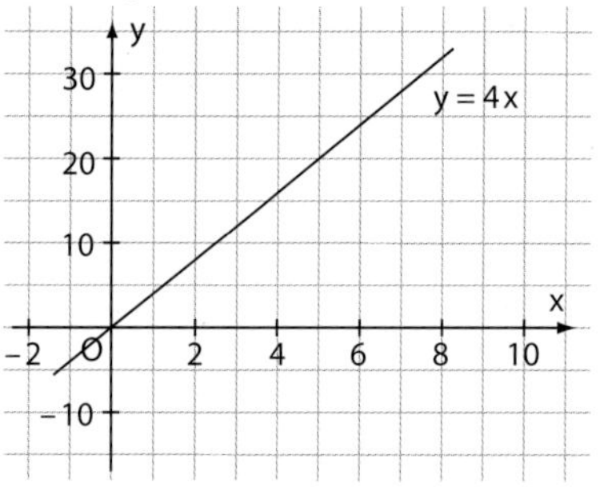

Diagonale eines Quadrats

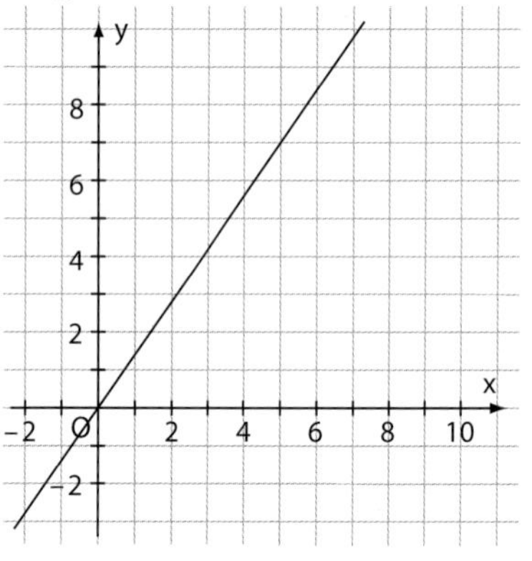

Umfang eines Kreises

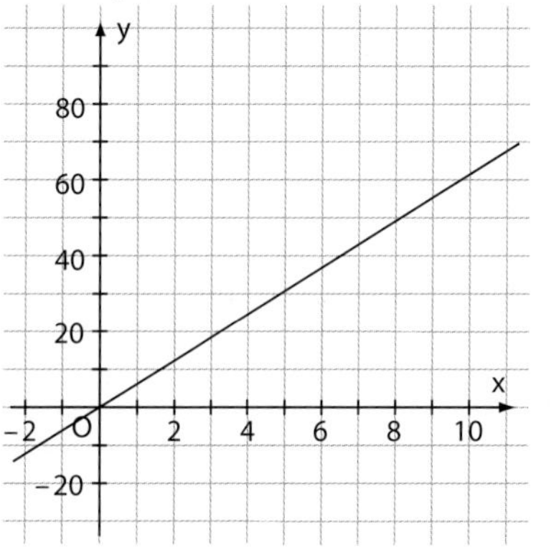

Flächeninhalt eines Kreises

$y = x^2 \cdot \pi$

Radius und Flächeninhalt eines Kreises sind nicht direkt proportional.

Umfang eines Kreises

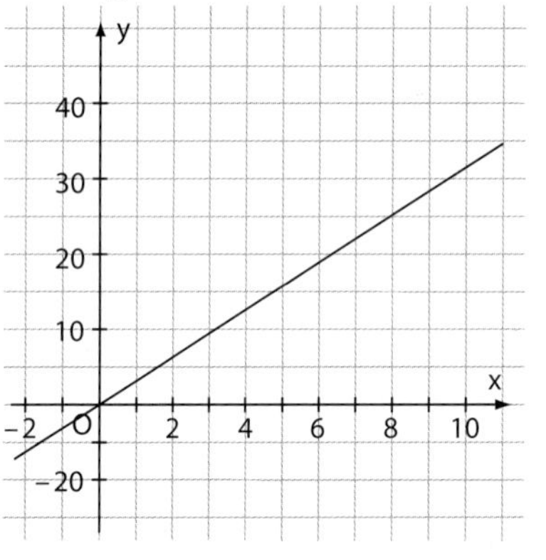

387 a)

x	−1	0	1	2	3
y	−4	0	4	8	12

$y = 4x$

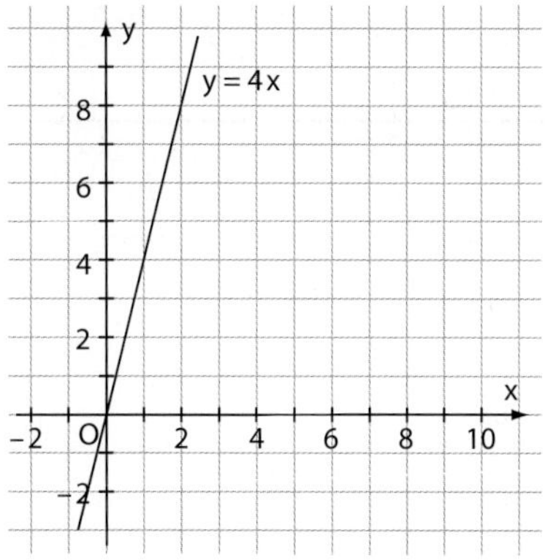

b)

x	−3	0	3	5	9
y	6	0	−6	−10	−18

$y = -2x$

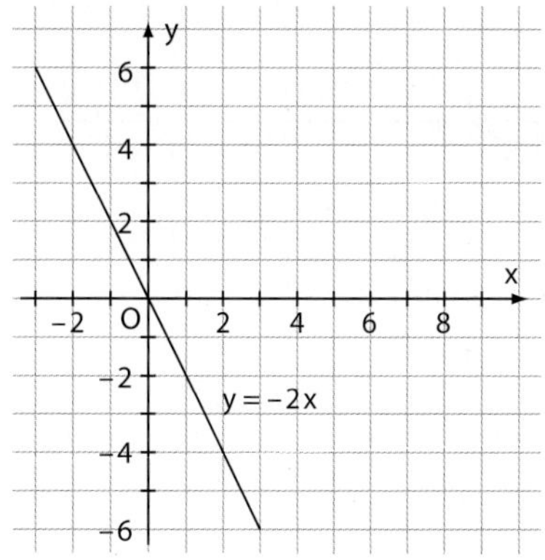

388 a) $f(x) = 4x$; $f(2{,}5) = 10$; $f(5) = 20$

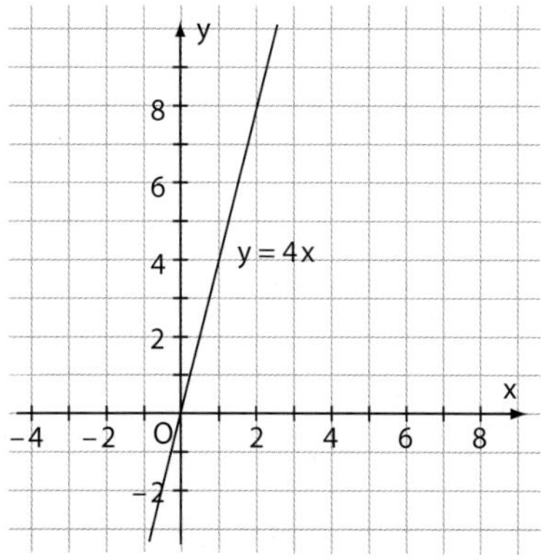

b) $f(x) = 2x$; $f(2{,}5) = 5$; $f(5) = 10$

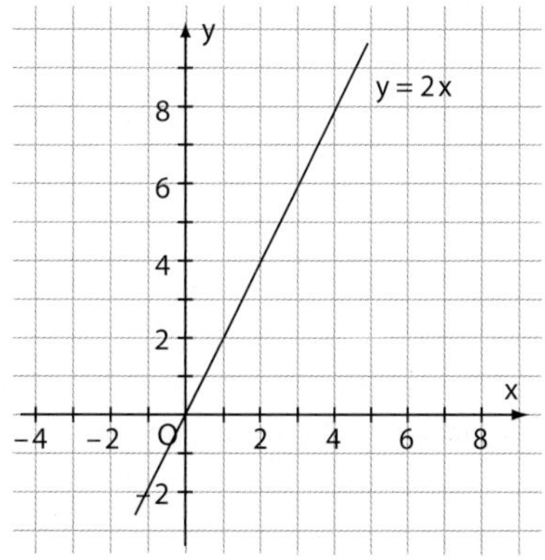

c) $f(x) = 0{,}5x$; $f(2{,}5) = 1{,}25$; $f(5) = 2{,}5$

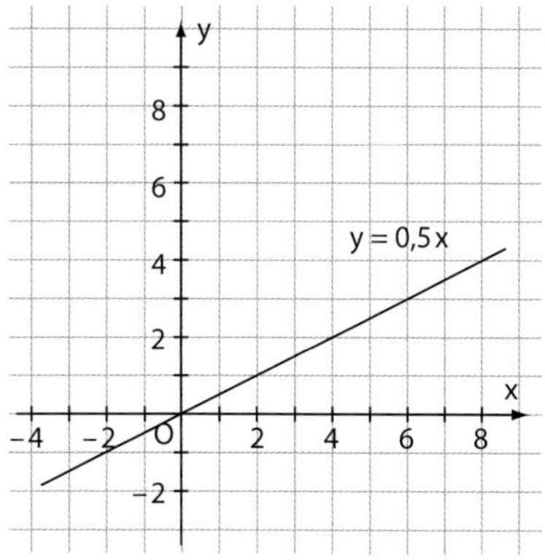

d) $f(x) = 8x$; $f(2{,}5) = 20$; $f(5) = 40$

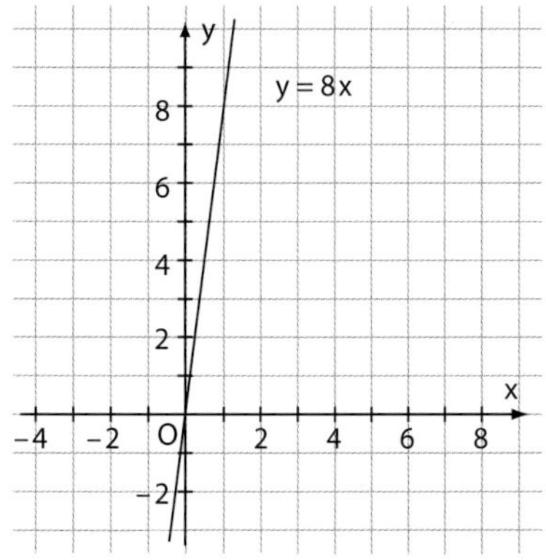

e) $f(x) = 3x$; $f(2{,}5) = 7{,}5$; $f(5) = 15$

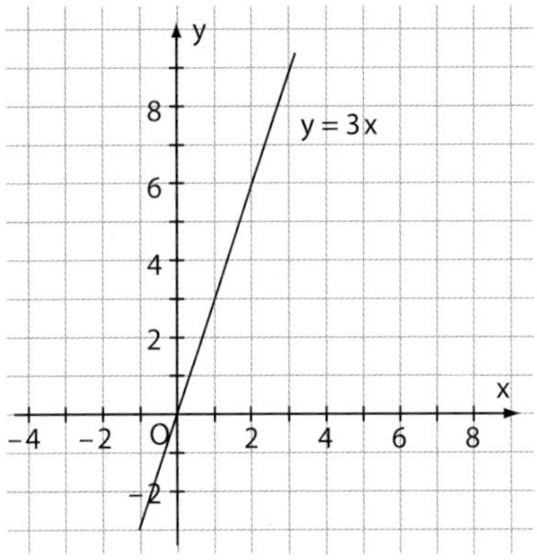

f) $f(x) = 4x$; $f(2{,}5) = 10$; $f(5) = 20$

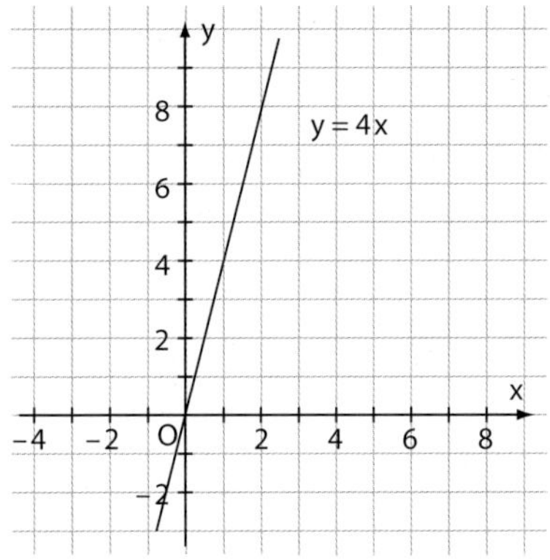

124 **389** a) $K(0) = 0$; $K(3) = 21$; $K(10) = 70$

b) $K(0) = 0$; $K(1) = 12{,}5$; $K(20) = 250$

c) $K(1) = \frac{1}{m} \cdot K(m) = \frac{n}{m}$

$K(2m) = 2 \cdot K(m) = 2 \cdot n$

$K(5m) = 5 \cdot K(m) = 5 \cdot n$

d) $K(p) = q$

$K(1) = \frac{1}{p} \cdot K(p) = \frac{q}{p}$

$K(p+1) = K(p) + K(1) = q + \frac{q}{p} = \frac{p \cdot q + q}{p}$

$= \frac{q \cdot (p+1)}{p}$

$K(p-1) = K(p) - K(1) = q - \frac{q}{p} = \frac{p \cdot q - q}{p}$

$= \frac{q \cdot (p-1)}{p}$

e) $K(x) = 0{,}5x$

$K(14) = 0{,}5 \cdot 14 = 2 \cdot 7 \cdot 0{,}5$

$= 2 \cdot (7 \cdot 0{,}5) = 2 \cdot K(7)$

f) $K(1) = 4{,}5$; $K(15) = 67{,}5$; $K(55) = 247{,}5$

390 a)

(1) keine direkte Proportionalität

(2) B(4|8)

(3) mit geändertem B(4|8): $f(x) = 2x$

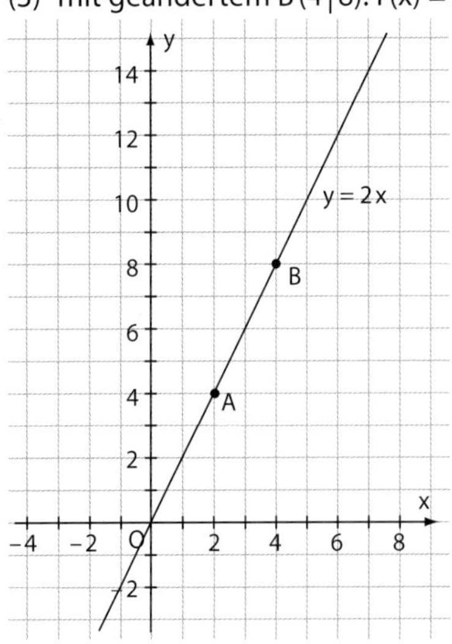

b)

(1) direkte Proportionalität

(3) $f(x) = 3x$

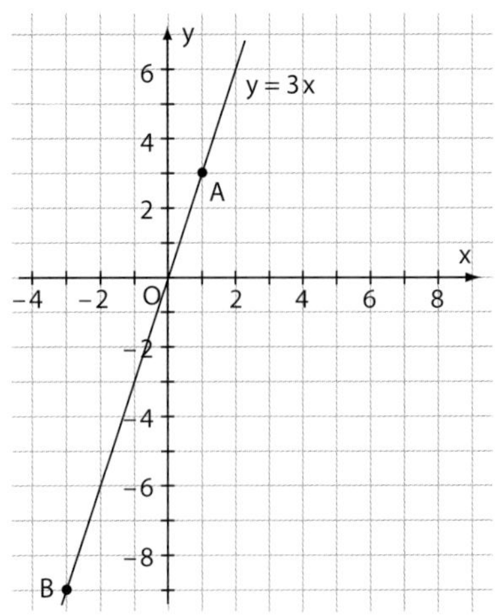

c)
(1) direkte Proportionalität

(3) $f(x) = -0,5\,x$

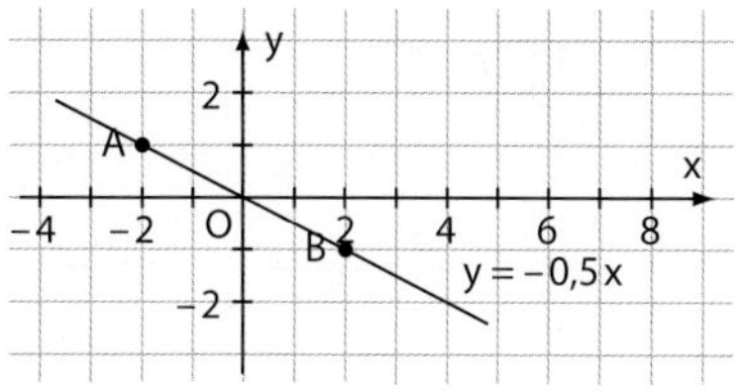

d)
(1) keine direkte Proportionalität

(2) $B\left(4\middle|\frac{20}{3}\right)$

(3) mit geändertem B: $f(x) = \frac{5}{3}x$

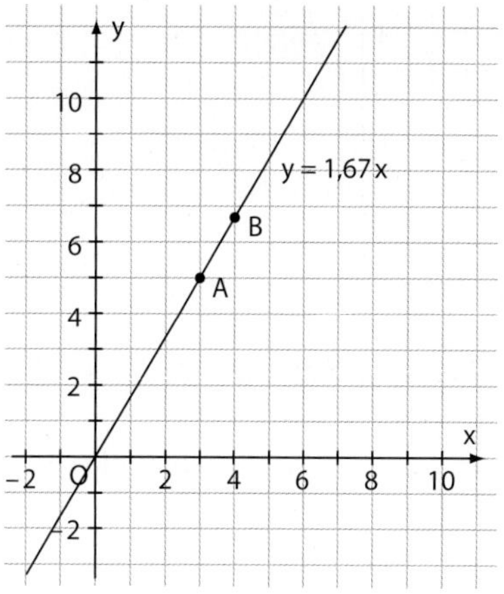

391 a) B direkte Proportionalität mit $f(x) = 2x$
b) C direkte Proportionalität mit $f(x) = -1,5x$

392 Strom: Verbrauch - Kosten
keine direkte Proportionalität

Farbfotos: Stück - Kosten
direkte Proportionalität mit $f(x) = 27\,x$

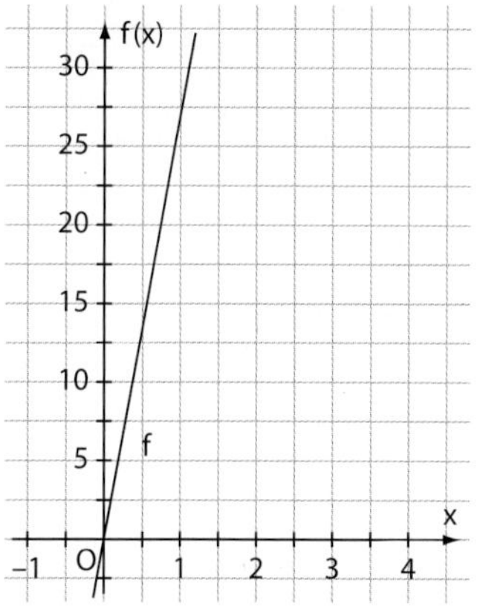

Quadrat: Seitenlänge - Flächeninhalt
keine direkte Proportionalität

Auffanggefäß: Zeit - Wasserstand
direkte Proportionalität mit $f(x) = 3\,x$

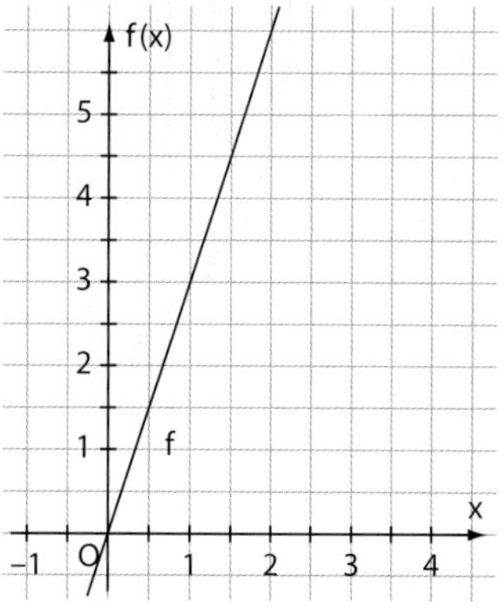

393 a)

m	D(m)
0	0
5	0,2
10	0,4
15	0,6
20	0,8

Bei $m = 12\,g$ beträgt die Federdehnung 0,48 cm.

c) $D(2m) = 0{,}04 \cdot (2m)$
$= 2 \cdot (0{,}04\,m)$
$= 2 \cdot D(m)$

b)

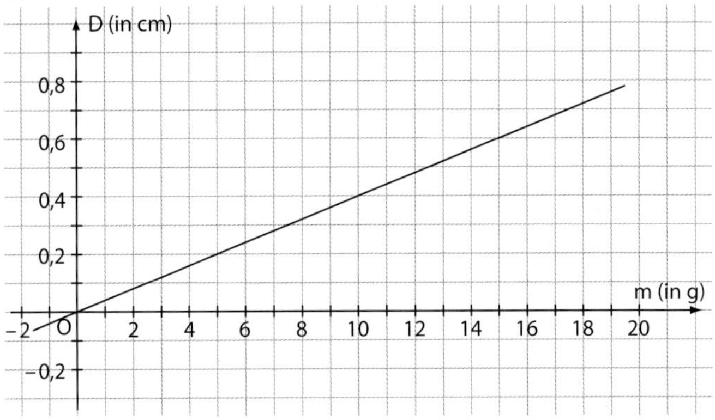

125

394 a) $m(V) = \rho \cdot V$ gibt eine direkte Proportionalität an,
$m(0) = 0$; $m(1) = V$
ρ ist der Proportionalitätsfaktor
b) m (1) … Masse eines Körpers mit Volumen 1
c) siehe rechts

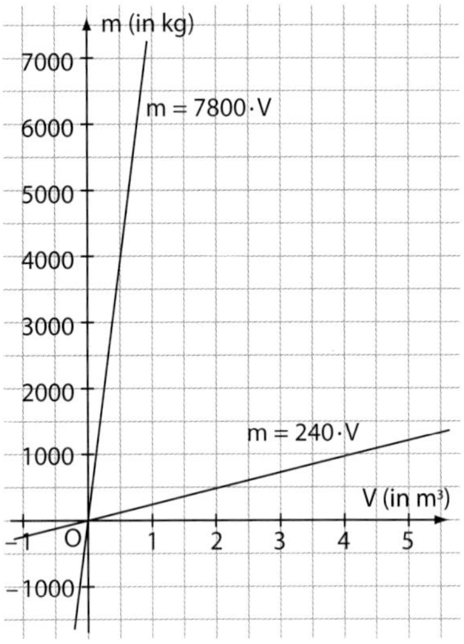

6.5 Abschnittweise definierte lineare Funktionen

126

395 (1)

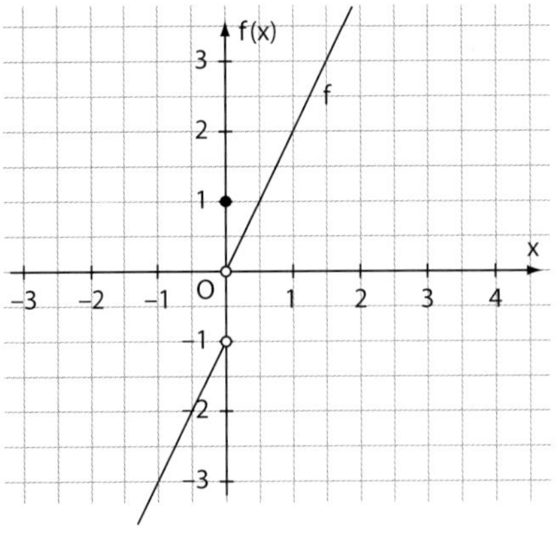

(2)

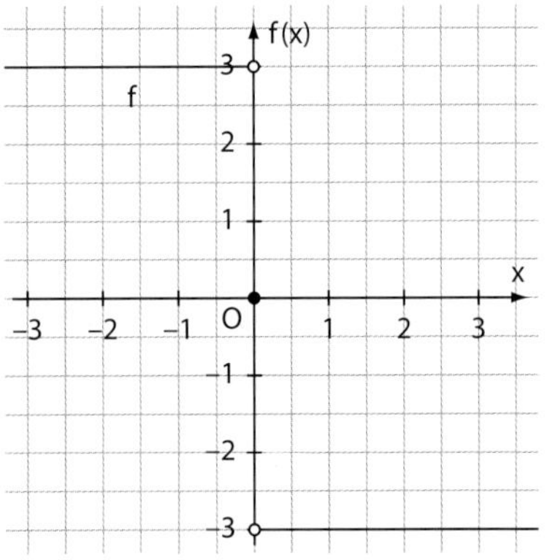

396 a)

Monatliches Einkommmen (Euro)	Mitgliedsbeitrag (Euro)
unter 1000	0
unter 2000	20
ab 2000	30

b)

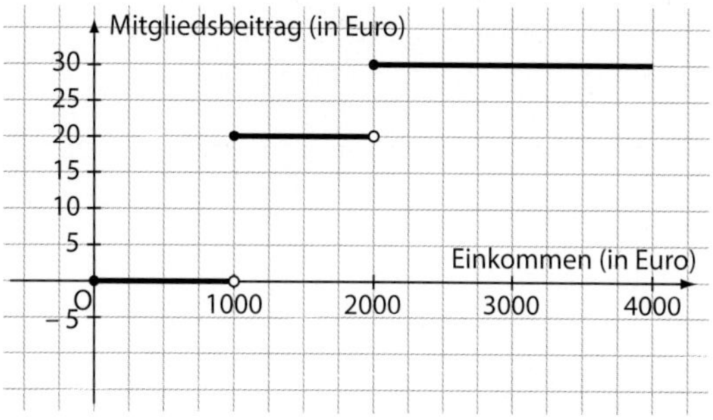

397 a)

Menge (kg)	Preis (Euro)
2	40
4	80
6	120
8	160
10	190
12	230
14	270
16	310
18	350
20	390

b)

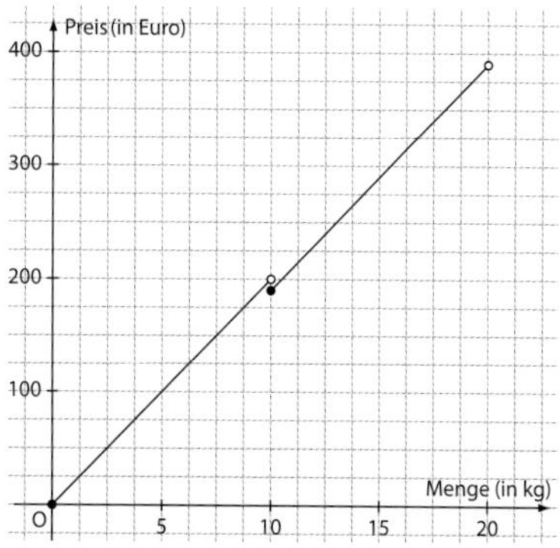

398 a) Grafik siehe rechts

b) $f(0) = 0$, $f\left(\frac{1}{2}\right) = \frac{1}{2}$, $f(1) = 1$, $f\left(\frac{3}{2}\right) = -\frac{1}{2} =$, $f(2) = -1$

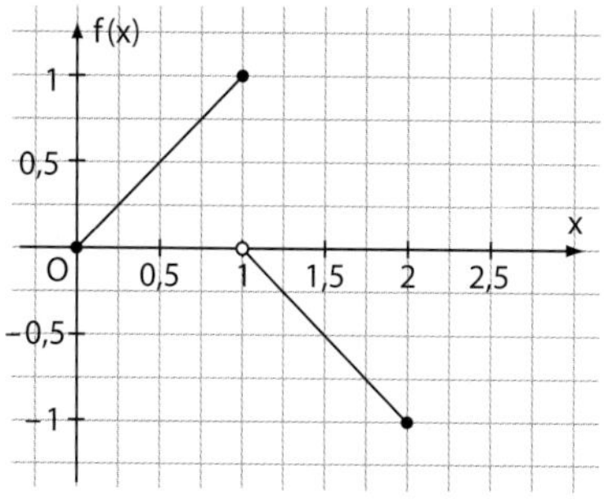

399 Falls $x < 0$ ist, erhältst du $|x|$, indem du „das Minuszeichen von x weglässt", d. h. die Gegenzahl von x bildest. Daher ist in diesem Fall $|x| = -x$. Falls $x \geq 0$, ist $|x| = x$.

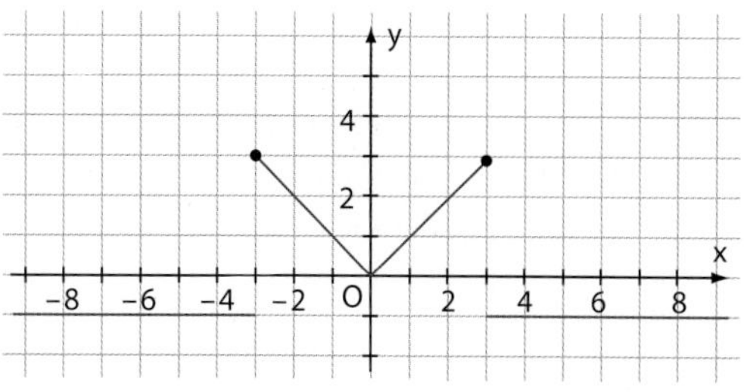

b)

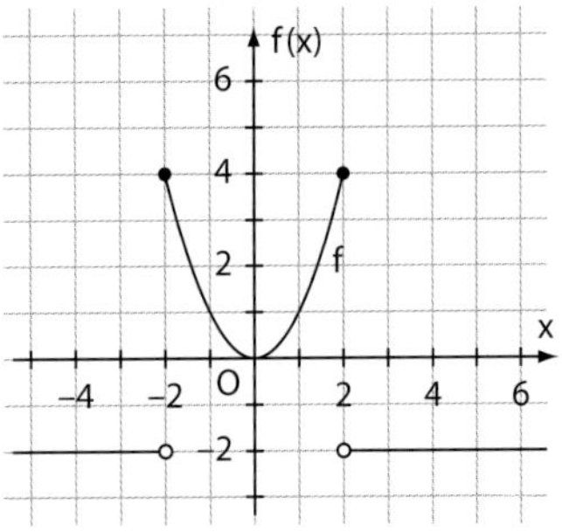

400 a)

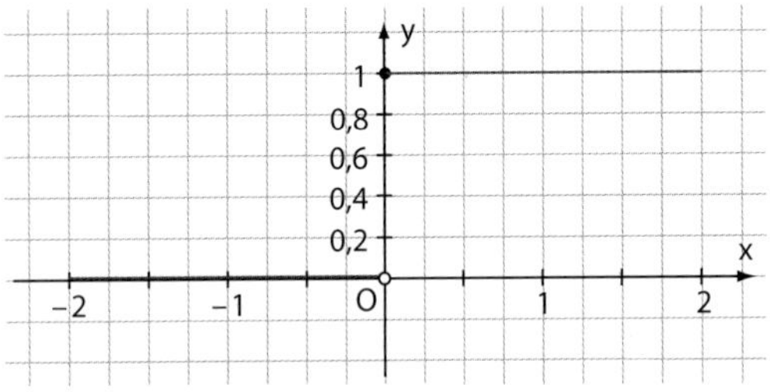

$g(-1) = 1$; $g(1) = 0$

b)

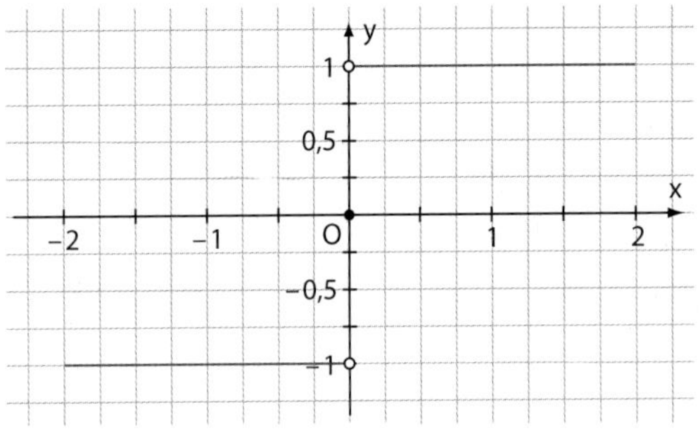

c)

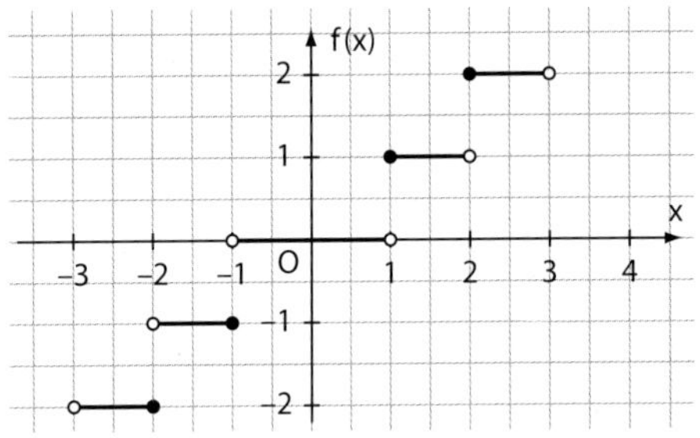

401 a) Wird die Funktion mit f bezeichnet, so ist $f(u) = \begin{cases} -5u + 10, & \text{falls } 0 \le u \le 2 \\ 5u - 10, & \text{falls } 2 < u \le 3 \end{cases}$

b) Wird die Funktion mit f bezeichnet, so ist $f(x) = \begin{cases} -2, & \text{falls } x > -2 \\ 1, & \text{falls } x = -2 \\ -x, & \text{falls } x < -2 \end{cases}$

402 Sie besitzt ihr Maximum bei $z = \frac{1}{2}$. Ihr Wert ist dort $\frac{3}{2}$.

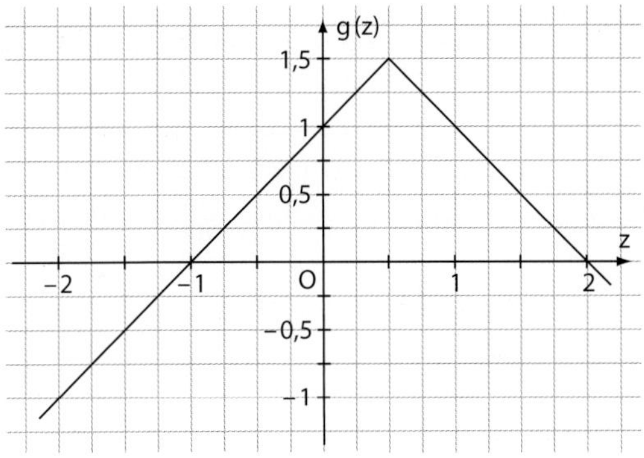

7 Indirekte Proportionalität

403 Zuordnungsvorschrift: $y(x) = \frac{4}{x}$; Definitions- und Zielmenge: $\mathbb{R}^+$ 128

x	y(x)
1	4
2	2
3	$\frac{4}{3}$
4	1
5	$\frac{4}{5}$
$\frac{1}{2}$	8
$\frac{1}{4}$	16
…	…

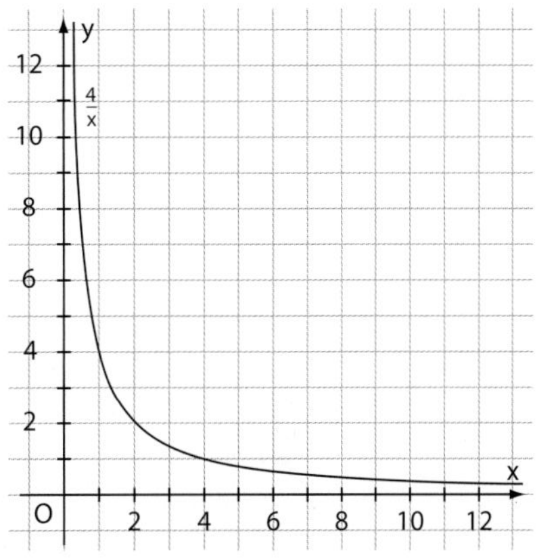

404

(1) $D = \mathbb{R}\setminus\{0\}$

x	y(x)
−4	−0,25
−2	−0,5
−1	−1
−0,5	−2
0,5	2
1	1
2	0,5
4	0,25

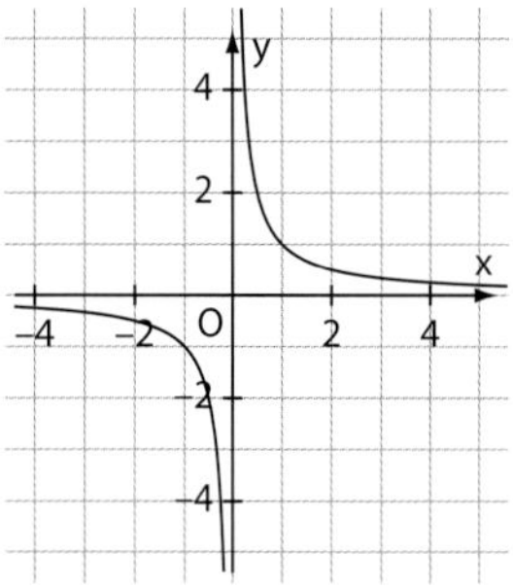

(2) $D = \mathbb{R}\setminus\{0\}$

x	y(x)
−4	−0,5
−2	−1
−1	−2
−0,5	−4
0,5	4
1	2
2	1
4	0,5

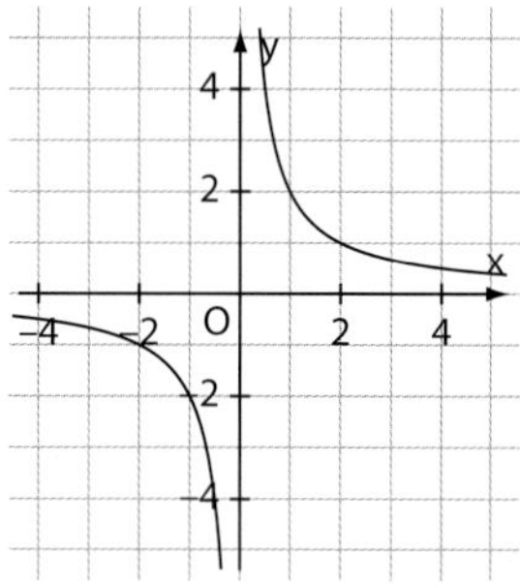

(3) $D = \mathbb{R}\setminus\{0\}$

x	y(x)
−4	−0,75
−2	−1,5
−1	−3
−0,5	−6
0,5	6
1	3
2	1,5
4	0,75

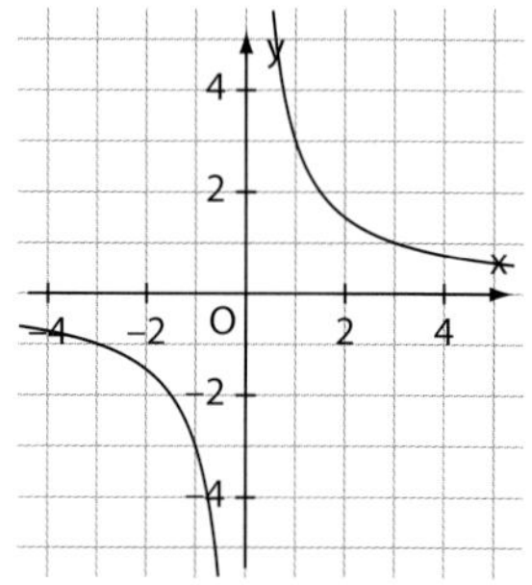

129 **405**

$f_1(x)$

(1) k = 1

(2)

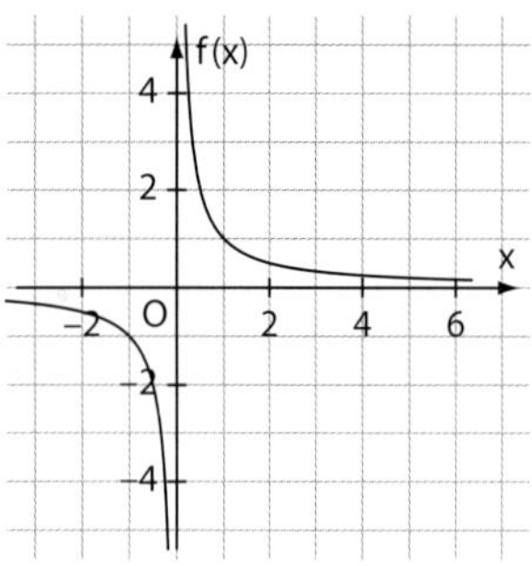

$f_2(x) = \frac{5}{x}$

(1) k = 5

(2)

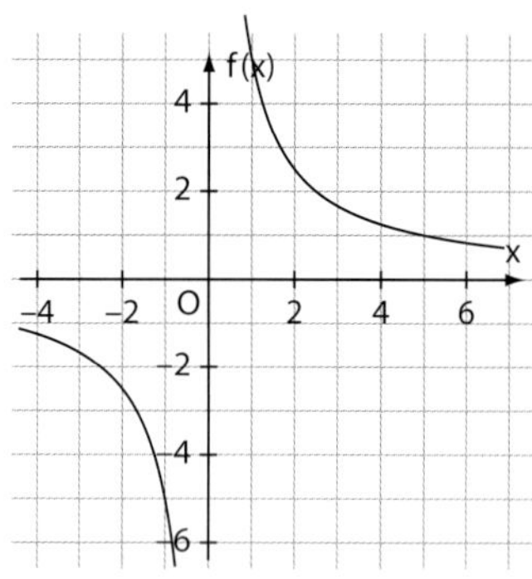

Der Abstand des Graphen zu den Koordinatenachsen ist größer als bei k = 1.

$f_3(x) = \frac{0{,}2}{x}$

(1) k = 0,2

(2)

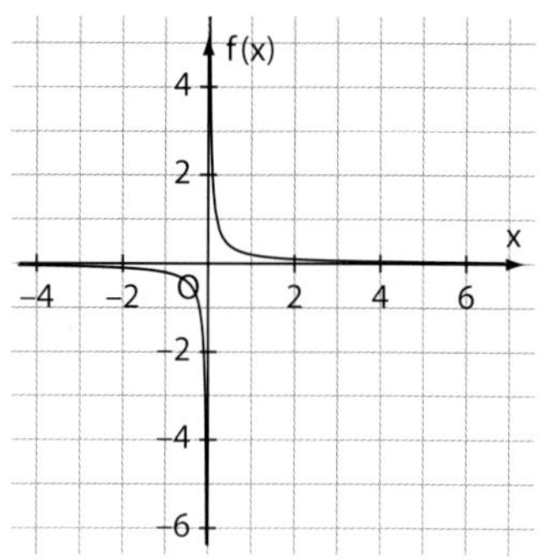

Der Abstand des Graphen zu den Koordinatenachsen ist kleiner als bei k = 1

(3)

x	f(x)
1	1
2	0,5
3	0,33
4	0,25
5	0,2

$f(v\cdot 1)=\frac{1}{v}=\frac{1}{v}\cdot\frac{1}{1}=\frac{1}{v}\cdot f(1)$

$f(v\cdot 5)=\frac{1}{5}v=\frac{1}{v}\cdot\frac{1}{5}=\frac{1}{v}\cdot f(5)$

(3)

x	f(x)
1	5
2	2,5
3	1,67
4	1,25
5	1

$f(v\cdot 1)=\frac{5}{v}=\frac{1}{v}\cdot\frac{5}{1}=\frac{1}{v}\cdot f(1)$

$f(v\cdot 5)=\frac{1}{5}v=\frac{1}{v}\cdot\frac{5}{5}=\frac{1}{v}\cdot f(5)$

(3)

x	f(x)
1	0,2
2	0,1
3	0,067
4	0,05
5	0,04

$f(v\cdot 1)=\frac{0{,}2}{v}=\frac{1}{v}\cdot\frac{0{,}2}{1}=\frac{1}{v}\cdot f(1)$

$f(v\cdot 5)=\frac{0{,}2}{5v}=\frac{1}{v}\cdot\frac{0{,}2}{5}=\frac{1}{v}\cdot f(5)$

$f_4(x)=\frac{1}{2x}$

(1) $k=\frac{1}{2}=0{,}5$

(2)

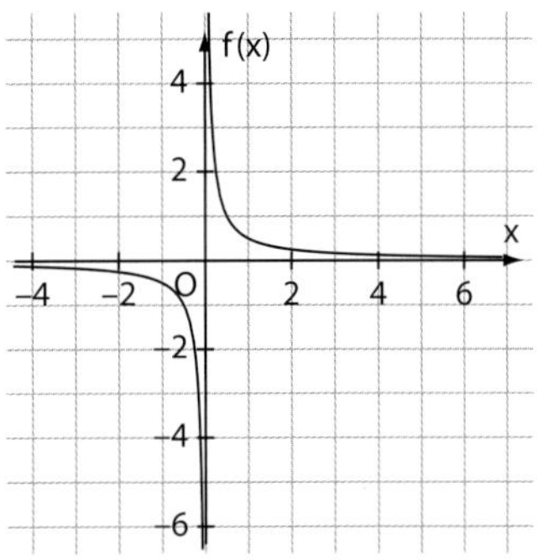

Der Abstand des Graphen zu den Koordinatenachsen ist kleiner als bei k = 1.

(3)

x	f(x)
1	0,5
2	0,25
3	0,167
4	0,125
5	0,1

$f(v\cdot 1)=\frac{1}{2v}=\frac{1}{v}\cdot\frac{1}{2}=\frac{1}{v}\cdot f(1)$

$f(v\cdot 5)=\frac{1}{10v}=\frac{1}{v}\cdot\frac{1}{10}=\frac{1}{v}\cdot f(5)$

$f_5(x)=-\frac{1}{x}$

(1) $k=1$

(2)

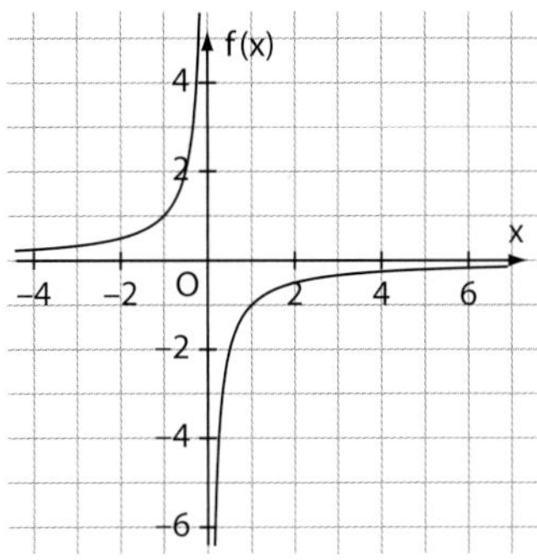

Der Graph mit k = –1 entsteht, wenn der Graph mit k = 1 an der f(x)-Achse gespiegelt wird.

(3)

x	f(x)
1	–1
2	–0,5
3	–0,33
4	–0,25
5	–0,2

$f(v\cdot 1)=-\frac{1}{v}=\frac{1}{v}\cdot\left(-\frac{1}{1}\right)=\frac{1}{v}\cdot f(1)$

$f(v\cdot 5)=-\frac{1}{5v}=\frac{1}{v}\cdot\left(-\frac{1}{5}\right)=\frac{1}{v}\cdot f(5)$

406 Zuordnungsvorschrift: $h(r) = \frac{3}{r^2}$; Definitionsmenge = Zielmenge = $\mathbb{R}^+$

r	h(r)
$\frac{1}{6}$	108
$\frac{1}{5}$	75
$\frac{1}{4}$	48
$\frac{1}{3}$	27
$\frac{1}{2}$	12
1	3
2	$\frac{3}{4}$
3	$\frac{1}{3}$
4	$\frac{3}{16}$
…	…

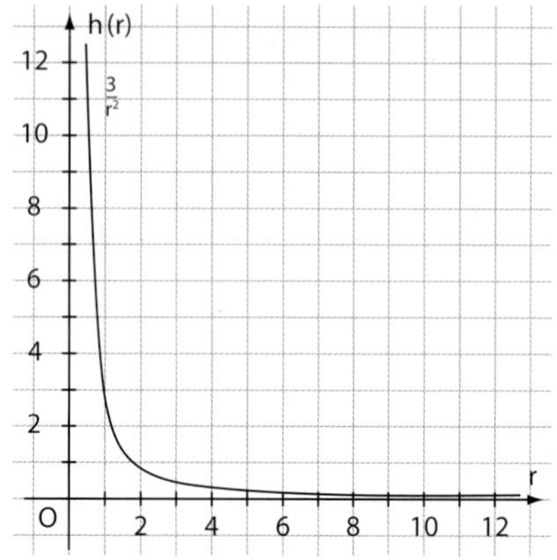

130

407 – (Mindmap)

408 (1) v und s sind nicht proportional. Wird die Geschwindigkeit von 10 km/h auf 40 km/h vervierfacht, erhöht sich die zurückgelegte Strecke von 5 km auf 30 km, also das Sechsfache.

(2) t und v sind indirekt proportional. Wird eine bestimmte Zeit t mit dem Faktor k multipliziert, so wird die entsprechende Geschwindigkeit v mit dem Faktor $\frac{1}{k}$ multipliziert. $v(t) = \frac{120}{t}$

(3) s und t sind direkt proportional. Wird eine bestimmte Strecke s mit einem Faktor k multipliziert, so erhöht sich auch die zugehörige Zeit t um den Faktor k. $t(s) = 3s$

(4) t und s sind nicht proportional. Wird die Zeit von 1 s auf 2 s verdoppelt, vervierfacht sich die zurückgelegte Strecke s von1 m auf 4 m. $s(t) = t^2$

409 a)

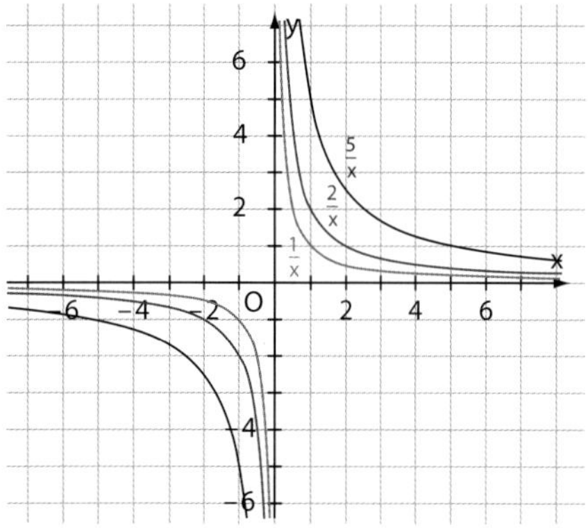

b)

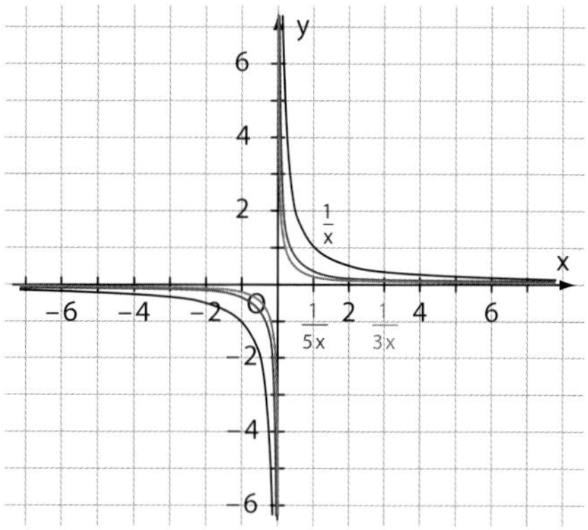

c)

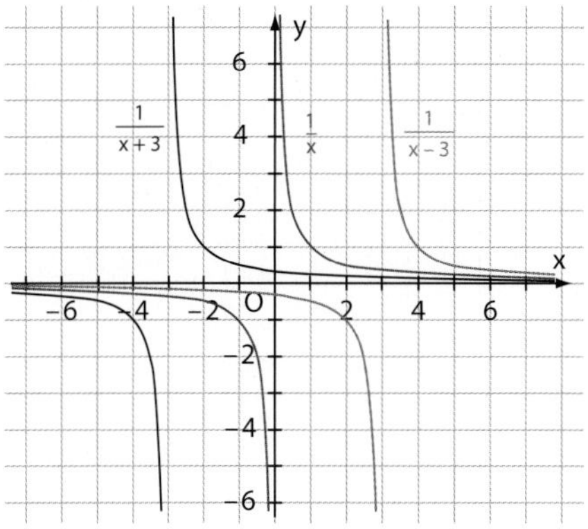

d)

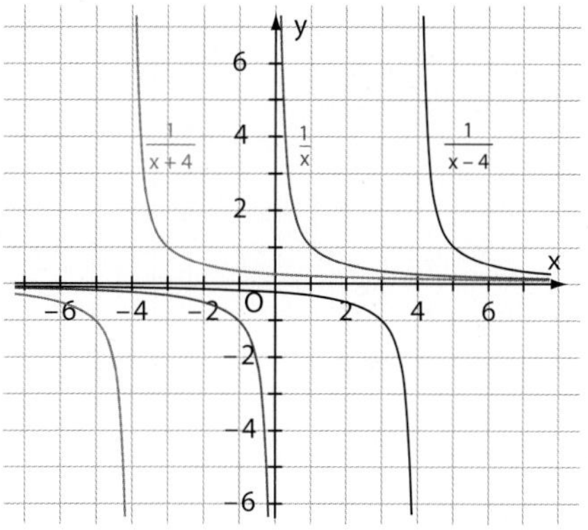

410

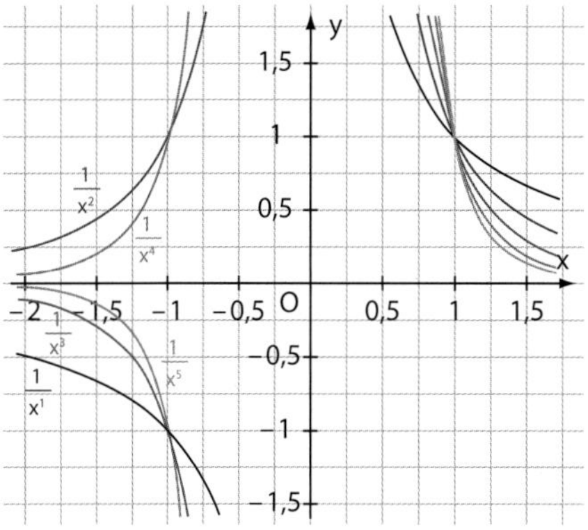

Bei ungeraden Exponenten befinden sich die Äste im 1. und 3. Quadranten.
Bei geraden Exponenten befinden sich die Äste im 1. und 2. Quadranten.

411

a) fallend für $]-\infty, 1[$ und $]1, +\infty[$

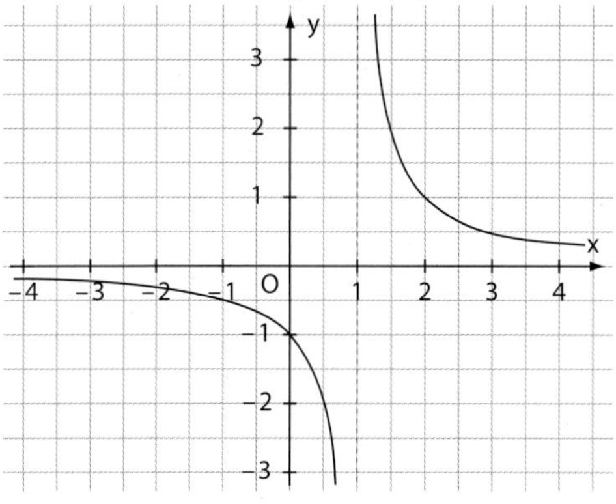

Definitionsmenge: $\mathbb{R} \setminus \{1\}$
Zielmenge: $\mathbb{R} \setminus \{0\}$

b) fallend für $]-\infty, -2[$ und $]-2, +\infty[$

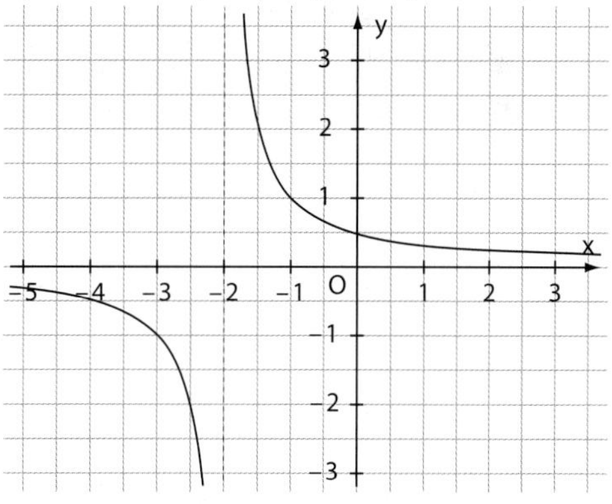

Definitionsmenge: $\mathbb{R} \setminus \{-2\}$
Zielmenge: $\mathbb{R} \setminus \{0\}$

c) fallend für $]-\infty, -1[$ und $]-1, +\infty[$

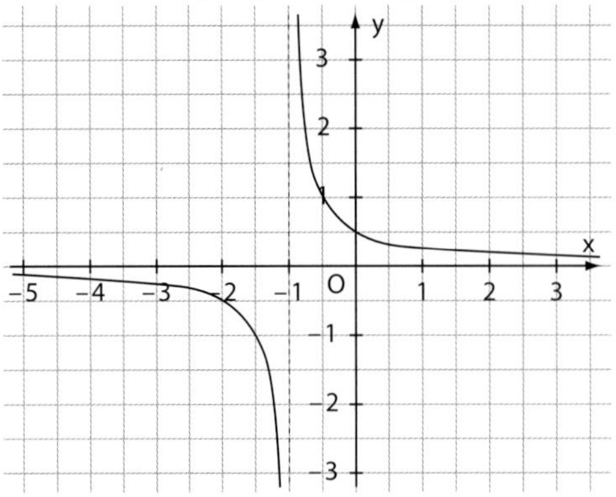

Definitionsmenge: $\mathbb{R} \setminus \{-1\}$
Zielmenge: $\mathbb{R} \setminus \{0\}$

d) fallend für $]-\infty, 2[$ und $]2, +\infty[$

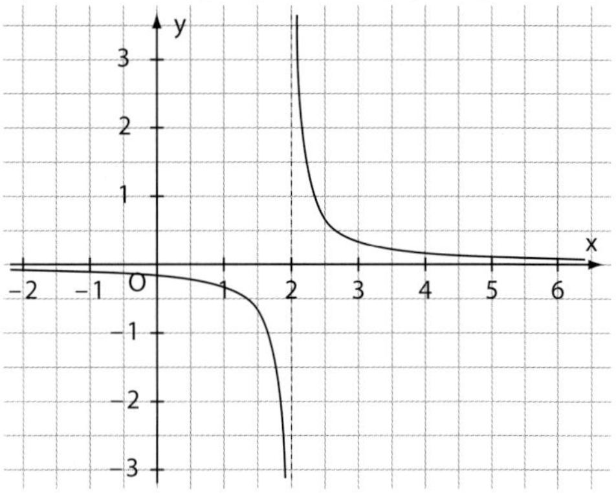

Definitionsmenge: $\mathbb{R} \setminus \{2\}$
Zielmenge: $\mathbb{R} \setminus \{0\}$

e) $]-\infty, 0[$ steigend; $]0, +\infty[$ fallend

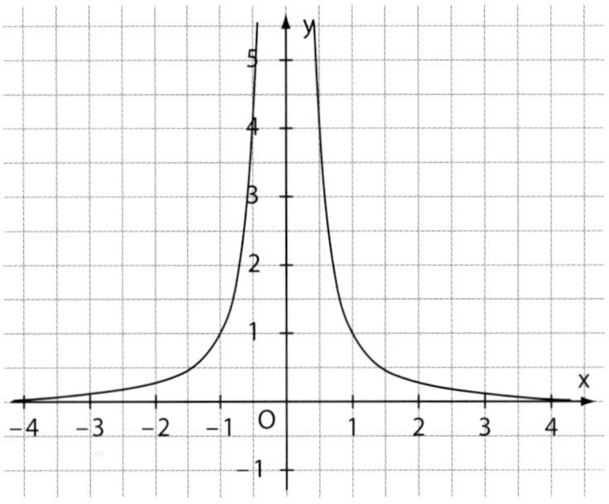

Definitionsmenge: $\mathbb{R} \setminus \{0\}$
Zielmenge: $\mathbb{R}^+$

f) $]-\infty, 0[$ steigend; $]0, +\infty[$ fallend

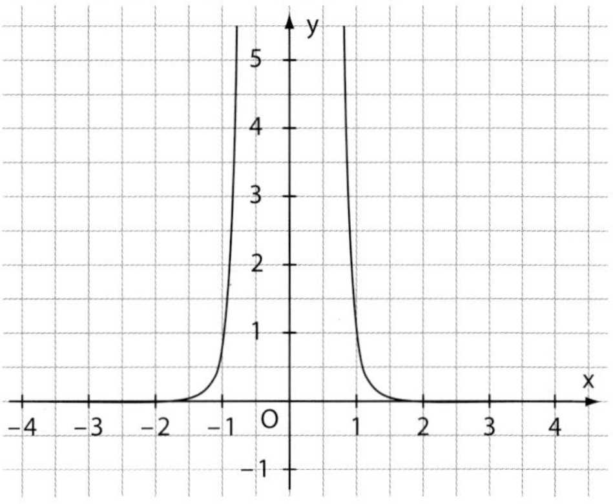

Definitionsmenge: $\mathbb{R} \setminus \{0\}$
Zielmenge: $\mathbb{R}^+$

412 $h(a) = \frac{12}{a^2}$

a	h(a)
0,2	300
0,3	133,33333
0,4	75
0,5	48
1	12
2	3
3	1,33333
4	0,75
5	0,48
10	0,12

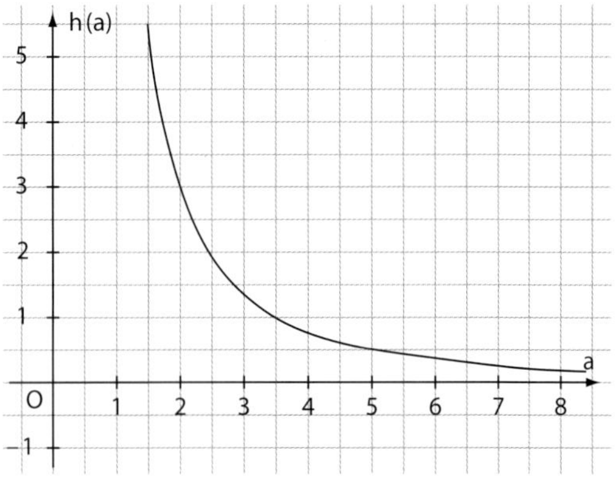

413 a) $t(v) = \frac{52}{v}$

b)

v	t(v)
5	10,4
10	5,2
15	3,46666667
20	2,6
25	2,08
30	1,73333333

c) t(5) = 10,4 bedeutet, dass der Radfahrer bei einer Geschwindigkeit von 5 km/h für die Strecke von 52 km 10,4 h benötigt.
t(20) = 2,6 bedeutet, dass der Radfahrer bei einer Geschwindigkeit von 20 km/h für die Strecke von 52 km 2,6 h benötigt.

d)

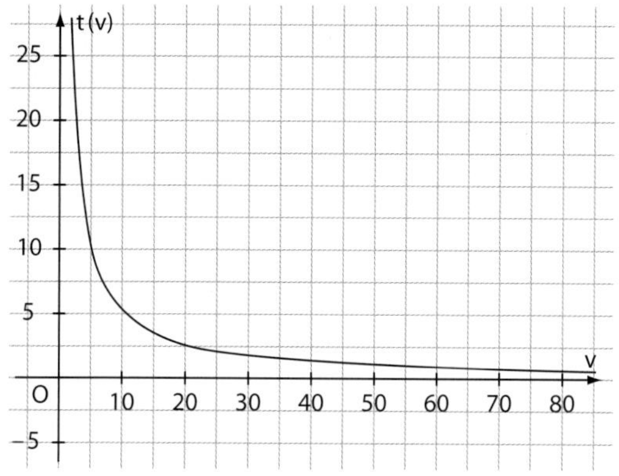

e) ungefähr 35 km/h

414 –

415 a)

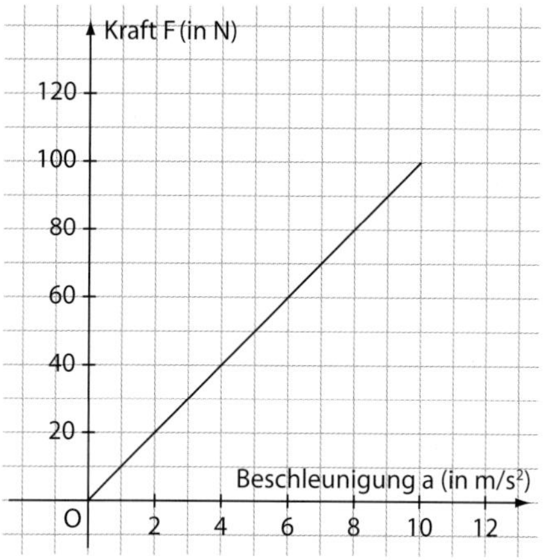

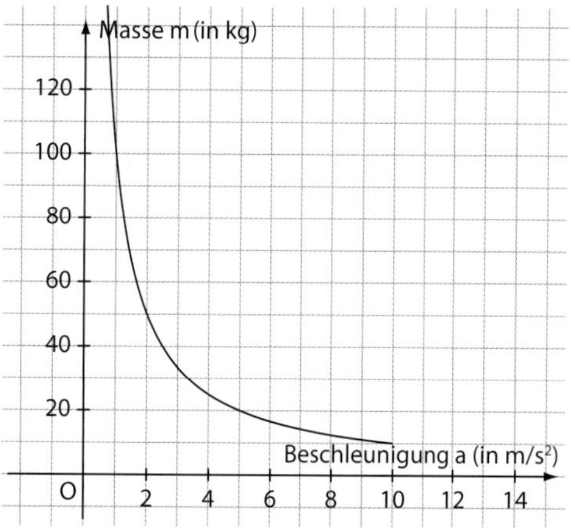

F(a) steigt im Intervall [0; 10]. m (a) fällt im Intervall]0; 10].

b) Bei konstanter Masse kann m als Proportionalitätskonstante angesehen werden.
F = m*a gibt dann an, dass a direkt proportional zu F ist.

c) Bei konstanter Kraft F sind m und a indirekt proportional zueinander. Soll bei gleicher Kraft die Beschleunigung verdoppelt werden, muss die Masse halbiert werden.

d) F = 40 000 N. Ohne Sicherheitsgurt kann sich der Fahrer nicht abstützen und damit schützen.

e) richtig – falsch – richtig – richtig – falsch - richtig

8 Quadratische Funktionen

132

416 Im Uhrzeigersinn, beginnend rechts oben:

$3^2 = 9 > 3$; $(-4)^2 = 16 > 0$; $-(-3)^2 = -9$;

$0^2 = 0 \cdot 0 = 0$; $5^2 = 5 \cdot 5 = 25$; $0{,}25^2 = 0{,}0625 < 0{,}25$

417 Graph: Schaubild, Darstellung einer Funktion, Handschriftenkunde (Graphologie), einzelnes Schriftzeichen
Parabel: symmetrische geometrische Figur, Wurfparabel, Parabolspiegel, Parabelflug, lehrhafte Erzählung, Gleichnis
Scheitel: Kuppe, Haarscheitel, „vom Scheitel bis zur Sohle“, Scheitelpunkt des Hochwassers, Scheitel eines Winkels
keine Zuordnung: Adelstitel (Graf), Schutzhülle für ein Schwert (Scheide), gravieren (in Stein oder Metall einritzen)

134

418 (1)

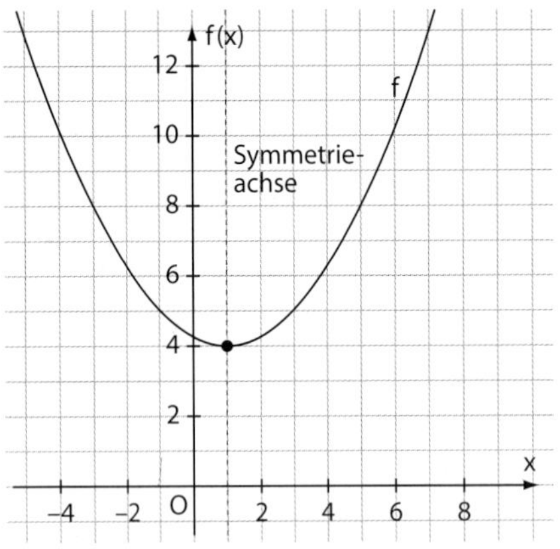

x	f(x)
−5	13
−4	10,25
−3	8
−2	6,25
−1	5
0	4,25
1	4
2	4,25
3	5
4	6,25
5	8
6	10,25

T = (1 | 4) , keine Nullstellen

(2) 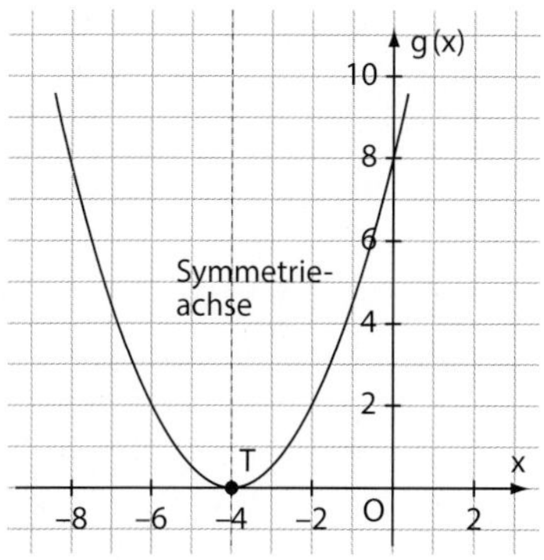

x	g (x)
−8	8
−7	4,5
−6	2
−5	0,5
−4	0
−3	0,5
−2	2
−1	4,5
0	8
1	12,5
2	18
3	24,5

T = (−4 | 0), N = (−4 | 0)

419 (1) A Hochpunkt (−4 | 5)
B Tiefpunkt (1 | 2)
C Hochpunkt (6 | 1)

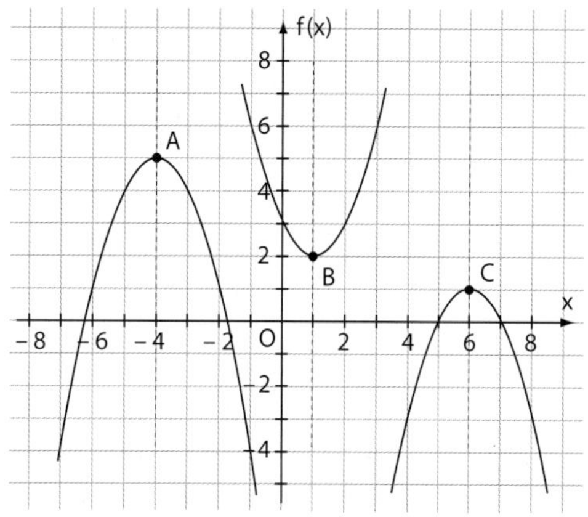

(2) A: N_1(−6,2 | 0) N_2(−1,8 | 0)
Die Nullstellen liegen 2,2 Einheiten von der Symmetrieachse entfernt.
B: keine Nullstellen
C: N_1(5 | 0) N_2(7 | 0)
Die Nullstellen liegen 1 Einheit von der Symmetrieachse entfernt.

(3) A: (−∞;-4): steigend, (−4; ∞) fallend;
B: (−∞;1): fallend, (1; ∞) steigend;
C: (−∞;6): steigend, (6; ∞) fallend

420 A: h (x), H (−2 | 5); B: f (x), T (0 | 1); C: g (x), T (6 | 0)

421 Erste Grafik: B, E, H; zweite Grafik: A, E, G; dritte Grafik: D, E, H

135

422

x	−3	−2	−1	−0,5	−0,25	0	0,25	0,5	1	2	3
f (x)	9	4	1	0,25	0,0625	0	0,0625	0,25	1	4	9

Die Symmetrieachse ist die y-Achse.

a) f (x = 0) = 0
b) S = (0 | 0)
c) Tiefpunkt
d) Im Bereich $\mathbb{R}_0^-$ fällt die Funktion, im Bereich $\mathbb{R}_0^+$ steigt sie.

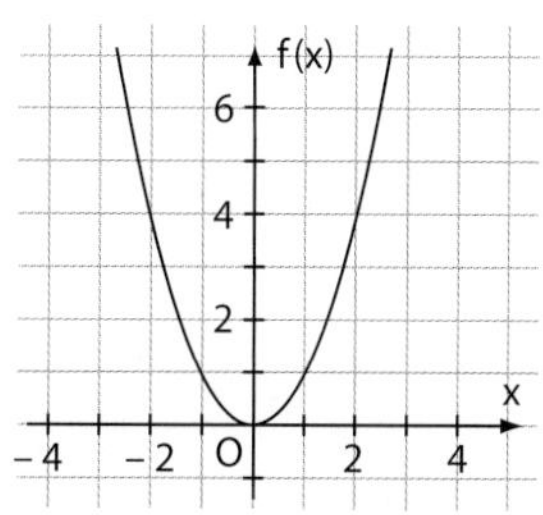

136

423 (1)

x	f(x)	x	f(x)
−5,00	6,25	0,50	0,06
−4,50	5,06	1,00	0,25
−4,00	4,00	1,50	0,56
−3,50	3,06	2,00	1,00
−3,00	2,25	2,50	1,56
−2,50	1,56	3,00	2,25
−2,00	1,00	3,50	3,06
−1,50	0,56	4,00	4,00
−1,00	0,25	4,50	5,06
−0,50	0,06	5,00	6,25
0,00	0,00		

(2)

x	f(x)	x	f(x)
−5,00	−6,25	0,50	−0,06
−4,50	−5,06	1,00	−0,25
−4,00	−4,00	1,50	−0,56
−3,50	−3,06	2,00	−1,00
−3,00	−2,25	2,50	−1,56
−2,50	−1,56	3,00	−2,25
−2,00	−1,00	3,50	−3,06
−1,50	−0,56	4,00	−4,00
−1,00	−0,25	4,50	−5,06
−0,50	−0,06	5,00	−6,25
0,00	0,00		

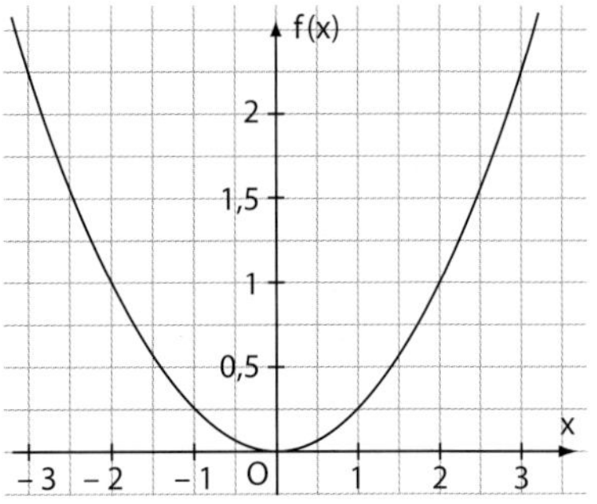

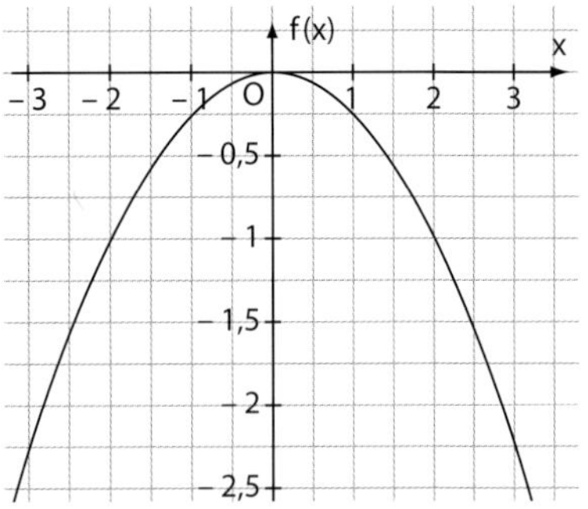

B – A – D – C – F – H – G – E – I

Gemeinsame Eigenschaften:
Beide Graphen sind Parabeln mit der y-Achse als Symmetrieachse und dem Scheitel im Ursprung.
Unterschiede:
$f(x) = 0{,}25\,x^2$: $f(0)=0$ und für alle $x \neq 0$ ist $f(x) > 0$
Der Scheitelpunkt ist ein Tiefpunkt.
$f(x) = -0{,}25\,x^2$: $f(0) = 0$ und für alle $x \neq 0$ ist $f(x) < 0$
Der Scheitelpunkt ist ein Hochpunkt.

424 –

137

425 (1)

$f(x) = x^2$		X			$f(x) = -x^2$		X		
$f(x) = 0{,}75\,x^2$			X		$f(x) = -0{,}75\,x^2$			X	
$f(x) = 0{,}5\,x^2$				X	$f(x) = -0{,}5\,x^2$				X
$f(x) = 2\,x^2$	X				$f(x) = -2\,x^2$	X			

(2) für $a > 0$: Je größer der Wert von a ist, desto schmäler ist die Parabel.
für $a < 0$: Je kleiner der Wert von a ist, desto schmäler ist die Parabel.
(3) Ist $a < 0$, so ist die Parabel nach unten offen.
(4) Der Graph ist eine Gerade entlang der x-Achse.
(5) Siehe (2) bis (4)

426

x	$f(x) = \frac{1}{2}x^2$	$g(x) = \frac{1}{2}x^2 + 3$
−2	2	5
0	0	3
2	2	5

427 (1) f_1: Graph 4, S(0 | 2), Tiefpunkt 138
f_2: Graph 3, S(0 | −4), Tiefpunkt
f_3: Graph 5, S(0 | 3), Hochpunkt
f_4: Graph 2, S(0 | 0), Hochpunkt
f_5: Graph 1, S(0 | −2), Hochpunkt
z. B.: Die y-Koordinate des Scheitels entspricht dem konstanten Summanden (Parameter b) in der Funktionsgleichung.
(2) Gegeben ist die Funktion f mit $f(x) = a \cdot x^2 + b$. Die Funktion ist symmetrisch bezüglich der y-Achse. Der Graph der Funktion ist eine Parabel.
Ist $a > 0$, dann ist $f(0) = b$ und für alle $x \neq 0$ gilt: $f(x) > b$.
Der Scheitelpunkt S der Funktion hat daher die Koordinaten (0 | b). Der Scheitelpunkt ist ein Tiefpunkt.
Ist $a < 0$, dann ist $f(0) = b$ und für alle $x \neq 0$ gilt: $f(x) < b$.
Der Scheitelpunkt S der Funktion hat daher die Koordinaten (0 | b). Der Scheitelpunkt ist ein Hochpunkt.
Die Funktion $f(x) = a \cdot x^2 + b$ kann höchstens 2 Nullstellen haben.

428 (1) B – A – C 139
Der Graph der Funktion $g(x) = 2(x + 3)^2 + 1$ lässt sich durch Verschieben des Graphen der Funktion $f(x) = 2x^2 + 1$ entlang der x-Achse um den Wert (−3) gewinnen.
Der Graph der Funktion $h(x) = 2(x - 3)^2 + 1$ lässt sich durch Verschieben des Graphen der Funktion $f(x) = 2x^2 + 1$ entlang der x-Achse um den Wert (+3) gewinnen.
(2) $f(x) = 2(x + 3)^2 + 2$ und $g(x) = 2(x - 2)^2 + 1$
(3) S = (−m | n) ist für $a < 0$ ein Hochpunkt und für $a > 0$ ein Tiefpunkt.

429 a) (2 | 1), Minimum; keine Nullstellen
b) (1 | 2), Maximum, 2 Nullstellen
c) (1 | −3), Minimum, 2 Nullstellen
d) (2 | −1), Maximum, keine Nullstellen
e) (−2 | 1), Minimum, keine Nullstellen
f) (−5 | −1), Maximum, keine Nullstellen

430 2, 0, 2, 2, 0, 1

431 a) (0,25 | 1,875), Minimum, 0 b) (−1 | 3), Maximum, 2 c) (−0,5 | 0,25), Minimum, 0 140

432 a) 141

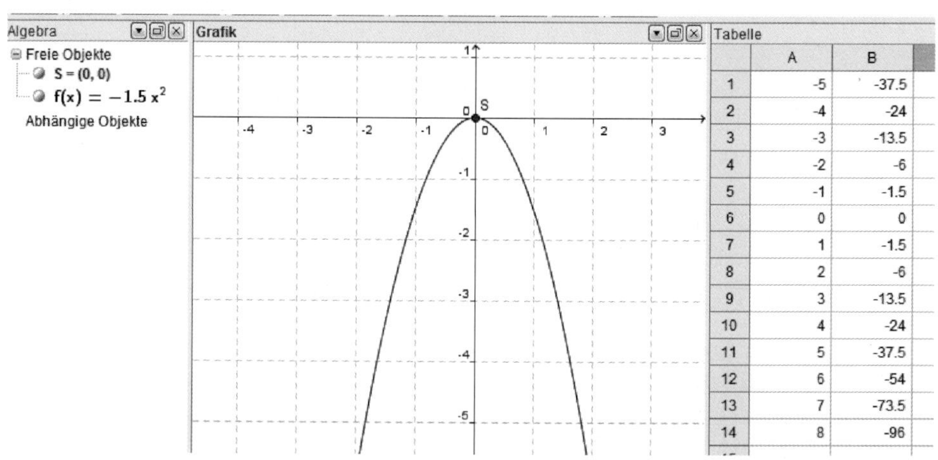

	A	B
1	-5	-37.5
2	-4	-24
3	-3	-13.5
4	-2	-6
5	-1	-1.5
6	0	0
7	1	-1.5
8	2	-6
9	3	-13.5
10	4	-24
11	5	-37.5
12	6	-54
13	7	-73.5
14	8	-96

$D = \mathbb{R}$, Zielmenge = $\mathbb{R}_0^-$
Scheitelpunkt S(0 | 0) = Hochpunkt, für $x < 0$ steigend, für $x > 0$ fallend, eine Nullstelle

b) 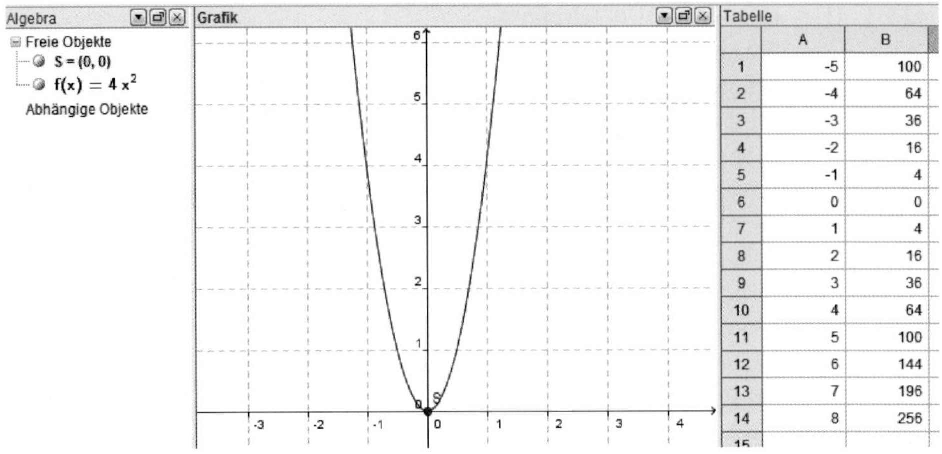

	A	B
1	-5	100
2	-4	64
3	-3	36
4	-2	16
5	-1	4
6	0	0
7	1	4
8	2	16
9	3	36
10	4	64
11	5	100
12	6	144
13	7	196
14	8	256

D = $\mathbb{R}$, Zielmenge = $\mathbb{R}_0^+$, S (0 | 0) = Tiefpunkt, für x < 0 fallend, für x > 0 steigend, eine Nullstelle

c) 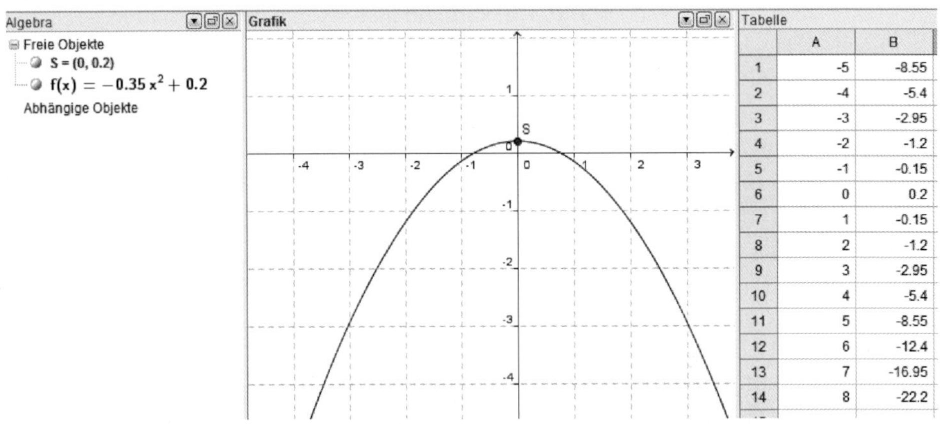

	A	B
1	-5	-8.55
2	-4	-5.4
3	-3	-2.95
4	-2	-1.2
5	-1	-0.15
6	0	0.2
7	1	-0.15
8	2	-1.2
9	3	-2.95
10	4	-5.4
11	5	-8.55
12	6	-12.4
13	7	-16.95
14	8	-22.2

D = $\mathbb{R}$, Zielmenge =]–∞; 0,2], S (0 | 0,2) = Hochpunkt, für x < 0 steigend, für x > 0 fallend, 2 Nullstellen

d) 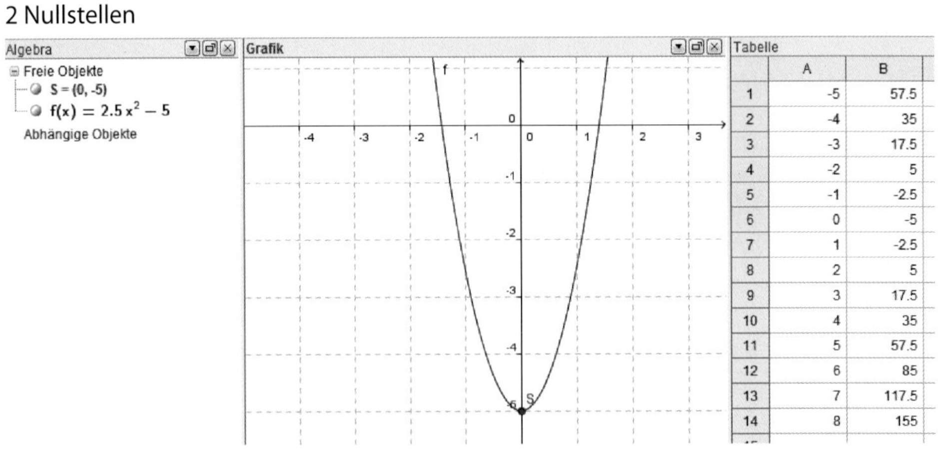

	A	B
1	-5	57.5
2	-4	35
3	-3	17.5
4	-2	5
5	-1	-2.5
6	0	-5
7	1	-2.5
8	2	5
9	3	17.5
10	4	35
11	5	57.5
12	6	85
13	7	117.5
14	8	155

D = $\mathbb{R}$, Zielmenge = [–5; ∞[, S (0 | –5)= Tiefpunkt, für x < 0 fallend, für x > 0 steigend, 2 Nullstellen

e) 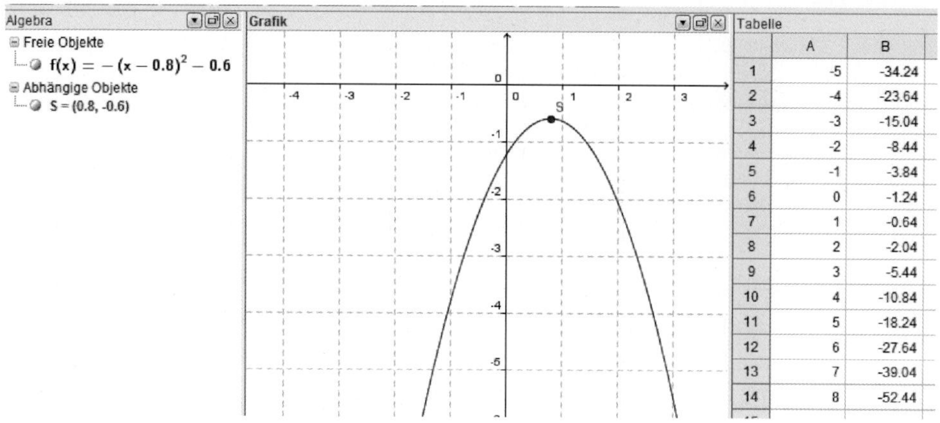

	A	B
1	-5	-34.24
2	-4	-23.64
3	-3	-15.04
4	-2	-8.44
5	-1	-3.84
6	0	-1.24
7	1	-0.64
8	2	-2.04
9	3	-5.44
10	4	-10.84
11	5	-18.24
12	6	-27.64
13	7	-39.04
14	8	-52.44

D = $\mathbb{R}$, Zielmenge = $]-\infty; -0{,}6]$, S $(0{,}8 \mid -0{,}6)$ = Hochpunkt, für $x < 0{,}8$ steigend, für $x > 0{,}8$ fallend, keine Nullstellen

f) 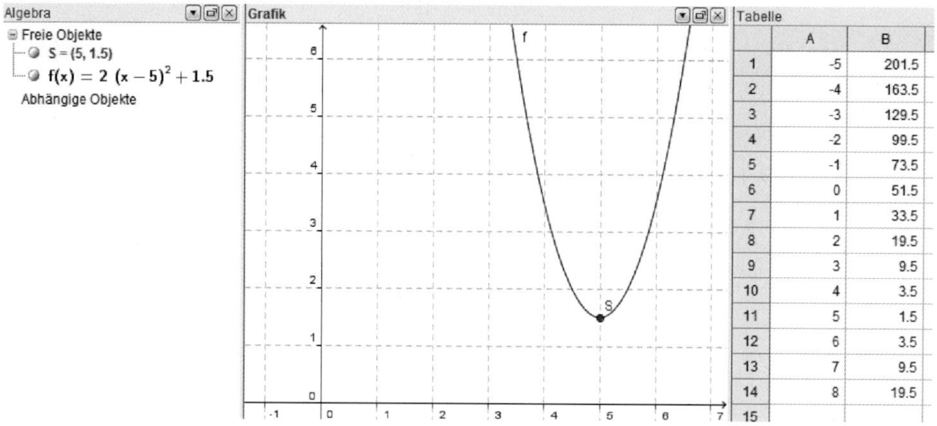

	A	B
1	-5	201.5
2	-4	163.5
3	-3	129.5
4	-2	99.5
5	-1	73.5
6	0	51.5
7	1	33.5
8	2	19.5
9	3	9.5
10	4	3.5
11	5	1.5
12	6	3.5
13	7	9.5
14	8	19.5
15		

D = $\mathbb{R}$, Zielmenge = $[1{,}5; \infty[$, S $(5 \mid 1{,}5)$ = Tiefpunkt, für $x < 5$ fallend, für $x > 5$ steigend, keine Nullstellen

g) 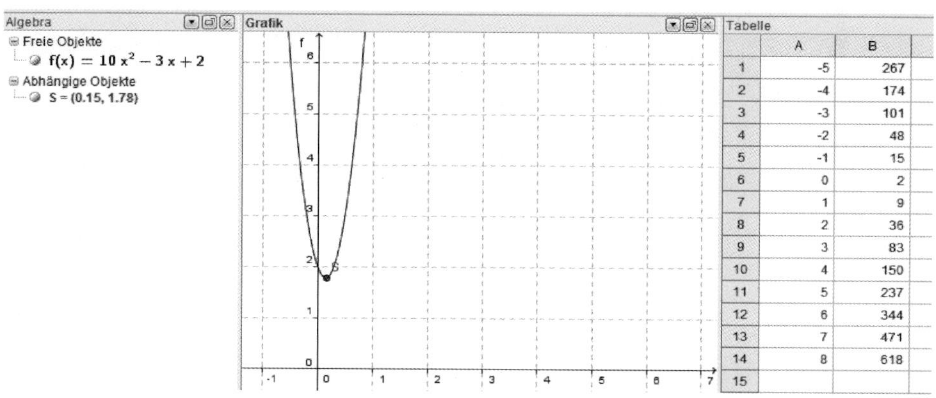

	A	B
1	-5	267
2	-4	174
3	-3	101
4	-2	48
5	-1	15
6	0	2
7	1	9
8	2	36
9	3	83
10	4	150
11	5	237
12	6	344
13	7	471
14	8	618
15		

D = $\mathbb{R}$, Zielmenge = $[1{,}78; \infty[$, S $(0{,}15 \mid 1{,}78)$ = Tiefpunkt, für $x < 0{,}15$ fallend, für $x > 0{,}15$ steigend, keine Nullstellen

433 (1) a) D = $[0; 3450]$ b) 69 Geldeinheiten (GE), c) 3450 Stück, d) $e(x) = 69x - 0{,}02x^2$ 142

(2) a) Für 3450 Stück betragen die Kosten 88 212,5 GE,

b) $G(x) = -0{,}025x^2 + 61x - 1100$ c) Maximum bei $x = 1220$ mit 36 110 GE

d)

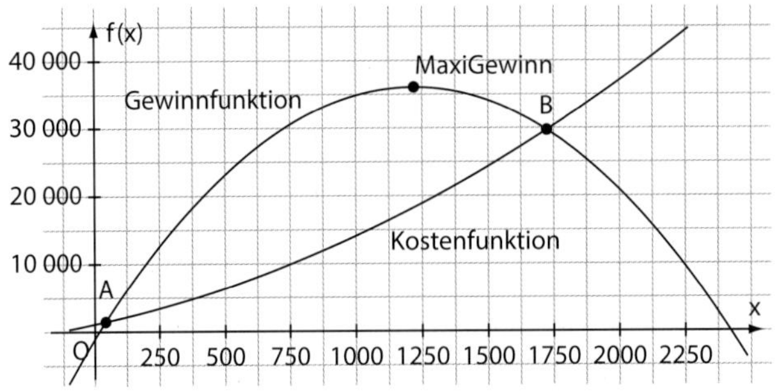

Ab 19 Stück bis 2421 wird ein Gewinn erzielt.

e) Die Durchschnittskosten bei einer Produktionsmenge von 1000 Stück liegen bei 14,1 GE pro Stück, bei 2000 Stück bei 18,55 GE pro Stück.

143

434

Funktionsgleichung	Farbe	Im Bereich …		Scheitelpunkt		Enthält den Punkt
		fallend	steigend	H	T	
$f(x) = x^2$	rot	$\mathbb{R}_0^-$	$\mathbb{R}_0^+$		✓	B
$g(x) = -x^2$	rot	$\mathbb{R}_0^+$	$\mathbb{R}_0^-$	✓		D
$h(x) = -2x^2$	grün	$\mathbb{R}_0^+$	$\mathbb{R}_0^-$	✓		F
$u(x) = 2x^2$	grün	$\mathbb{R}_0^-$	$\mathbb{R}_0^+$		✓	E
$v(x) = -0{,}5x^2$	blau	$\mathbb{R}_0^+$	$\mathbb{R}_0^-$	✓		C
$w(x) = 0{,}5x^2$	blau	$\mathbb{R}_0^-$	$\mathbb{R}_0^+$		✓	A
$a(x) = -5x^2$	schwarz	$\mathbb{R}_0^+$	$\mathbb{R}_0^-$	✓		H
$b(x) = 5x^2$	schwarz	$\mathbb{R}_0^-$	$\mathbb{R}_0^+$		✓	G

435 a) $f(x) = \frac{5}{36}x^2$ b) 0,96 Liter

144

436 –

437 a) $S(0|3)$ Tiefpunkt b) $S(0|-2)$ Hochpunkt c) $S(0|4)$ Hochpunkt
d) $S(0|-0{,}5)$ Tiefpunkt e) $S(0|-0{,}5)$ Hochpunkt f) $S(0|-350)$ Tiefpunkt
Anzahl der Nullstellen: a) keine, b) keine, c) 2, d) 2, e) keine, f) 2

438 a)

t	s(t)
0	0
1	4,91
2	19,62
3	44,15
4	78,48
5	122,63
6	176,58
7	240,35
8	313,92
9	397,31
10	490,50
11	593,51
12	706,32

b)

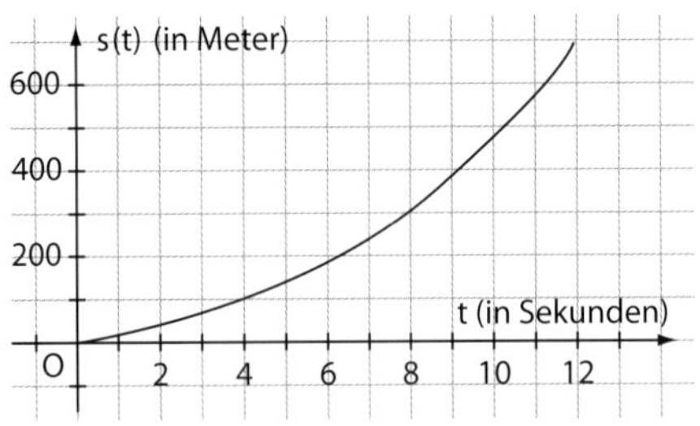

c) 4,5 Sekunden

d) 490,5 m

439 –

440
a) S(1 | 5), Tiefpunkt, keine Nullstellen
b) S(0 | −1,5), Tiefpunkt, zwei Nullstellen
c) S(−3,4 | 3,4), Tiefpunkt, keine Nullstellen
d) S(−1 | −3), Tiefpunkt, zwei Nullstellen
e) S(0 | 2,7), Tiefpunkt, keine Nullstellen
f) S(−44 | −25), Tiefpunkt, zwei Nullstellen
g) S(m | 4), Tiefpunkt, keine Nullstellen
h) S(p | −q), zwei Nullstellen

441 a) 2 b) 2 c) 2 d) keine

442

a) S(2 | 1)	Tiefpunkt	fallend für $x \leq 2$	steigend für $x \geq 2$
b) S(5 | −1)	Tiefpunkt	fallend für $x \leq 5$	steigend für $x \geq 5$
c) S(0 | 6)	Hochpunkt	steigend für $x \leq 0$	fallend für $x \geq 0$
d) S(1 | 4)	Hochpunkt	steigend für $x \leq 1$	fallend für $x \geq 1$

443 a) $D = \mathbb{R}_0^+$ $Z = \mathbb{R}$

145

t (in s)	0,00	0,50	1,00	1,50	2,00	2,50	3,00	3,50	4,00
h (in m)	0,00	18,75	35,00	48,75	60,00	68,75	75,00	78,75	80,00

t (in s)	4,50	5,00	5,50	6,0	6,50	7,0	7,50	8,0
h (in m)	78,75	75,00	68,75	60,00	48,75	35,00	18,75	0,00

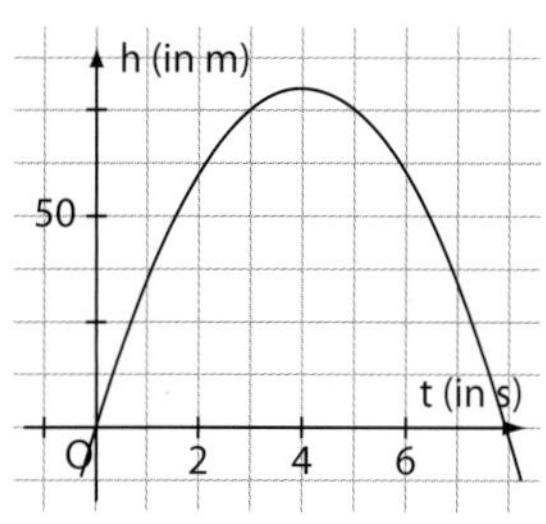

b) richtig – falsch – richtig – falsch - richtig

444 a) $0 < x < 25$ (in Meter) Quadrat: $x = 16{,}67$ m

b) $A(x) = x \cdot (50 - 2x) = 50x - 2x^2$

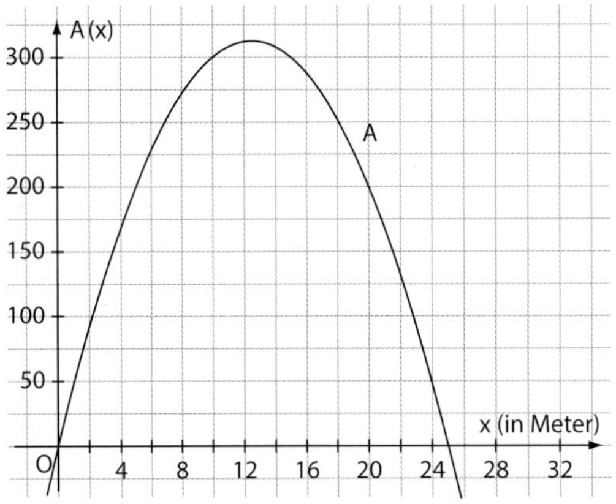

A	B
Seite x	Flächeninhalt
0	0
2	92
4	168
6	228
8	272
10	300
12	312
14	308
16	288
18	252
20	200
22	132
24	48

c) richtig – richtig – richtig – falsch – falsch

445 a)

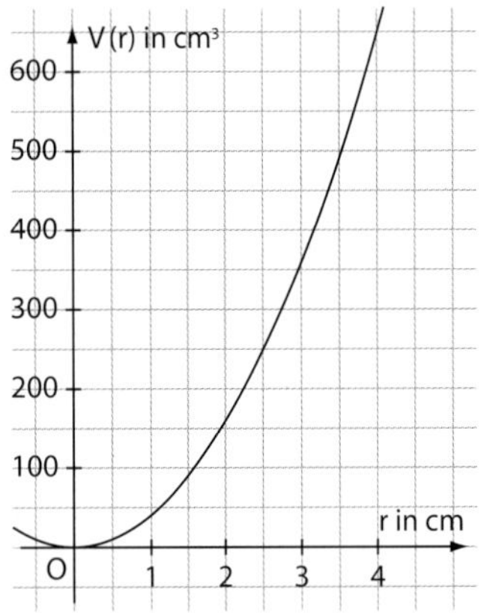

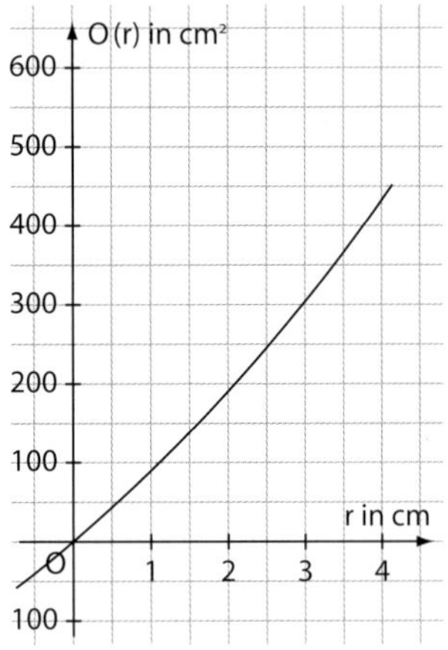

Radius	Volumen	Oberfläche
0	0	0
0,2	1,63	16,95
0,4	6,53	33,68
0,6	14,7	51,27
0,8	26,14	69,37
1	40,84	87,96
1,2	58,81	107,07
1,4	50,05	126,67
1,6	104,55	146,78
1,8	132,32	167,38
2	163,36	188,5
2,2	197,67	210,11
2,4	235,24	232,23
2,6	276,08	254,85
2,8	320,19	277,97
3	367,57	301,59
3,2	418,21	325,72
3,4	472,12	350,35
3,6	523,3	375,48
3,8	589,74	401,12
4	653,45	427,26

$V(2) = 163{,}4\ \text{cm}^3 \approx 0{,}16$ Liter

$O(2) = 188{,}5\ \text{cm}^2$

b) $d = 2r$

$V(3{,}5) = 500{,}30\ \text{cm}^3$ $O(3{,}5) = 362{,}85\ \text{cm}^2$

$V(3{,}7) = 559{,}11\ \text{cm}^3$ $O(3{,}7) = 388{,}24\ \text{cm}^2$

Das Volumen erhöht sich um 11,76 %,
die Oberfläche um 7 %.

446 a) Der Ball erreicht die maximale Höhe von 3,46 Metern.

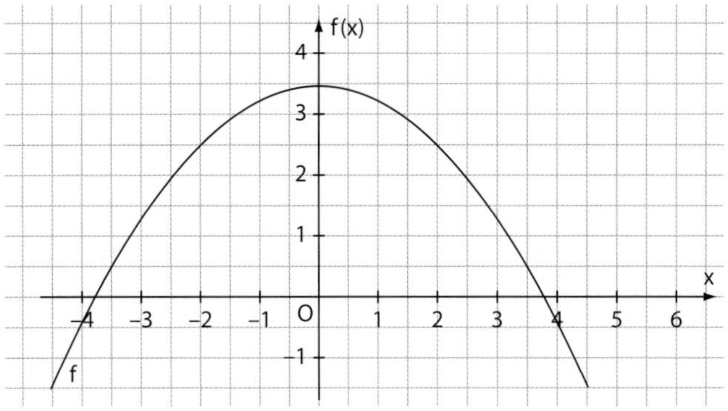

x	f(x)
−4	-0,42
−3	1,28
−2	2,49
−1	3,22
0	3,46
1	3,22
2	2,49
3	1,28
4	−0,42

b) (Grafische Lösung) 3,92 m

447 a) Die Bremsung dauert ca. 4 s.
b) Der Bremsweg ist ca. 55 m lang.

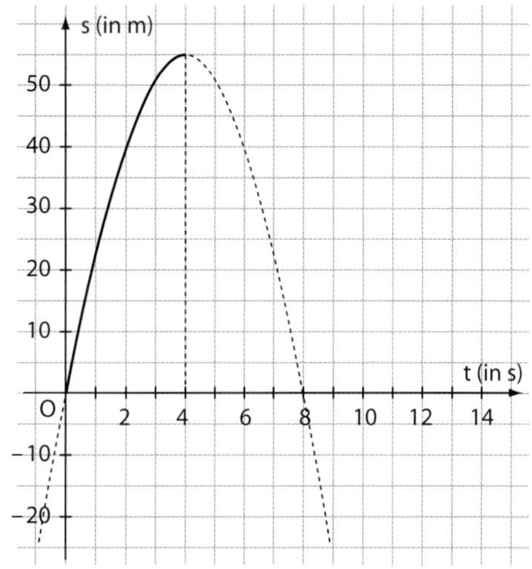

448 a) Höchstpreis: 500 GE, Sättigungsmenge: 10 000 Stück
$D = [0; 10\,000]$
b) $E(x) = -0{,}05x^2 + 500x$, $E(5000) = 1\,250\,000$ GE, $E(10\,000) = 0$

449 a) Bei 300 Euro, bei 4285,7 Stück, $D = [0; 4285]$
b) $E(x) = -0{,}07x^2 + 300x$

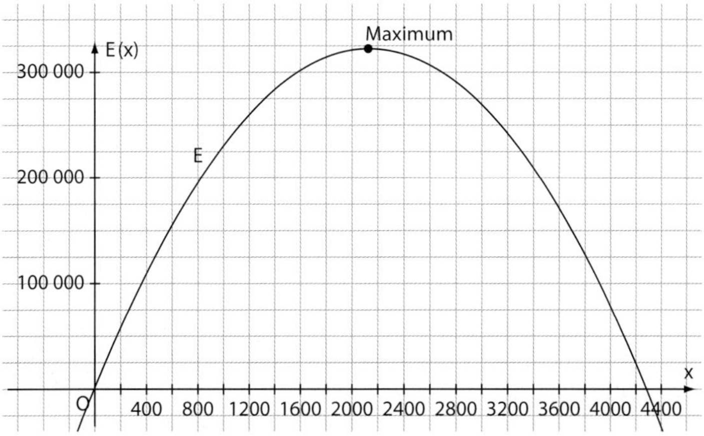

Für 4285,7 Stück ist der Erlös null. Der Erlös ist bei einer Stückanzahl von 2142,8 mit 321 428,57 Euro am größten. Das Produkt muss dann um 150 Euro verkauft werden.

9 Schnittpunkte von Graphen

147

450 (1) Wenn Lisa die Wohnung verlässt.
(2) Von der Wohnung aus.
(3) 3 Minuten nach Lisa.
(4) Jana fährt schneller. Die Steigung des entsprechenden Graphen ist steiler.
(5) Jana.
(6) Schnittpunkt: $S = (12 | 2{,}4)$. Bedeutung des Schnittpunktes: 12 Minuten, nachdem Lisa von zu Hause abgefahren ist, wird sie von Jana überholt. Die Entfernung von zu Hause beträgt zu diesem Zeitpunkt ungefähr 2,4 km.

451 Zum Beispiel:
In den Schnittpunkten $(3 | 4{,}5)$ und $(10 | 1{,}2)$ kreuzt der Lichtstrahl den Wasserstrahl.

452 Bedeutung des Schnittpunktes: Um 6 Uhr in der Früh steht in beiden Becken das Wasser 3 m hoch.

148

453 a) Schnittpunkt $(550 | 500)$, 550 m östlich und 500 m nördlich vom Tower. Zu einem Zusammenstoß kann es nur dann kommen, wenn die beiden Flugzeuge zum selben Zeitpunkt den Schnittpunkt der Landebahnen erreichen.
b) $y = 500$; $x = 550$

454 b) Schnittpunkt $(1{,}1 | 2{,}6)$ und $(11{,}9 | 2{,}7)$. Zusammenstoß nur dann, wenn Zeitpunkt des Abfluges und Geschwindigkeiten aufeinander abgestimmt sind. Außerdem müssten die Flugbahnen in einer Vertikalebene liegen.

455 Beide Wege erreichen nach 3,5 km eine Seehöhe von 1100 m. Die Graphen sagen nur etwas über die erreichte Seehöhe nach einer bestimmten Weglänge aus.

456 a) Im Schnittpunkt der Graphen von f und h landet der Springer auf dem Hang. In der Realität endet an dieser Stelle die Flugbahn. Der Springer fährt entlang des Hanges (Graph h) weiter.
b) Mögliche Fragen: Welche waagrechte Entfernung legt der Springer im Flug zurück? (ca. 80 m) Wie groß ist der Höhenunterschied zwischen Absprung am Schanzentisch und Landung am Hang? (ca. 40 m) Ab welcher Stelle wird der Springer auf jeden Fall abgebremst und wie weit liegt sie vom Schanzentisch entfernt? (ab dem tiefsten Punkt des Hanges, etwa 200 m vom Schanzentisch entfernt)

10 Funktionen mit den natürlichen Zahlen als Definitionsmenge

149

457 (1) Keine Beschränkung auf natürliche Zahlen, da auch Bruchteile von Minuten abgerechnet werden. Gesprächsgebühren in Euro in Abhängigkeit von der Gesprächszeit x in Minuten: $G(x) = 0{,}07x$. Für 40,5 Minuten sind rund 2,84 Euro zu bezahlen.
(2) Beschränkung auf natürliche Zahlen, da nur ganze Tafeln Schokolade verpackt werden. Es werden $\frac{x}{10}$ Kartons benötigt, wobei immer auf die nächstgrößere natürliche Zahl aufgerundet wird. 9 Kartons.

(3) Keine Beschränkung auf natürliche Zahlen, wenn auch Centbeträge für x erlaubt sind. Es können $\frac{x}{9{,}50}$ Personen um x Euro essen, wobei das Ergebnis stets abgerundet wird. 4 Personen.

458 Bsp. A: $f(p) = \frac{1}{5}p$, $D = \mathbb{N}$, z. B. bis 30 Personen

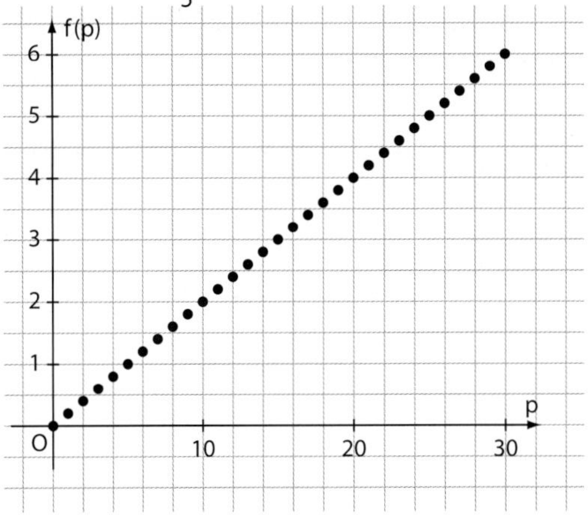

Bsp. B: $K(x) = 0{,}20x$, $D = \mathbb{N}$, z. B. bis 1000 Stück

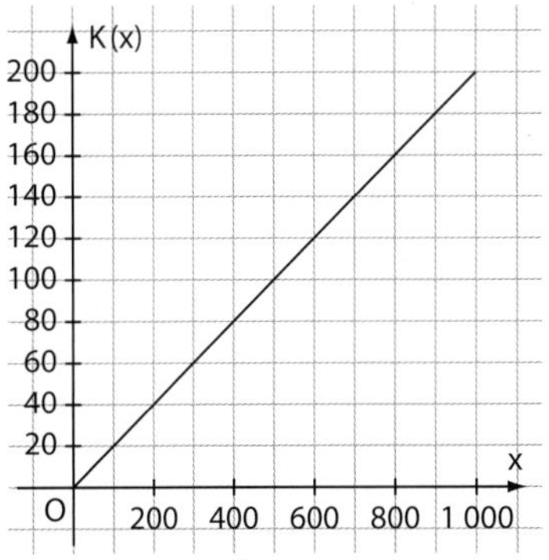

Bsp. C: $f(x) \approx \frac{1}{5}x$, $D = \mathbb{N}$, nur für die angegebenen Leistungen sinnvoll

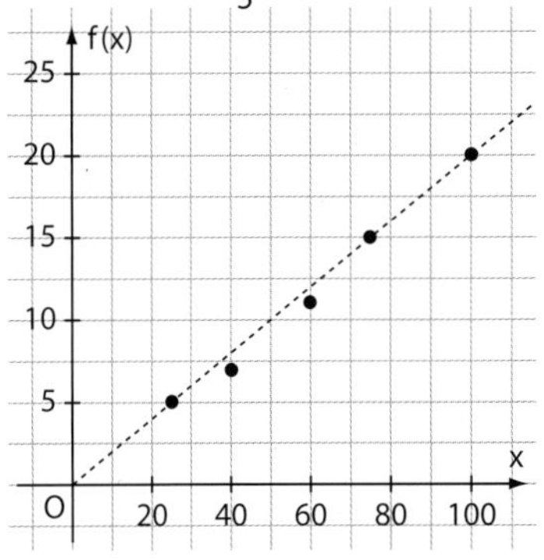

459 gleiche Funktionsterme; Darstellung als Punktgraphen; unterschiedliche Bereiche bei den x-Werten; unterschiedliche Anzahl an eingezeichneten Funktionswerten 150

460 (1) C, (2) B, (3) A oder C, (4) A oder B, (5) C, (6) A, (6) B

461 1A oder 1B, 2C, 3A oder 3B, 4B

462 (1) $D = \mathbb{N}$, $A(x) = 1{,}5\,x$ mit Anzahl x und Flächenbedarf A in m^2
(2) $D = \mathbb{R}_0^+$, $P(x) = \frac{x}{8{,}34}$, wobei stets abzurunden ist, mit Fläche x in m^2 und Anzahl der Parkplätze P

151 463 $x = 13$ ($x = -12$ ist keine Lösung in $\mathbb{N}$!)

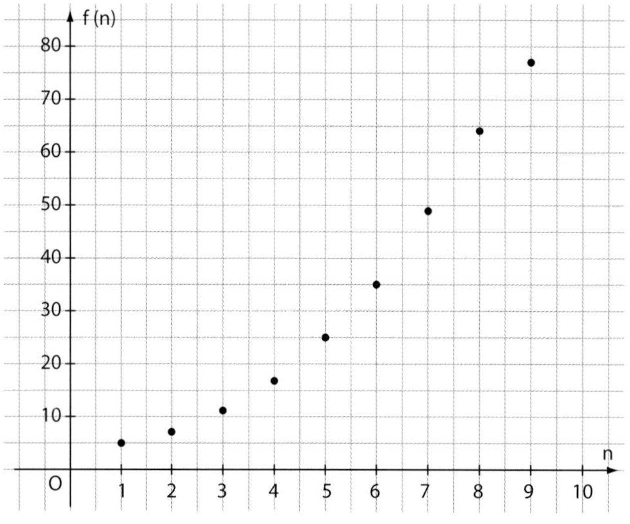

464 a) Nein, denn $n^2 = (n-1)(n+1)$ liefert eine falsche Aussage für alle n.
b) Ja, $n = 2$ ist Lösung der Gleichung $n^2 = (n-1)(n+2)$.
c) Nein, denn $n = 1{,}5$ ist zwar Lösung der Gleichung $n^2 = (n-1)(n+3)$, aber keine natürliche Zahl.

465 $f(x) = 10\,x$; 31 Hühner

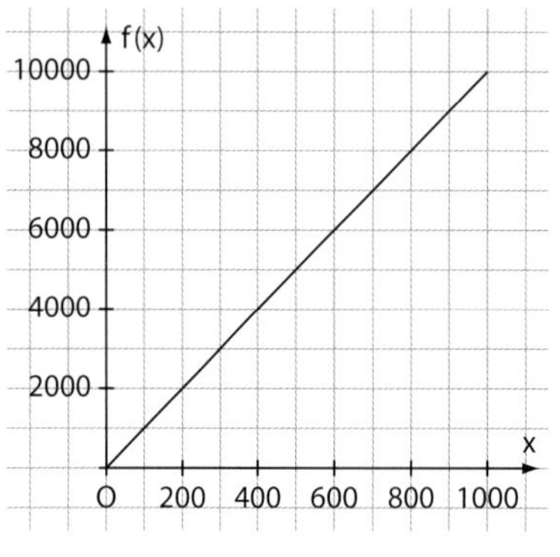

466 a) $f(x) = 0{,}01\,x$; gilt ab $x = 120$ in 10er-Schritten, also für $x = 130, 140, \ldots$; maximal 180 Personen

b)

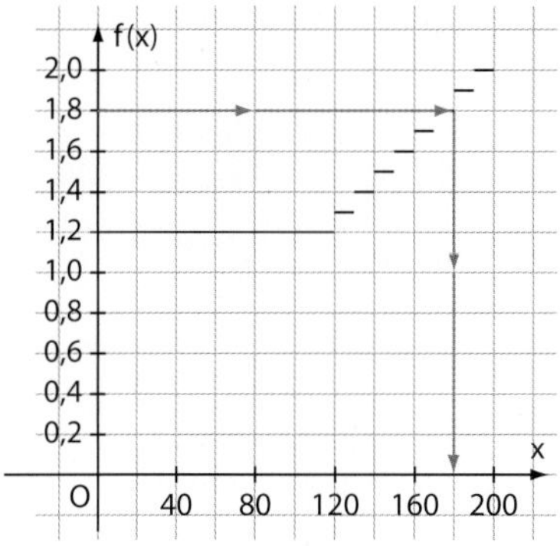

467 a) $K(x) = 12\,000\,x + 150\,000$; 8 Maschinen

b) $E(x) = 24\,000\,x$; Stückzahl und Erlös stehen in direktem Verhältnis, da $E(x)$ eine lineare Funktion mit $E(0) = 0$ ist bzw. k-fache Stückzahl einen k-fachen Erlös ergibt.

c) geeigneter Bereich z. B. [0; 15]; ab 13 Maschinen. Wenn in der grafischen Darstellung der Graph der Erlösfunktion über dem Graphen der Kostenfunktion liegt, wird Gewinn gemacht.

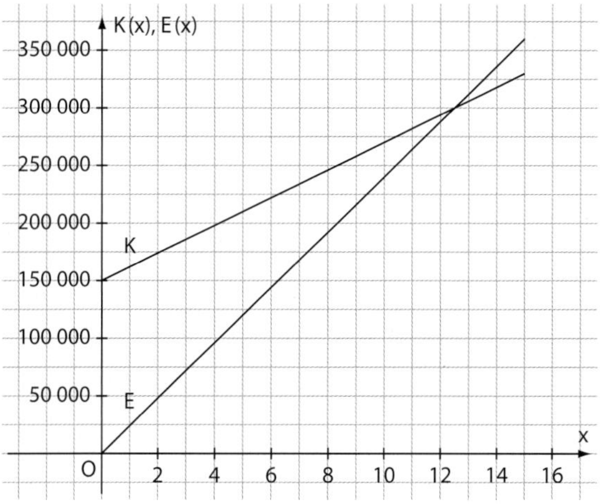

Typ-2-Aufgaben Funktionen

468 a) Um das Jahr 1960 betrug der CO_2-Ausstoß etwa 8,6 Milliarden Tonnen. Rund um 1988 ist der CO_2-Ausstoß größer als 20 Milliarden Tonnen 157

b) $1973 \mathrel{\hat{=}} 0$; $1980 \mathrel{\hat{=}} 7$; $2005 \mathrel{\hat{=}} 32$; $A(0) = 17$, $A(7) = 19{,}6$; $k = \frac{19{,}6 - 17}{7} \approx 0{,}3714$; $d = 17$; $A(x) \approx 0{,}3714 \cdot x + 17$; $A(32) \approx 28{,}9$.

Die Funktion A wird näherungsweise durch $A(x) = 0{,}3714 \cdot x + 17$ beschrieben. Im Jahr 2005 würde der CO_2-Ausstoß dann rund 28,9 Milliarden t betragen, das wäre ein Unterschied von etwa 0,4 Mrd. t zum tatsächlichen Wert 29,3 Mrd. t.

469 a) Die Fixkosten betragen 440,55 €. 20 % Umsatzsteuer in 906,24 € machen 151,04 Euro aus, von den variablen Kosten sind 77,615 € Umsatzsteuer und von den Fixkosten 73,425 €.

b) $K(x) = 0{,}096x + 440{,}55$

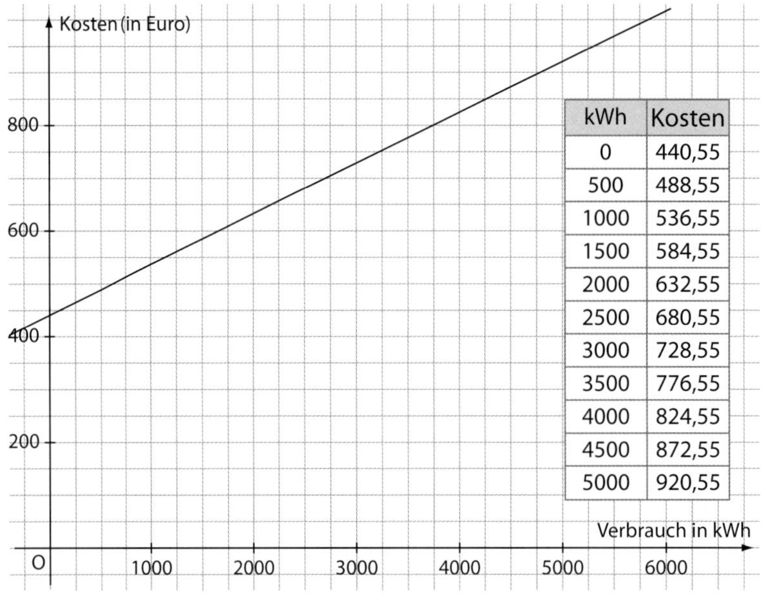

kWh	Kosten
0	440,55
500	488,55
1000	536,55
1500	584,55
2000	632,55
2500	680,55
3000	728,55
3500	776,55
4000	824,55
4500	872,55
5000	920,55

50 % Stromverbrauch bedeutet Kosten von $K(2423{,}1) = 673{,}1676$
Für 2423,1 kWh betragen die Gesamtstromkosten 673,17 €.
Die Stromrechnung sinkt um etwa 25,7 %.

470 Eigenschaften des Parallelogramms: Je zwei gegenüberliegende Seiten sind parallel und gleich lang, die Winkel an einer Seite ergänzen sich auf 180°, gegenüberliegende Winkel sind gleich groß.

Skizze:

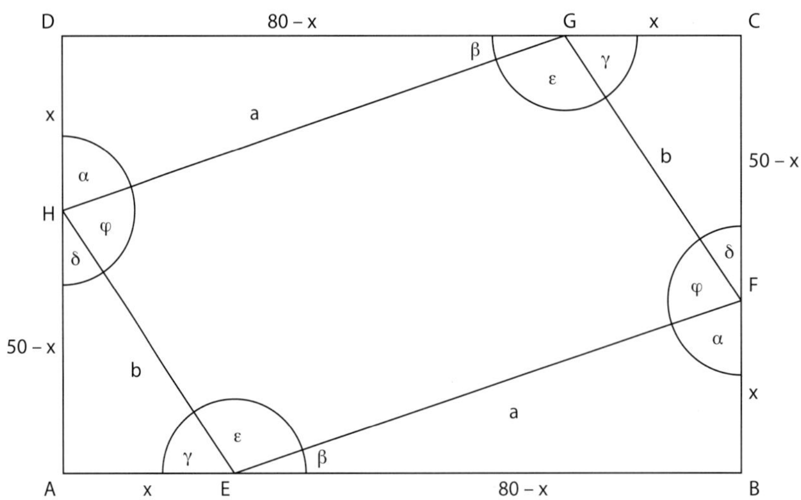

a) Begründung: Das Viereck hat je zwei gegenüberliegende Seiten mit der Länge

$a = \sqrt{x^2 + (80 - x)^2}$ und $b = \sqrt{x^2 + (50 - x)^2}$.

Es gilt:

$\alpha + \varphi_1 + \delta = 180° \Rightarrow \varphi_1 = 180° - \alpha - \delta$

$\alpha + \varphi_2 + \delta = 180° \Rightarrow \varphi_2 = 180° - \alpha - \delta$

$\Rightarrow \varphi_1 = \varphi_2$

Gegenüberliegende Winkel sind gleich groß.

$\alpha + \varphi + \delta = 180°$ | +
$\beta + \varepsilon + \gamma = 180°$ |

$90° + \varphi + \varepsilon + 90° = 360° \Rightarrow \varphi + \varepsilon = 180°$

b) $D_x = (0; 50)$

$x = 10 \Rightarrow A = 80 \cdot 50 - (10 \cdot 40) - (10 \cdot 70) = 2900$ $A = 2900\ m^2$

$x = 20 \Rightarrow A = 80 \cdot 50 - (20 \cdot 30) - (20 \cdot 60) = 2200$ $A = 2200\ m^2$

$x = 30 \Rightarrow A = 80 \cdot 50 - (30 \cdot 20) - (30 \cdot 50) = 1900$ $A = 1900\ m^2$

$x = 40 \Rightarrow A = 80 \cdot 50 - (40 \cdot 10) - (40 \cdot 40) = 2000$ $A = 2000\ m^2$

c) falsch – falsch – richtig – falsch – falsch – falsch

Für $x = 32{,}5$ m entsteht das Parallelogramm mit dem kleinsten Flächeninhalt $A = 1887{,}5\ m^2$.

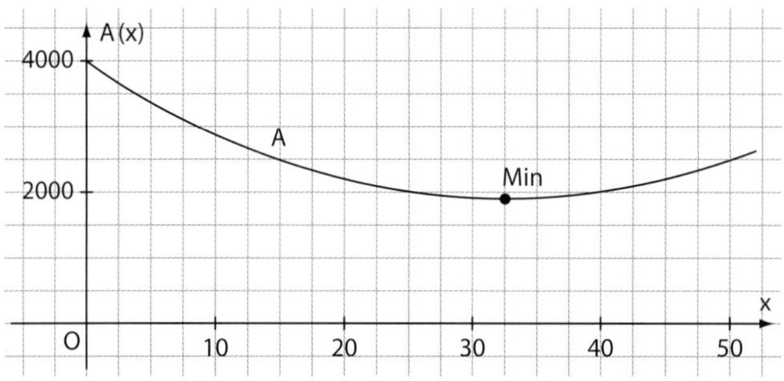

Seite	Flächeninhalt
5	3400
10	2900
15	2500
20	2200
25	2000
30	1900
35	1900
40	2000
45	2200

471 a) 158

(1) $F_Z(v) = \frac{m}{r} \cdot v^2$
quadratische Funktion

(2) $F_Z(m) = \frac{v^2}{r} \cdot m$
direkt proportionale bzw. lineare Funktion

(3) $F_Z(r) = m \cdot v^2 \cdot \frac{1}{r}$
indirekt proportionale Funktion

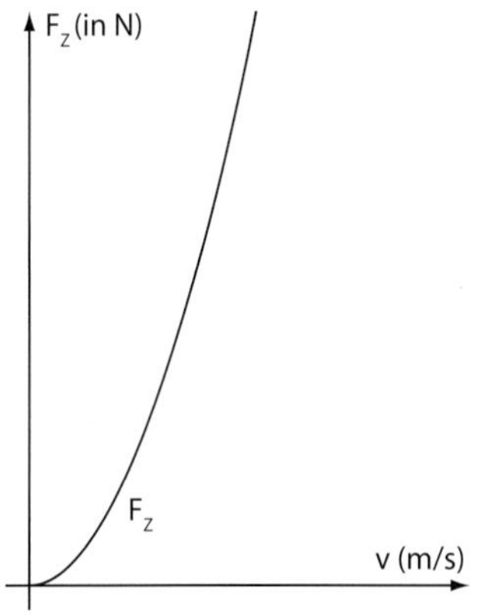

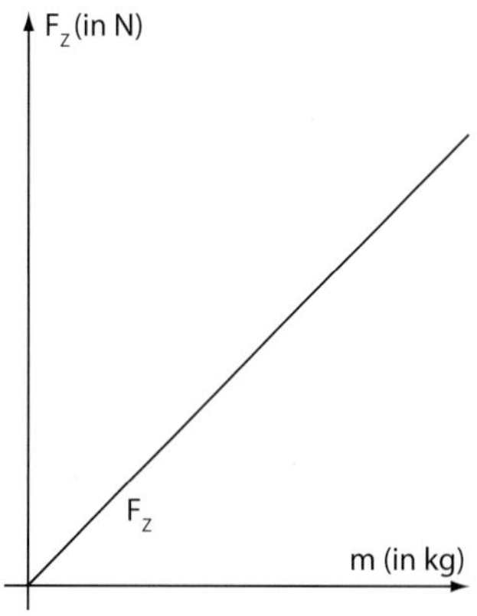

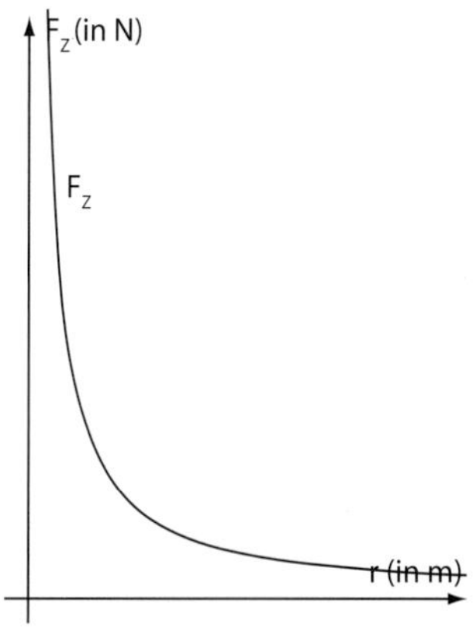

Bei konstantem m und v halbiert sich die Zentripetalkraft, wenn der Radius r verdoppelt wird, da eine indirekt proportionale Funktion vorliegt.

b) $F_Z = 0{,}46875$ N; $a = 7{,}8125$ m/s^2

c) Wird $F(a) = m \cdot a$ als Funktion betrachtet, so liegt eine direkt proportionale Funktion vor. Für diese gilt immer $c \cdot F(a) = F(a \cdot c)$. Für die Fliehkraft bedeutet das, sie vervielfacht sich um den Faktor c.

472 a)

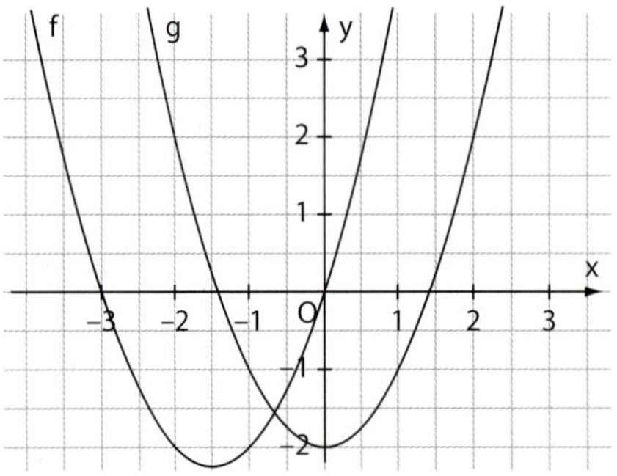

$S_f(-1{,}5\,|\,-2{,}25)$ $S_g(0\,|\,2)$

b) $f(5) - g(5) = 17$; $f(6) - g(6) = 20$; $f(7) - g(7) = 23$; $f(8) - g(8) = 26$; $d(x) = 3x + 2$

c) Für $x \in\ ]-3{,}3;\, 0{,}3[$ gilt $f(x) < 1$; für $x \in\ ]-1{,}73;\, 1{,}73[$ gilt $g(x) < 1$
Gleichungen: $x^2 + 3x = 1$ und $x^2 - 2 = 1$

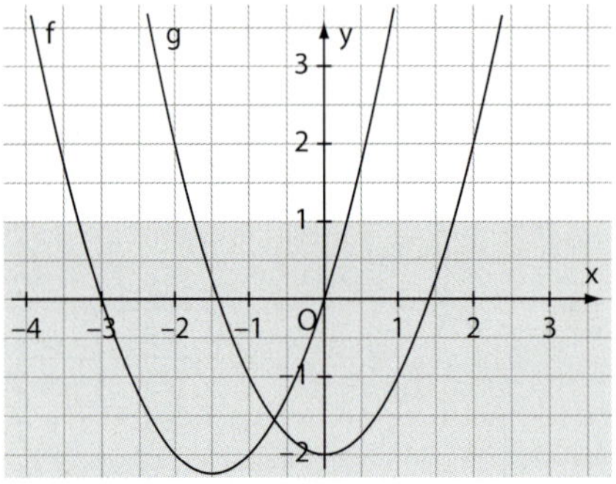

d) $f(x) = (x + 3) \cdot x$; der Linearfaktor $(x + 3)$ besagt, dass eine Nullstelle von f an der Stelle $x = -3$ ist; der Linearfaktor x besagt, dass eine weitere Nullstelle von f an der Stelle $x = 0$ ist

e) Die Gerade lautet $y = x$ und schließt mit der x-Achse einen Winkel von 45° ein.

Gleichungen

1 Gleichungen

473 (1) ja (2) ja, ja (3) ja 159

474 $x = 5$ 161

475 a) nein b) ja

476 D – E – C – B

477 zweite und dritte Gleichung

478 erste und dritte Gleichung

2 Gleichungen lösen

479 C - A und C – C – A und B – D – A, B, C, E und H – F und H – F, G und H 162

480 a) $G = \mathbb{N}$: $L = \{\ \}$; $G = \mathbb{R}$: $L = \{0{,}5\}$
b) Ausmultiplizieren der Klammer auf der rechten Seite ergibt ebenfalls $10x - 5$
c) Ausmultiplizieren der Klammer auf der rechten Seite ergibt $10x - 5 = 10x - 15$, was eine falsche Aussage ist.

481 a)

–3	–2	–1	0	1	2	3	4	5
–28	0	10	8	0	–8	–10	0	28

b)

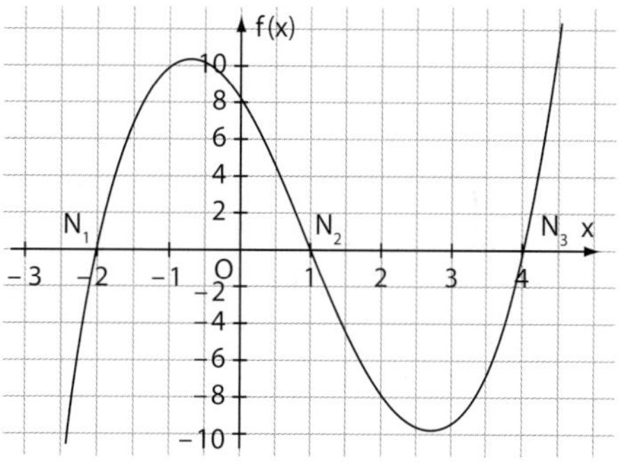

482 $x_1 = -4$; $x_2 = 1{,}5$

483 $x_1 = -1{,}7$; $x_2 = 0{,}8$; $x_3 = 2{,}9$; $f(x) = f_1(x) - f_2(x) = 0{,}5x^3 - x^2 - 2x + 2$ 164

484 – (Mindmap) 165

485 –

486 Eine Folge von Äquivalenzumformungen führt von $3y + 2 = y + 8$ auf $y = 3$. Daher ist $y = 3$ die einzige Lösung der gegebenen Gleichung.

487 $x = 4$ 166

167

488 a) $L = \{-2, 2\}$ b) $L = \{\ \}$ c) $L = \{-3\}$ d) $L = \mathbb{R}$ e) $L = \{-2\}$ f) $L = \{-4, 4\}$
g) $L = \{\ \}$ h) $L = \mathbb{R}$

489 a) in $\mathbb{N}$: $L = \{\ \}$, in $\mathbb{Z}$: $L = \{-4\}$, in $\mathbb{Q}$: $L = \{-4\}$, in $\mathbb{R}$: $L = \{-4\}$
b) in $\mathbb{N}$: $L = \{\ \}$, in $\mathbb{Z}$: $L = \{\ \}$, in $\mathbb{Q}$: $L = \{10{,}5\}$, in $\mathbb{R}$: $L = \{10{,}5\}$
c) in $\mathbb{N}$: $L = \{20\}$, in $\mathbb{Z}$: $L = \{20\}$, in $\mathbb{Q}$: $L = \{20\}$, in $\mathbb{R}$: $L = \{20\}$
d) in $\mathbb{N}$: $L = \{\ \}$, in $\mathbb{Z}$: $L = \{\ \}$, in $\mathbb{Q}$: $L = \{\ \}$, in $\mathbb{R}$: $L = \{4\pi\}$

490 a) $x_1 = 2,\ x_2 = 0$ b) $x_1 = -3,\ x_2 = 10$ c) $x_1 = -10,\ x_2 = -5,\ x_3 = 5$

491 a) $x_1 = -9,\ x_2 = 5$
b) $x_1 = 1,\ x_2 = 7$
c) $x_1 = -1,\ x_2 = 0$
d) $x_1 = -4,\ x_2 = 4$

492 a) zwischen 1 und 2 und zwischen 3 und 4 b) zwischen 2 und 3 und zwischen 4 und 5
c) zwischen 0 und 1

493 a) $x_1 = -2{,}5,\ x_2 = 6{,}5$ b) $x_1 = 0{,}2,\ x_2 = 9{,}8$ c) $x_1 \approx -10{,}46,\ x_2 \approx -0{,}26,\ x_3 \approx 0{,}72$

494 a) $x_1 = -1,\ x_2 = 2$ b) $x_1 \approx 2{,}58$ c) $x_1 \approx 0{,}697;\ x_2 \approx -2{,}297$

495 Eine Folge von Äquivalenzumformungen führt von $u - 2u^3 + 5 = 2(1 - u^3)$ auf $u = -3$. Daher ist $u = -3$ die einzige Lösung der gegebenen Gleichung.

496 $L = \{3{,}5\}$

168

497 Wenn eine Gleichung keine Lösung besitzt, dann führen Äquivalenzumformungen immer zu einer falschen Aussage. In diesem Fall ist die Lösungsmenge die leere Menge.

498 Das Ergebnis ist nicht korrekt, denn die gegebene Gleichung $\sqrt{x} = -5$ hat überhaupt keine Lösung. (Die Wurzel einer Zahl kann nicht negativ sein.) Da das Quadrieren beider Seiten einer Gleichung keine Äquivalenzumformung ist, darf nicht damit gerechnet werden, dass am Ende eine Lösung der ursprünglichen Gleichung herauskommt.

499 (3) und (5)

500 a) $D = \mathbb{R}\setminus\{-9\};\ L = \{\ \}$ b) $D = \mathbb{R}\setminus\{-1\};\ L = \{-9\}$ c) $D = \mathbb{R}\setminus\{-2\};\ L = \{\ \}$

501 Vierte und fünfte Aussage sind richtig.

502 a) $x = \frac{2}{3}$, $D = \mathbb{R}\setminus\{-3\}$ b) keine Lösung, $D = \mathbb{R}\setminus\{-3\}$ c) $b = -3$, $D = \mathbb{R}\setminus\{4\}$
d) $x = -\frac{1}{3}$, $D = \mathbb{R}\setminus\{4\}$ e) $x = -\frac{1}{3}$, $D = \mathbb{R}\setminus\{-3\}$ f) keine Lösung, $D = \mathbb{R}\setminus\{-3\}$

503 (1) $L = \left\{\frac{7}{2}\right\}$
(2) Die Division durch $(2x - 7)$ darf nur durchgeführt werden, wenn $2x - 7 \neq 0$ und somit $x \neq \frac{7}{2}$ ist.

3 Lineare Gleichungen

504 B – A – C (nicht D, da Quadrieren keine Äquivalenzumformung ist) 169

505 (1) $L = \{-5\}$, z. B.: $3{,}5x + 17{,}5 = 0$, $a = 3{,}5$, $b = 17{,}5$ 170
(2) $L = \{0\}$, z. B. $10x = 0$, $a = 10$, $b = 0$
(3) $L = \mathbb{R}$, $0 = 0$, $a = 0$, $b = 0$
(4) $L = \{\ \}$, $3 = 0$, $a = 0$, $b = 3$

506 $x = -\frac{b}{a}$, (2) $a \neq 0, b \in \mathbb{R}$

507 (1) z. B.: $2{,}5x - 1 = 0$ oder $-2{,}5x + 1 = 0$. Alle weiteren äquivalenten Gleichungen entstehen durch Multiplikation mit einer reellen Zahl ungleich null.
(3) a entspricht der Steigung der Geraden, b dem Abschnitt auf der y-Achse.
(4) $x = 0{,}4$; z. B.: $x = -\frac{-1}{2{,}5} = \frac{1}{2{,}5} = \frac{4}{10} = 0{,}4$ oder $x = -\frac{1}{-2{,}5} = \frac{1}{2{,}5} = \frac{4}{10} = 0{,}4$

(2) bis (4) z. B.:

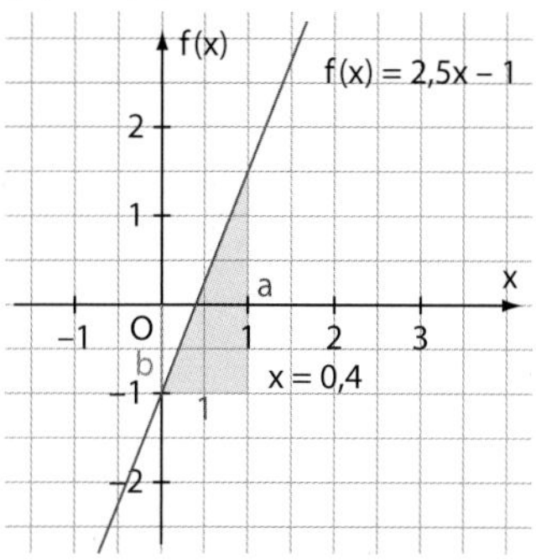

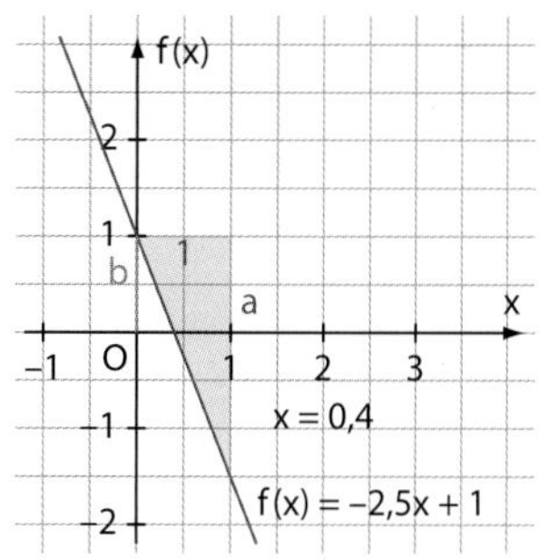

Der Graph der entsprechenden Funktion passend zur Gleichung schneidet für alle geeigneten Funktionen die x-Achse an der Stelle $x = 0{,}4$.

508 – (Mindmap)

509 (1) insgesamt werden 160 Gläser und 42 Liter ausgeschenkt. 171
(2) 60 kleine, 100 große Gläser.
(3) 200 große und -40 kleine Gläser sind keine Lösung der Aufgabe. Es gibt keine Lösung!

510 –

511 a) $x = -\frac{-15}{5} = \frac{15}{5} = 3$ b) $x = -\frac{-5}{-2{,}5} = -\frac{5}{2{,}5} = -2$
c) $x = -\frac{-7}{3} = \frac{7}{3} \approx 2{,}33$ d) $x = -\frac{9}{2} = -4{,}5$
e) $x = -\frac{0}{0{,}5} = 0$ f) $x = -\frac{-8}{0{,}8} = \frac{8}{0{,}8} = 10$
g) $x = -\frac{\sqrt{2}}{-3} = \frac{\sqrt{2}}{3} \approx 0{,}47$ h) $x = \frac{6}{0{,}5\pi} = \frac{12}{\pi} \approx 3{,}82$

zu a)

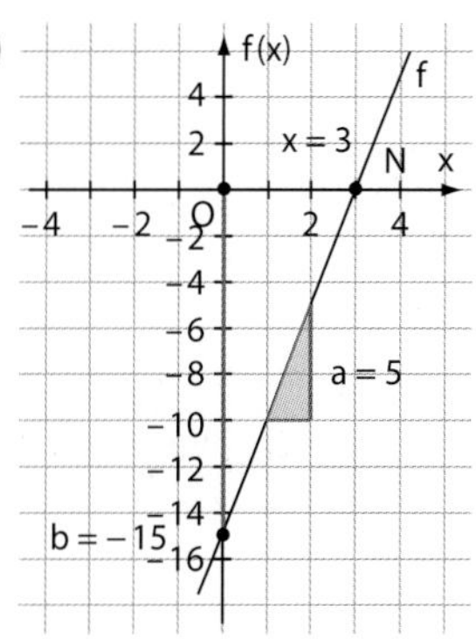

512 –

513 a) $x = -\frac{26}{11} \approx -2{,}36$ b) $x = \frac{80}{51} \approx 1{,}57$ c) $x = 30$ d) $x = \frac{23}{2} = 11{,}5$

514 a) $x = 2{,}4$ b) $w = \frac{11}{21} \approx 0{,}52$ c) $y = -\frac{19}{9} \approx -2{,}11$ d) $z = 7$

515 a) (1) $3x - 5 = 0$ (2) $x = \frac{5}{3} \approx 1{,}67$ b) (1) $6y - 17 = 0$ (2) $y = \frac{17}{6} \approx 2{,}83$
c) (1) $z + 6 = 0$ (2) $z = -6$ d) (1) $14x - 1 = 0$ (2) $x = \frac{1}{14} \approx 0{,}07$

516 a) $L = \{\ \}$ b) $L = \mathbb{R}$ c) $L = \mathbb{R}$ d) $L = \mathbb{R}$

172

517 a) $x = -120$ b) $x = 35$ c) $x = -\frac{77}{17} \approx -4{,}53$ d) $x = \frac{32}{47} \approx 0{,}68$

518 a) $L = \mathbb{R}$ b) $L = \{\ \}$ c) $L = \{-2\}$ d) $L = \mathbb{R}$

519 a) $L = \{9\}$ b) $L = \{\ \}$ c) $L = \left\{\frac{1}{2}\right\}$ d) $L = \{\ \}$
e) $L = \mathbb{R}\setminus\{0\}$ f) $L = \mathbb{R}\setminus\{-1; 1\}$

520 Die zweite und fünfte Aussage sind richtig.

521 a) t und s beliebig
(1) $x = -\frac{t}{s}$
(2) $f(x) = s \cdot x + t$
(3) z. B.

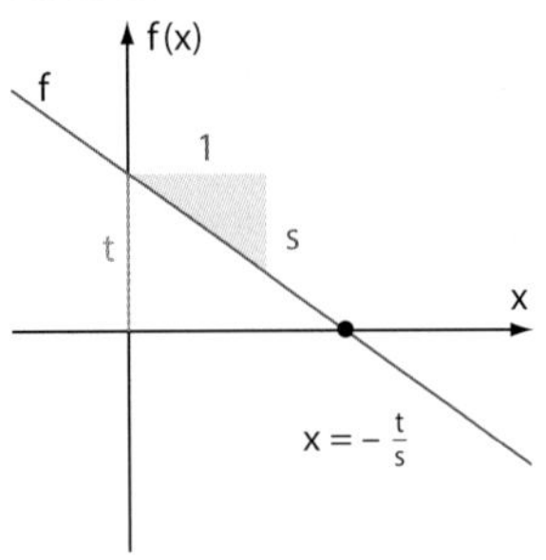

b) a < 0, Abschnitt y-Achse: 3
(1) $x = -\frac{3}{a}$
(2) $f(x) = a \cdot x + 3$
(3)

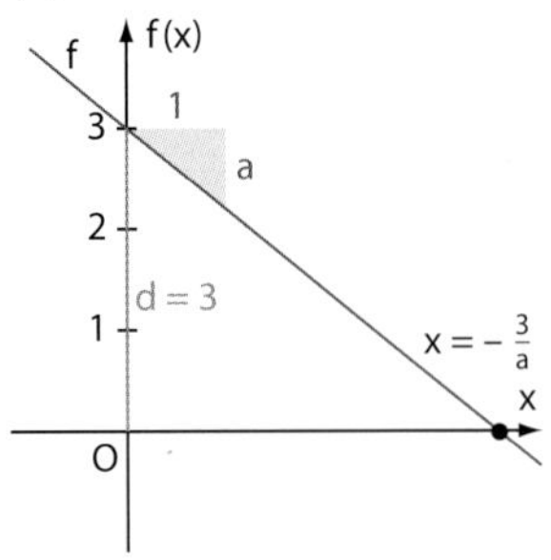

c) a > 0, b < 0
(1) $z = -\frac{b}{a}$
(2) $f(z) = a \cdot z + b$
(3)

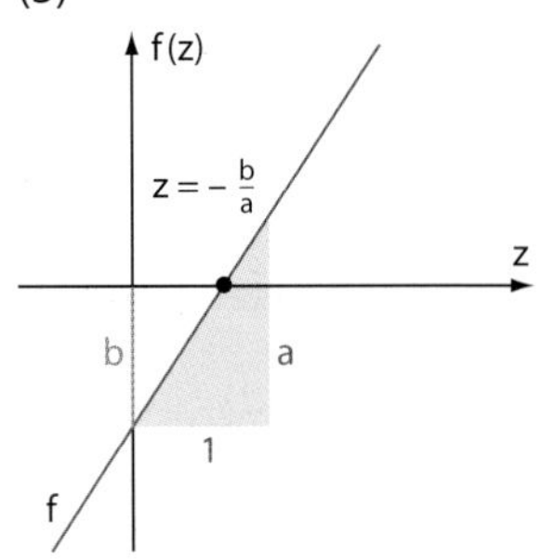

d) Steigung = −2, m < 0
(1) $k = \frac{m}{2}$
(2) $f(k) = -2k + m$
(3)

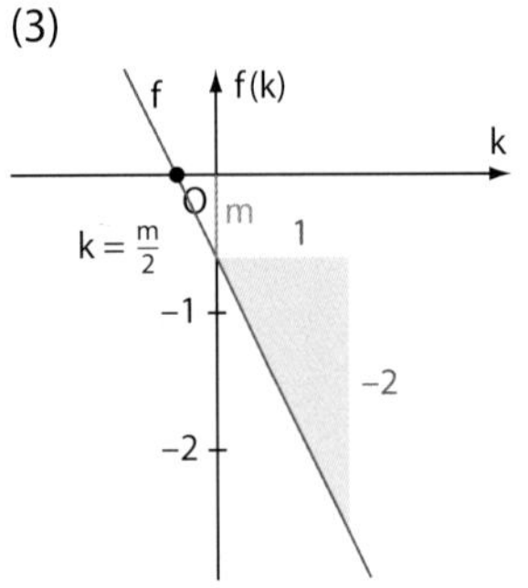

e) v < 0, e > 0
(1) $t = -\frac{2e}{v}$
(2) $f(t) = v \cdot t + 2e$
(3)

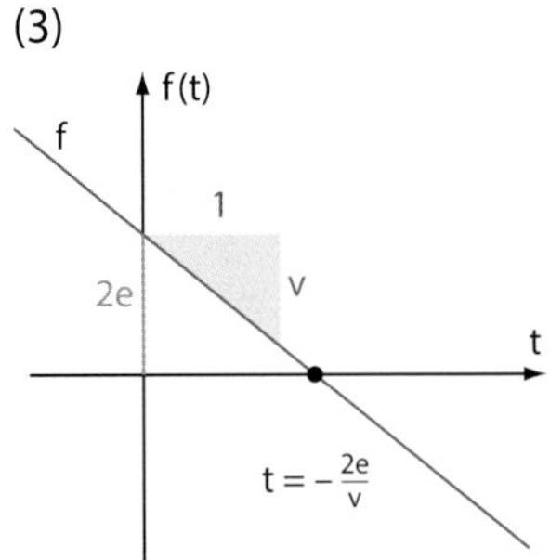

f) g < 0, h > 0
(1) $u = \frac{3h}{g}$
(2) $f(u) = g \cdot u - 3h$
(3)

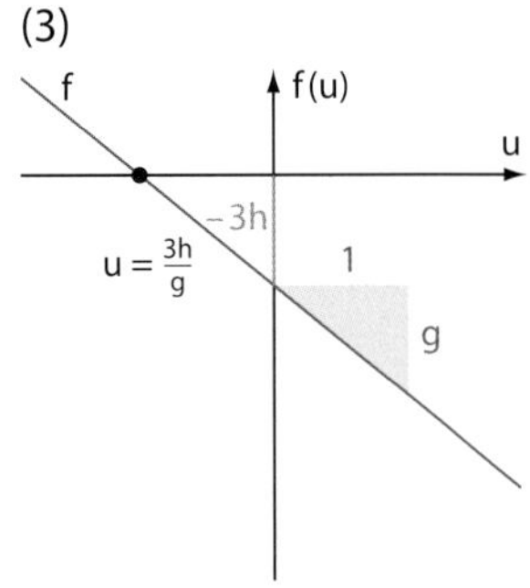

522 Nein, beide Aussagen können nicht gleichzeitig wahr sein, da $H = 157{,}5$ und $P = 52{,}5$ keine ganze Zahlen sind.

523 (1) $6s = 4(s + 5)$
(2) Seitenlänge Sechseck: 10 cm; Seitenlänge Quadrat: 15 cm
(3) –10 und –15 sind keine geeigneten Lösungen für die Seitenlängen.

524 Quadrat: $s = 4\,\text{cm}$, Rechteck: $l = 8\,\text{cm}$, $b = 2\,\text{cm}$ 173

525 (1) $5 \cdot 0{,}036 = (5 + x) \cdot 0{,}02$
(2) $x = 4$, es müssen 4 Liter Wasser hinzugefügt werden.
(3) 1,8 %

526 200 ml

527 Es müssen 7 Musiker/innen aufgenommen werden.

528 Der Zeuge ist nicht glaubwürdig.
Bei exakter Rechnung ergibt sich für die Frauen $x = \frac{29}{3} \approx 9{,}7$. Dies ist unmöglich!
Eine Anzahl von Personen kann nur einer natürlichen Zahl entsprechen.

529 a) Dezember: 44, Jänner: 88, Februar: 176, März: 94
b) Bei exakter Rechnung ergeben sich folgende Werte:
Dezember: 56,25; Jänner: 112,5; Februar: 225; März: 106,25. Für eine sinnvolle Antwort müssen die Werte so gerundet werden, dass die Gesamtzahl 500 ergibt:
56 – 113 – 225 – 106. Allerdings stimmt in diesem Fall die Verdopplung von Jänner auf Februar nicht.

4 Quadratische Gleichungen

530 $f(x) = a \cdot x^2$ $S(0|0)$ 174
$f(x) = a \cdot x^2 + b$ $S(0|b)$
$f(x) = a \cdot (x + m)^2 + n$ $S(-m|n)$

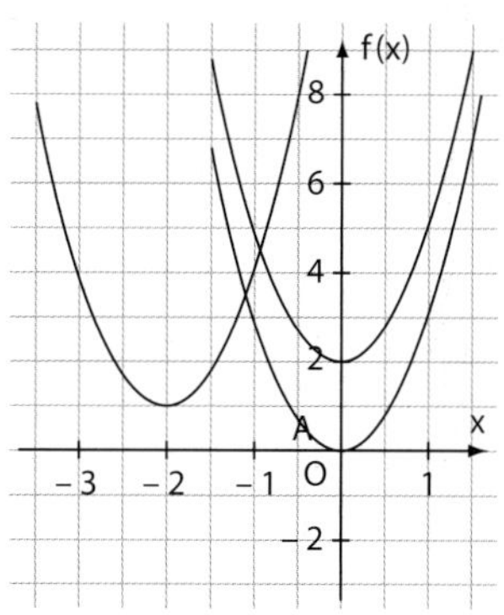

531 $A(x) = x(100 - x) = 100x - x^2$

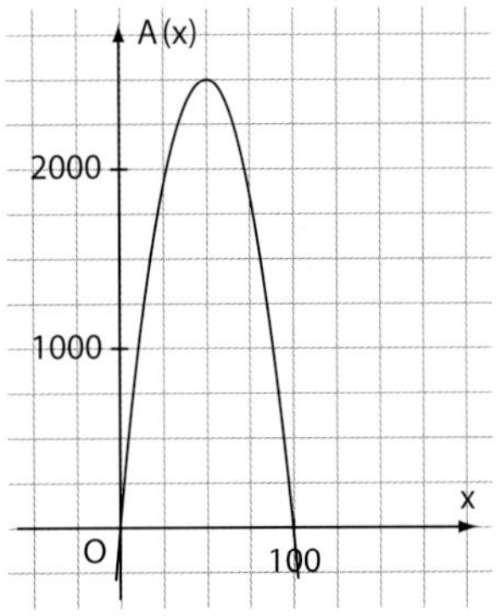

x	A(x)
1	99
2	196
3	291
4	384
5	475
6	564
7	651
50	2500

x muss 5 m lang sein, damit Lancelot 475 m^2 besitzt.
Für $x = 50$ m wird der Flächeninhalt am größten $A = 2500\,m^2$.

532 a) $x(x+1) = 210$ Lösung: $14 \cdot 15 = 210$ oder $(-14)(-15) = 210$
b) $(x+2)^2 = 4x^2$ Lösung: $x = 2$

175 533 (1) −2; 1: zwei Nullstellen (2) 3: eine Nullstelle (3) keine Nullstellen

534 a) $T(4|2)$; keine Nullstellen b) $H(-2|1)$; zwei Nullstellen $(-1|0)$, $(-3|0)$

176 535 a) $x_1 = \frac{2\sqrt{10}}{5}$; $x_2 = \frac{-2\sqrt{10}}{5}$ b) $x_1 = 2$; $x_2 = -2$
c) $x_1 = 10$; $x_2 = -10$ d) $x_1 = 10$; $x_2 = -10$

177 536 Sebastian hat durch 3x dividiert. Beidseitiges Dividieren durch die Variable x ist keine Äquivalenzumformung.
Dividierst du durch x, entsteht aus der quadratischen Gleichung eine lineare Gleichung mit nur mehr einer Lösung. Die zweite Lösung $x = 0$ geht verloren.

537 a) $x_1 = 0{,}3$; $x_2 = 0$ b) $x_1 = -50$; $x_2 = 0$ c) $x_1 = \frac{31}{125}$; $x_2 = 0$

178 538 a) $L = \{-2; 3\}$ b) $L = \{-1{,}5; 4\}$ c) $L = \{-5; 2{,}5\}$

179 539 a) $L = \{1; 2{,}5\}$ b) $L = \{-2{,}5; 1{,}5\}$ c) $L = \{-1{,}25; 5\}$

180 540 a) (1) z.B. $q = 8$ (2) $q = 9$ (3) z.B. $q = 10$
b) (1) z.B. $c = 24$ (2) $c = 25$ (3) z.B. $c = 26$

181 541 a) B; –; A; C; – b) A; C; –; –; B

542 C – A – D – B

543 a) $L = \{0; 6\}$ b) $L = \{3; 7\}$ c) $L = \{-3.5; 3.5\}$ d) $L = \left\{1; \frac{4}{3}\right\}$

182 544 a) $x_1 = 2{,}5$; $x_2 = -2{,}5$ b) $x_1 = 2{,}5$; $x_2 = -2{,}5$ c) $x_1 = 5$; $x_2 = -5$ d) $x_1 = 7$; $x_2 = -7$

545 a) $x_1 = 0$; $x_2 = -8$ b) $x_1 = 0$; $x_2 = 3$ c) $x_1 = 0$; $x_2 = -23$ d) $x_1 = 0$; $x_2 \approx 0{,}117$

546 a) $x_1 = 5;\ x_2 = -2$ b) $x_1 = \sqrt{3} + 2;\ x_2 = -\sqrt{3} + 2$
c) $x_1 = 5;\ x_2 = -9$ d) $x_1 = 5;\ x_2 = 10$
e) $x_1 = -(2\sqrt{2} - 3);\ x_2 = 2\sqrt{2} + 3$ f) $x_1 = 2 + 3\sqrt{2};\ x_2 = 2 - 3\sqrt{2}$

547 a) $x_1 = -1{,}5;\ x_2 = -2$ b) $x_1 = 1;\ x_2 = \frac{3}{5}$ c) $x_1 = 1;\ x_2 = -\frac{1}{8}$
d) $x_1 = 6;\ x_2 = -8$ e) $x_1 = 3;\ x_2 = -0{,}6$ f) $x_1 = 1{,}19;\ x_2 = -0{,}34$

548 zwei Nullstellen $\Rightarrow$ zwei Lösungen;
eine Nullstelle $\Rightarrow$ eine Lösung;
keine Nullstelle $\Rightarrow$ keine Lösung
a) (1) $N_1(-\sqrt{3}\,|\,0);\ N_2(\sqrt{3}\,|\,0)$ (2) keine Nullstellen (3) $N(0\,|\,0)$
b) (1) $N_1(3\,|\,0);\ N_2(1\,|\,0)$ (2) $N_1(0{,}65\,|\,0);\ N_2(-4{,}65\,|\,0)$ (3) $N(-2\,|\,0)$
c) (1) $N_1(1{,}5\,|\,0);\ N_2(0{,}5\,|\,0)$ (2) $N(1\,|\,0)$ (3) keine Nullstellen

549 a) zwei Nullstellen b) zwei Nullstellen c) zwei Nullstellen d) keine Nullstelle

550 a) (1) $N_1(0\,|\,0);\ N_2(4\,|\,0)$
(2) $N_1(-2\,|\,0);\ N_2(2\,|\,0)$
b) (1) $N_1(0\,|\,0);\ N_2(18\,|\,0)$
(2) $N_1(-\sqrt{18}\,|\,0);\ N_2(\sqrt{18}\,|\,0)$
c) (1) $N_1(0\,|\,0);\ N_2(-9\,|\,0)$
(2) keine Nullstellen

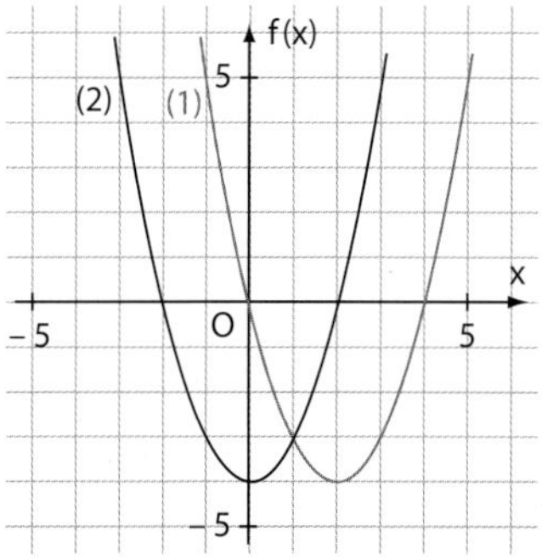

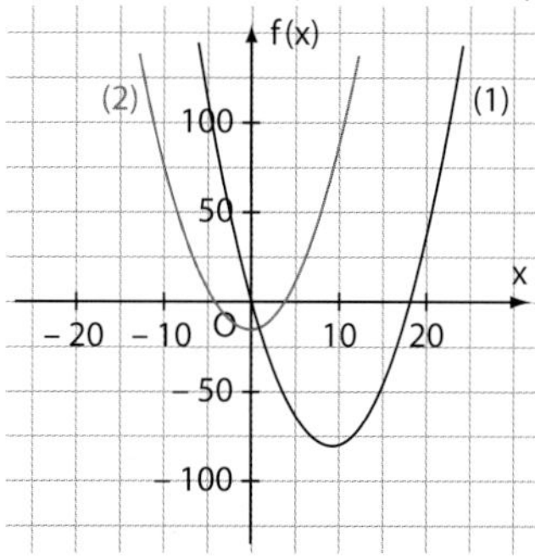

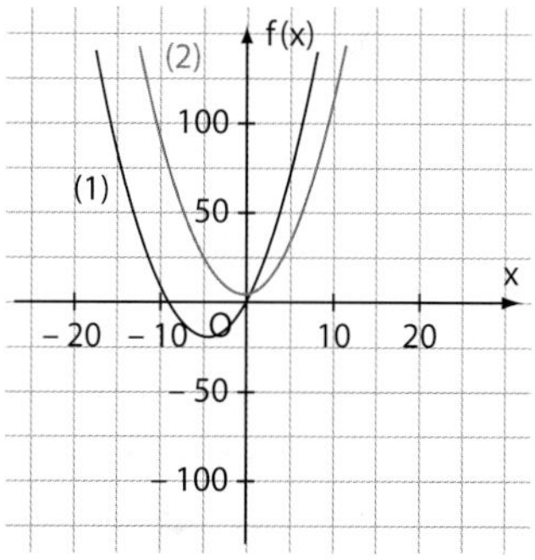

551 B – C – A – D

552 a) $L = \left\{-\frac{1}{4}; 1\right\}$ b) $L = \{\ \}$ c) $L = \mathbb{R}$ d) $L = \left\{-1; \frac{1}{7}\right\}$

553 a) $L = \left\{-\frac{1}{2}; 2\right\}$ b) $L = \{\ \}$ c) $\left\{-\frac{1}{4}; 0\right\}$ d) $L = \{-1; 1\}$

554 a) $L = \{3{,}41; -2{,}81\}$ b) $L = \{0{,}81; -4{,}31\}$ c) $L = \{0{,}09; 10{,}91\}$ d) $L = \{0{,}26; 5{,}74\}$

555 a) $L = \{3; 4\}$ b) true, $L = \mathbb{R}$ c) $L = \{-1\}$ d) false, $L = \{\,\}$

183

556 $$a\cdot\left(\frac{-b+\sqrt{b^2-4ac}}{2a}\right)^2+b\cdot\left(\frac{-b+\sqrt{b^2-4ac}}{2a}\right)+c=0$$
$$\frac{\left(-b+\sqrt{D}\right)^2}{4a}+\frac{-b^2+b\cdot\sqrt{D}}{2a}+c=0$$
$$\frac{b^2-2b\sqrt{D}+D}{4a}+\frac{-2b^2+2b\cdot\sqrt{D}}{4a}+\frac{4ac}{4a}=0$$
$$b^2-2b\sqrt{D}+D-2b^2+2b\cdot\sqrt{D}+4ac=0$$
$$-b^2+b^2-4ac+4ac=0$$
$$0=0$$

$$a\cdot\left(\frac{-b-\sqrt{b^2-4ac}}{2a}\right)^2+b\cdot\left(\frac{-b-\sqrt{b^2-4ac}}{2a}\right)+c=0$$
$$\frac{\left(-b-\sqrt{D}\right)^2}{4a}+\frac{-b^2-b\cdot\sqrt{D}}{2a}+c=0$$
$$\frac{b^2+2b\sqrt{D}+D}{4a}+\frac{-2b^2-2b\cdot\sqrt{D}}{4a}+\frac{4ac}{4a}=0$$
$$b^2+2b\sqrt{D}+D-2b^2-2b\cdot\sqrt{D}+4ac=0$$
$$-b^2+b^2-4ac+4ac=0$$
$$0=0$$

557 Der Grünstreifen muss 8 m breit sein.

558 Sie fliegen mit 180 km/h bzw. mit 234 km/h.

184

559 Der Umfang beträgt 88,81 m.

560 1,618

561 26

562 (1) a) Nach 0,09 Sekunden und nach 11,12 Sekunden.
b) Nach 0,28 Sekunden und nach 10,93 Sekunden.
c) Nach 0,47 Sekunden und nach 10,73 Sekunden.
(2) Nach 11,21 Sekunden schlägt der Körper wieder am Boden auf. Diese Stelle entspricht der zweiten Nullstelle der Funktion.

563 (1) 12,51 m
(2) Die Formel vernachlässigt z. B. Luftreibung und Wind.

185

564 (1) Höchstpreis 3000 GE; Sättigungsmenge $x = 3000$
(2) $D = [0; 3000]$
(3) Maximaler Preis bei 1000 Stück, Preis 4000 GE

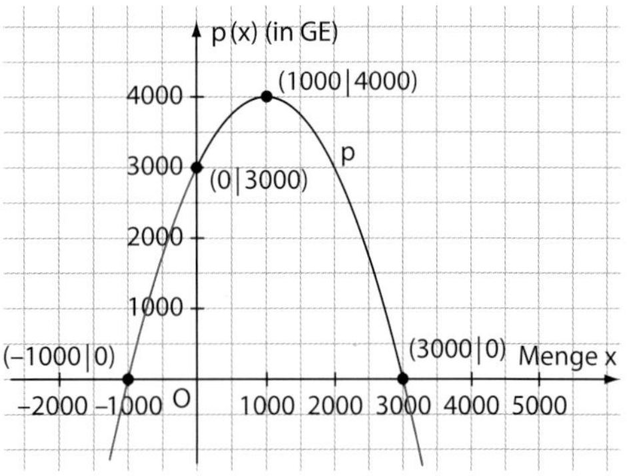

565 (1) bei $p = 500$ GE
(2) bei $x = 2500$ Stück; $D = [0; 2500]$
(3) $E(x) = (500 - 0{,}2x)\,x = 500x - 0{,}2x^2$
Für $x = 0$ und $x = 2500$. Für 1250 Stück ist der Erlös am größten und beträgt 312 500 GE. Der Preis pro Stück ist dann 250 GE.

566 (1) Für Mengen zwischen 250 und 1000 Stück
(2) Für 625 Stück ist der Gewinn am größten; er beträgt 140 625 GE.
(3) $G(0)$ ist der Gewinn bzw. Verlust bei 0 produzierten Waren. Es ist ein Verlust von 250 000 GE.

5 Quadratische Gleichungen mit Parametern

567 trifft zu – trifft zu – trifft zu – trifft nicht zu – trifft zu 186

568 B – E – A – D

569 (1) $x_{1,2} = \frac{a}{2} \pm \sqrt{\frac{a^2}{4} - 24}$ 187
für $a = -1$: keine Lösung, für $a = 2$: keine Lösung
Eine Lösung bei
$a_1 = 4 \cdot \sqrt{6} \Rightarrow x = 2 \cdot \sqrt{6}$
$a_2 = -4 \cdot \sqrt{6} \Rightarrow x = -2 \cdot \sqrt{6}$
(2) $x1,2 = 5 \pm \sqrt{25 - 2a}$
für $a = -1$: $x_1 = 10{,}20$ $x_2 = -0{,}20$; für $a = 2$: $x_1 = 9{,}58$ $x_2 = 0{,}42$
Eine Lösung bei
$a = 12{,}5 \Rightarrow x = 5$
(3) $x_{1,2} = -\frac{1}{2} \pm \sqrt{\frac{1}{4} - \frac{4}{a}}$
für $a = -1$: $x_1 = 2{,}56$ $x_2 = -1{,}56$; für $a = 2$: keine Lösung
Eine Lösung bei
$a = 16 \Rightarrow x = 0{,}5$

570 a) Es existiert kein p, bei dem es nur eine Lösung gibt.
b) $q = \frac{49}{4}$, $x = -\frac{7}{2}$
c) $b_1 = 8 \cdot \sqrt{2} \Rightarrow x = 2 \cdot \sqrt{2}$
$a_2 = -8 \cdot \sqrt{2} \Rightarrow x = -2 \cdot \sqrt{2}$
d) $a = -\frac{4}{5}$, $x = -\frac{5}{2}$
e) $c = -27$, $x = -3$
f) $a = -4$, $x = \frac{5}{2}$

571 a) $a = -36$; $x = 0{,}5$ b) $s = -15$; $x = 1$ c) $k = -7{,}68$; $x = 1{,}25$ 188
d) $a = -32$; $x = 2$ e) $u = 0$; $x = 0$ f) $m = 0$; $x = 0$

572 $D = \frac{3}{2} - a$. Ist a negativ, so ist D positiv, d. h. es existieren zwei reelle Lösungen.

573 $s^2 = 4t$

574 (1) $x_1 = \sqrt{\frac{a}{2}}$ $x_2 = -\sqrt{\frac{a}{2}}$ Ist a positiv, so gibt es genau zwei reelle Lösungen. Ist a negativ, existiert keine reelle Lösung. Ist a null, ist x = 0 die einzige Lösung.

(2) $x_1 = \sqrt{\frac{a-2}{2}}$ $x_2 = -\sqrt{\frac{a-2}{2}}$ Ist a > 2, so gibt es genau zwei reelle Lösungen. Ist a < 2, existiert keine reelle Lösung. Ist a = 2, ist x = 0 die einzige Lösung.

(3) $x_1 = \frac{-1+\sqrt{1+8a}}{4}$ $x_2 = \frac{-1-\sqrt{1+8a}}{4}$ Ist $a > -\frac{1}{8}$, so gibt es genau zwei reelle Lösungen. Ist $a < -\frac{1}{8}$, existiert keine reelle Lösung. Ist $a = -\frac{1}{8}$, ist $x = -\frac{1}{4}$ die einzige Lösung.

575 (1) a = 0, x = 4 (2) a = 0, x = 5 (3) a = −9, x = 0 (4) a = −6,25, x = 0,5

576

a%	Katheten x	verbleibende Tischfläche	Umfang der Tischplatte
10	25,98	12150	419,12
20	36,74	10800	393,91
30	45	9450	374,56
40	–	–	–
50	–	–	–
a	$8{,}22 \cdot \sqrt{a}$	$\left(1 - \frac{a}{100}\right) \cdot 13\,500$	$480 - 19{,}25\sqrt{a}$

$0 < x \leq 45$; $0 < a \leq = 30$

577 $a = \frac{b}{2} + \frac{b}{2} \cdot \sqrt{5} = \left(1 + \sqrt{5}\right) \cdot \frac{b}{2}$

b = 20 cm: a = 32,36 cm; b = 50 cm: a = 80,90 cm; b = 1 m: a = 1,62 m

189

578 a) $a^2 - ab - b^2 = 0$

$a_{1,2} = \frac{b}{2} \pm \frac{b}{2}\sqrt{5}$

(Der Wert für das negative Vorzeichen ist in geometrischen Aufgaben ohne Bedeutung, da er auf negative Strecken führen würde.)

$\frac{a}{b} = \frac{1}{2} + \frac{1}{2}\sqrt{5} \approx 1{,}618$

b) $b = \frac{1}{1{,}618}a$

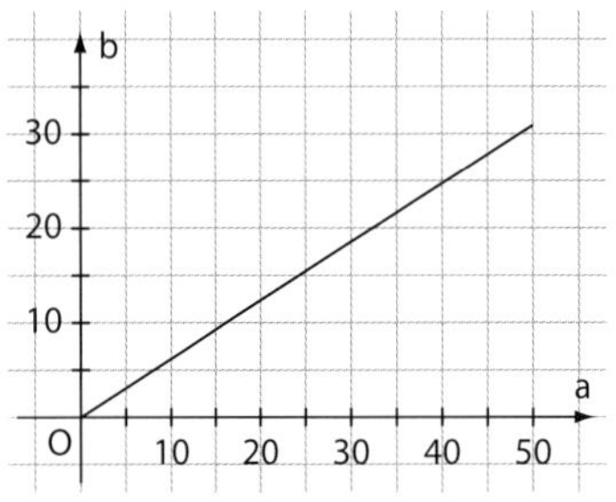

a	8.09	16,18	24,27	32,36	40,45	48,54	56,63	64,72	72,81	80,9
b	5	10	15	20	25	30	35	40	45	50
a + b	13,09	26,18	39,27	52,36	65,45	78,54	91,63	104,72	117,81	130,9

c) 112,5 cm

6 Die Satzgruppe von Vieta

579 a) $x^2 - 4 = 0$ c) $x^2 - 0{,}0625 = 0$ e) $x^2 - 12{,}25 = 0$ 191
b) $x^2 - 5{,}29 = 0$ d) $x^2 - 100 = 0$ f) $x^2 - 0{,}2025 = 0$

580 a) $x^2 - 8x + 15 = 0$ b) $x^2 + 3x - 4 = 0$ 192
c) $x^2 + 0{,}25x - 1{,}875 = 0$ d) $x^2 - 10x + 16 = 0$

581 C – A – D – B

582 a) $(x - 7)(x + 3)$ b) $(x - 4)(x + 1)$ c) $(x - 9{,}5)(x + 9{,}5)$ d) $(x - 12{,}6)(x + 12{,}6)$

583 a) $L = \{-2; 5\}$ b) $-2 + \sqrt{11}, -2 - \sqrt{11}$ (1,32; –5,32;) c) $L = \{4\}$
d) nicht möglich in $\mathbb{R}$, e) $L = \left\{1; -\frac{5}{2}\right\}$ f) $L = \left\{\frac{1}{2}; -\frac{5}{2}\right\}$
Hinweis: Das Ergebnis des Faktorisierens ist abhängig vom verwendeten CAS.
Beachte, dass die Einstellung *Exakt* eine andere Darstellung des Ergebnisses ergibt als die Einstellung *Numerisch*.

584 a) $(2x - 3)(3x + 5)$ b) $(x + 2)(2x - 3)$ c) $(1{,}5x - 7{,}5)(x - 7)$ d) $(-5x + 5)(x - 2)$

585 B – E – F – A

586 (1) $x_1 + x_2 = -\frac{b}{a}$ (2) $x_1 \cdot x_2 = \frac{c}{a}$ (3) $(x - x_1)(x - x_2) = x^2 + \frac{b}{a}x + \frac{c}{a}$

587 a) $q = 125;\ x_2 = 25$ b) $q = -7;\ x_2 = 3{,}5$ c) $q = -2;\ x_2 = 0{,}5$
d) $p = -\frac{2}{15};\ x_2 = \frac{9}{5}$ e) $p = -7;\ x_2 = -2$ f) $p = \frac{24}{5};\ x_2 = \frac{1}{5}$

588 E – C – B – A 193

589 Die Aussagen 1 und 4 sind wahr.

590 $a(x - x_1)^2 = 0$, vollständiges Quadrat, z. B. $(x - 3)^2 = 0$

591 a) $x_1 = -5;\ x_2 = 8;\ b = -6$
b) $x_1 = \frac{7}{2};\ x_2 = -\frac{3}{2};\ b = -8$
c) $x_1 = 2;\ x_2 = -6;\ a = 3$
d) $x_1 = -3;\ x_2 = 7;\ a = 2$

592 –

593 –

594 a) $\frac{x - 3}{x - 5}$ b) $\frac{-x - 4}{x + 1}$ c) $\frac{3x + 2}{2x - 3}$

Typ-2-Aufgaben Gleichungen

196

595 a) $-40\,°C = -40\,°F$; $C = \frac{5}{9} \cdot F - \frac{160}{9}$

b) $C \approx -17{,}8$. Bei rund $-17{,}8\,°C$ liegt der Nullpunkt der Fahrenheitskala.

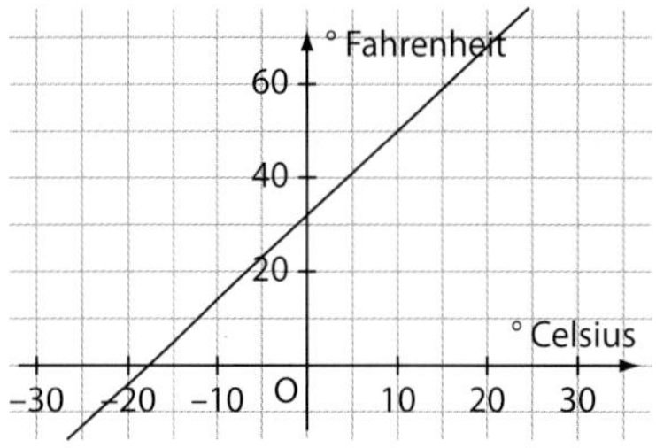

Die Lösung $C \approx -17{,}8$ der Gleichung entspricht der Nullstelle des Graphen von F (C).

c) Lineare Funktion $f(x) = k \cdot x + d$; $k = \frac{9}{5}$ ist die Steigung; $d = 32$ ist der Achsenabschnitt auf der senkrechten Achse.

596 a) rund 156 J; mit 4 m/s = 14,4 km/h

b) (1) E_{kin} oder m; (2) v

c) E_{kin} und m stehen in direkt proportionalem Zusammenhang:

$$E_{kin}(k \cdot m) = \frac{1}{2} \cdot k \cdot m \cdot v^2 = k \cdot \left(\frac{1}{2} \cdot m \cdot v^2\right) = k \cdot E_{kin}(m)$$

Wird die Masse m mit k multipliziert, dann wird auch E_{kin} mit k multipliziert.

197

597 a) Kosten pro Stück

Stückzahl	Kosten pro Stück
100	€ 400,00
120	€ 443,33
140	€ 491,43

Die Kosten pro Stück steigen.

z. B.: Es liegt keine lineare Funktion vor, weil bei gleichem Unterschied der Stückzahl (20 Stück) der Unterschied der Kosten nicht gleich ist (von 100 auf 120 Stück: 43,33 €, von 120 auf 140 Stück: 48,10 €).

b) $a = 3$ und $b = 10\,000$; $50\,000 = 3x^2 + 10\,000$; $x_1 \approx 115{,}47$, $x_2 \approx -115{,}47$. Die negative Lösung hat keine praktische Bedeutung. Bei 115 Stück betragen die Kosten ungefähr 50 000 €.

c)

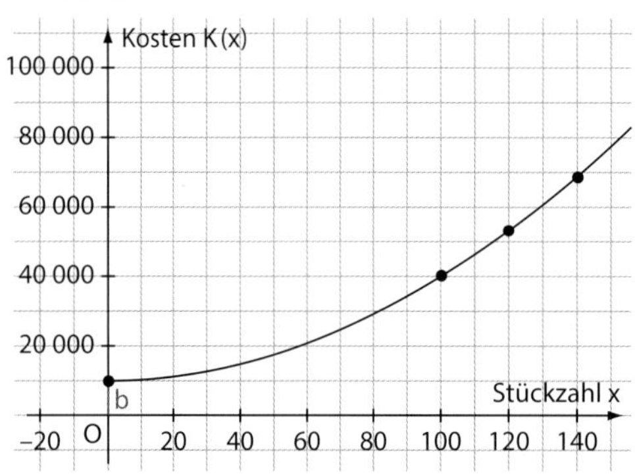

Die Gleichung $a \cdot x^2 + b = 0$ besitzt keine Lösung, weil die Funktion $K(x) = a \cdot x^2 + b$ an der Stelle $x = 0$ ein Minimum hat, im Intervall $]-\infty; 0]$ fällt, im Intervall $[0; \infty[$ steigt, daher die x-Achse nicht schneidet und keine Nullstelle besitzt.

Lineare Gleichungssysteme mit zwei Variablen

1 Eine lineare Gleichung mit zwei Variablen

598 C – A – D – F – G – E – B 198

599 x Stunden im Innendienst, y Stunden im Außendienst; 200
z. B. (0 | 111), (42,5 | 74), (85 | 37); (127,5 | 0); $G = \mathbb{Q}^+ \times \mathbb{Q}^+$;
$L = \{(x|y) \mid 7{,}40x + 8{,}50y = 943{,}50\}$

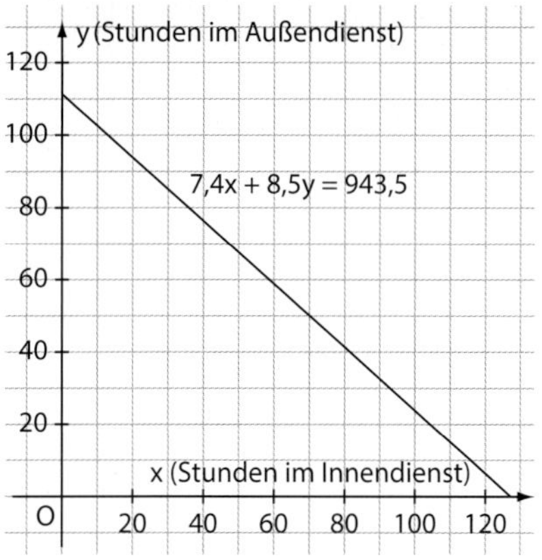

600

x	y
–3	–9
–2	–7
–1	–5
0	–3
1	–1
2	1
3	3

$L = \{(x|y) \mid 4x - 2y = 6\}$

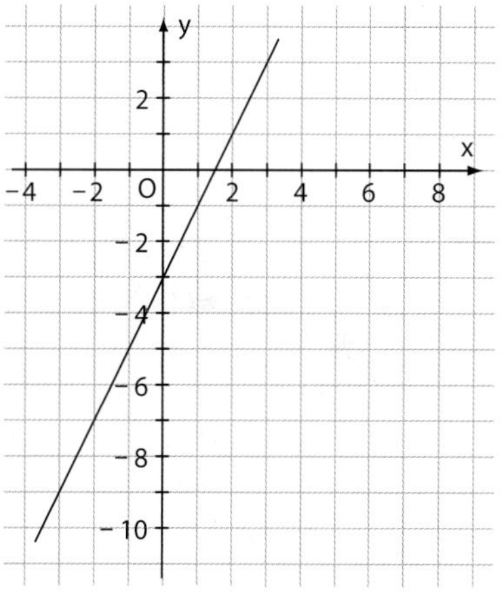

601 (1) $y = -\frac{3}{7}x + \frac{5}{7}$ (2) $4x + 6y = 15$ (3) $y = \frac{4}{5}x + \frac{1}{5}$ 201

602 C – F – B – A

603 Für (1), (2) und (3): $y = -\frac{1}{2}x + 1$ 203

604 a) $(-4|-10)$; $(-3|-8{,}5)$; $(-2|-7)$; $(-1|-5{,}5)$; $(0|-4)$; $(1|-2{,}5)$; $(2|-1)$; $(3|0{,}5)$; $(4|2)$
$L = \{(x|y) \mid 3x - 2y = 8\}$

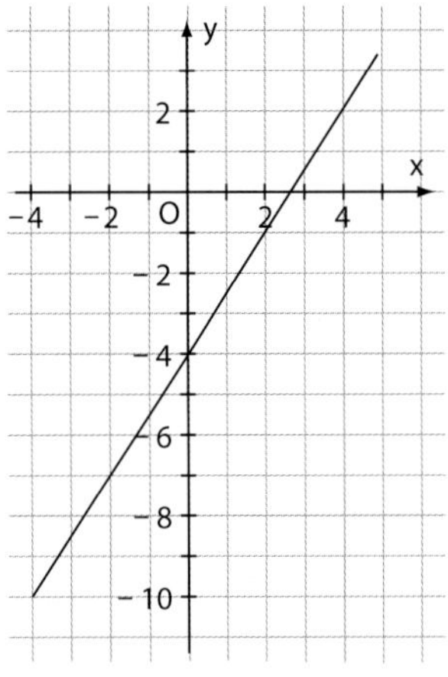

b) $(-4|-1{,}22)$; $(-3|-0{,}78)$; $(-2|-0{,}33)$; $(-1|0{,}11)$; $(0|0{,}56)$; $(1|1)$; $(2|1{,}44)$; $(3|1{,}89)$; $(4|2{,}33)$
$L = \{(x|y) \mid -4x + 9y = 5\}$

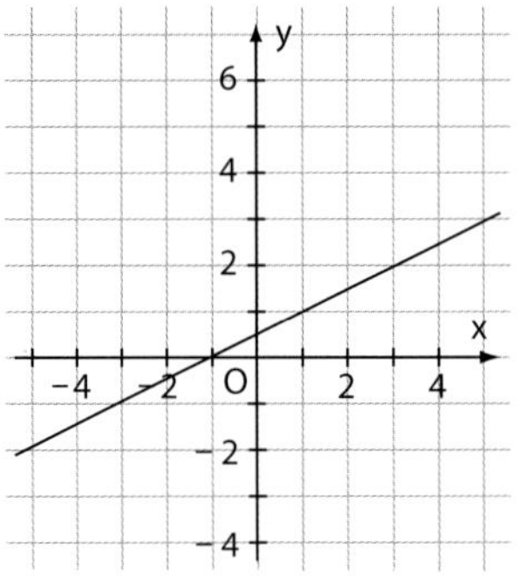

c) $(-4|4{,}5)$; $(-3|4{,}25)$; $(-2|4)$; $(-1|3{,}75)$; $(0|3{,}5)$; $(1|3{,}25)$; $(2|3)$; $(3|2{,}75)$; $(4|2{,}5)$
$L = \{(x|y) \mid 0{,}5x + 2y = 7\}$

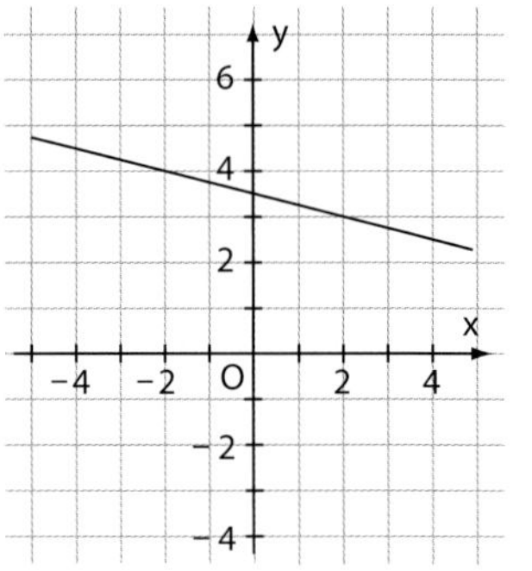

605 a) $(-1|-2)$; $(0|-2)$; $(1|-2)$
$L = \{(x|y) \mid y = -2\}$

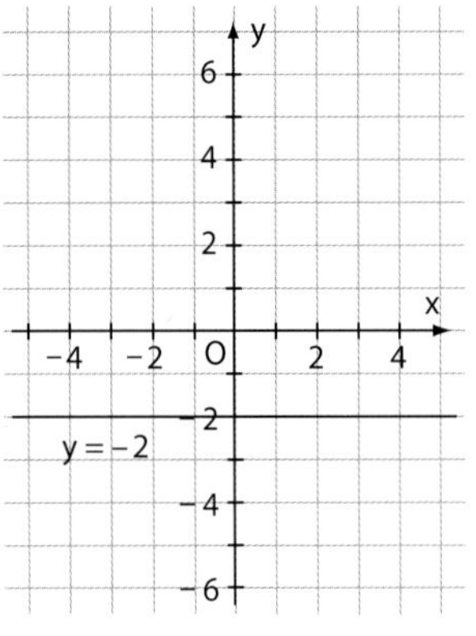

b) $(2|-1)$; $(2|0)$; $(2|1)$
$L = \{(x|y) \mid x = 2\}$

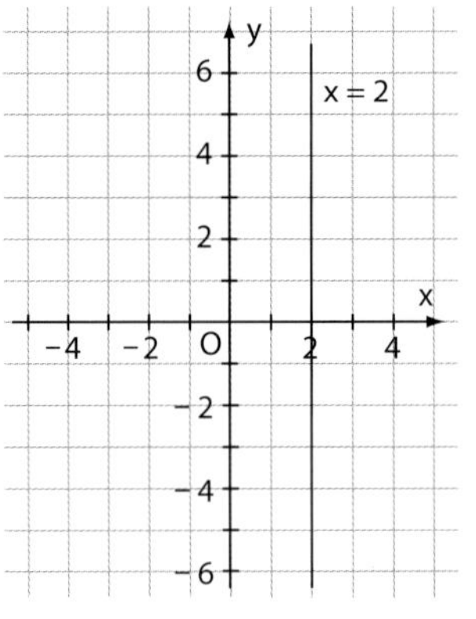

c) $(-1|3)$; $(0|3)$; $(1|3)$
$L = \{(x|y) \mid y = 3\}$

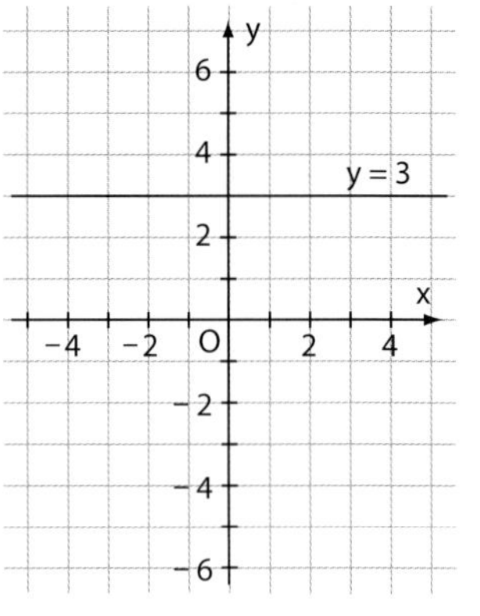

606 $L = \{(x|y) \mid x + y = 42\}$
z. B.: $(0|42)$, $(5|37)$, $(10|32)$, $(15|27)$

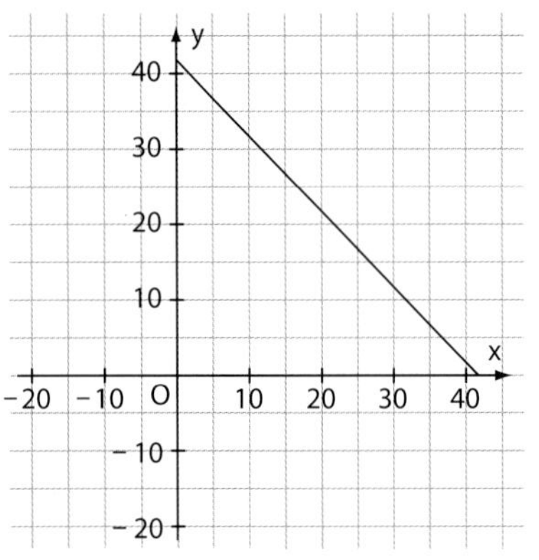

607 $L = \left\{(x \mid y) x + y = \frac{56}{\pi}\right\}$

z. B.: (0 | 17,825 353 6); (1 | 16,825 353 6); (2 | 15,825 353 6); (3 | 14,825 353 6); (4 | 13,825 353 6)

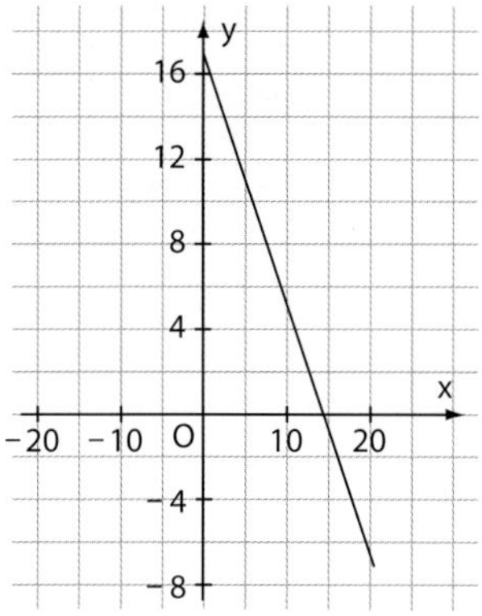

608 a) $y = 2x + 4$; $k = 2$, $d = 4$ b) $y = \frac{3}{4}x + 2$; $k = \frac{3}{4}$, $d = 2$ c) $y = -4x + 3$; $k = -4$, $d = 3$

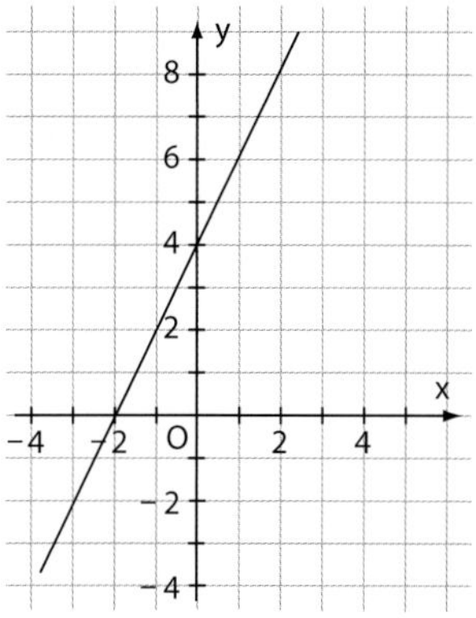

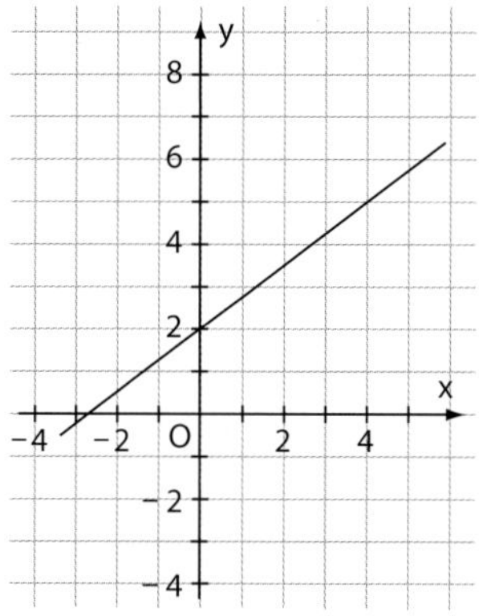

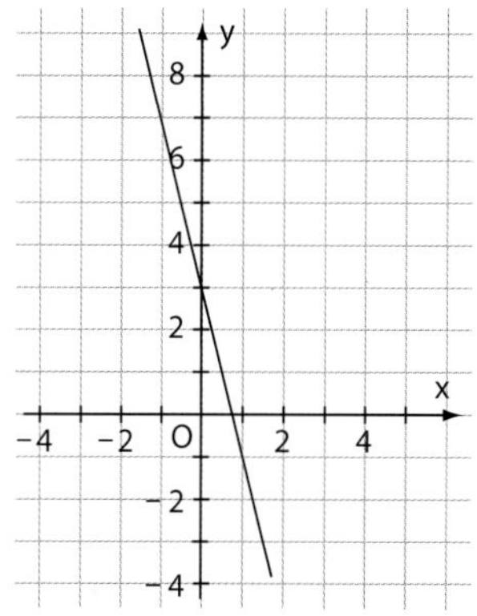

609 a) $y = -\frac{3}{5}x + \frac{8}{5}$ b) $y = -5x + 15$ c) $y = \frac{2}{3}x + 2$

$\alpha = 149°$ $\alpha = 101°$ $\alpha = 34°$

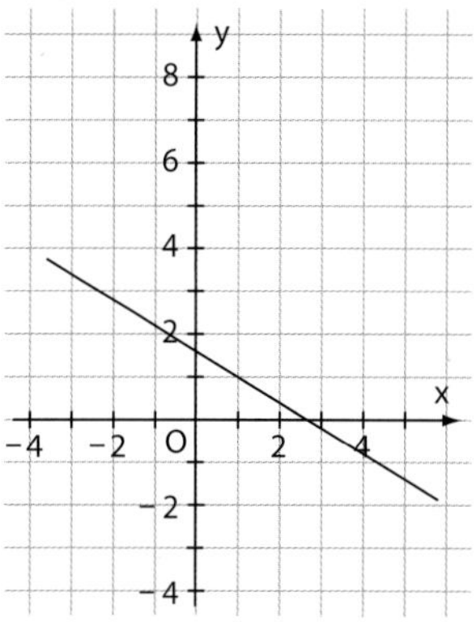

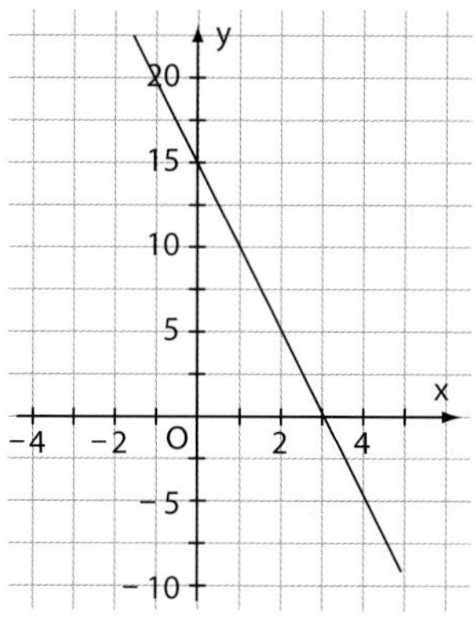

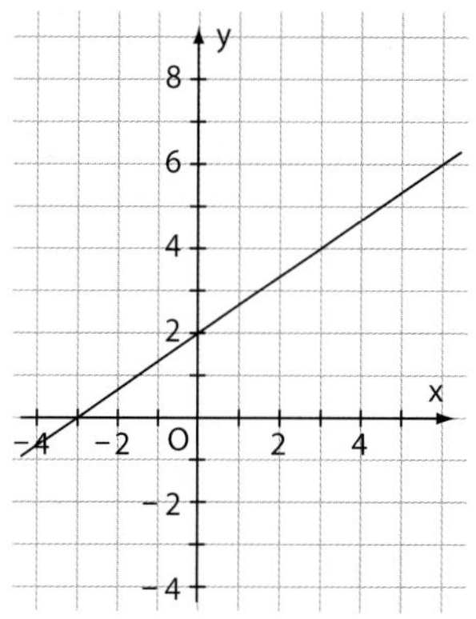

610 a) $12y + 3x = 8$; $24y + 6x = 16$; $48y + 12x = 32$

b) $6y - 12x = -5$; $12y - 24x = -10$; $24y - 48x = -20$

c) $7y - 3x = 63$; $14y - 6x = 126$; $28y - 12x = 252$

203

611 (1) g_3 (2) – (3) g_1 (4) g_4 (5) – (6) g_2 (7) g_5 (8) g_6

612 $4x + 6y = 32$
Rechnerisch:
$y = \frac{16}{3} - \frac{2}{3}x$
Setze für x natürliche Zahlen ein. Als Lösung sind nur jene Zahlenpaare möglich, die auch für y natürliche Zahlen ergeben.
Grafisch:
An den Gitterpunkten können mögliche ganzzahlige Lösungen abgelesen werden. Aufteilungsmöglichkeiten: 4-Bett-Zimmer und 6-Bett-Zimmer
2 und 4; 5 und 2; 8 und 0

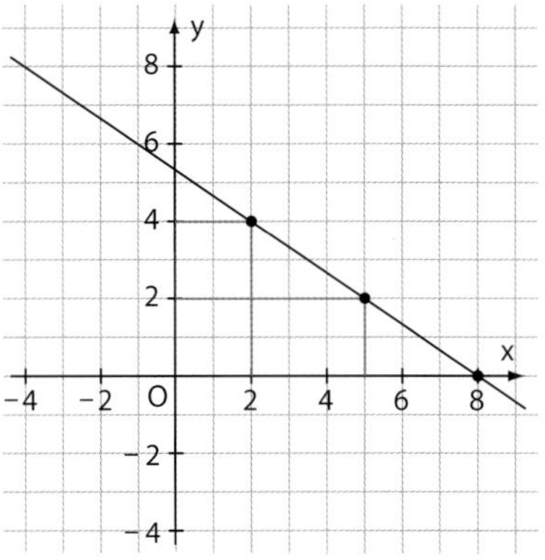

613 Schnittpunkt (15 | 330); bei 15 Stück sind Kosten und Einnahmen gleich goß. Bei größeren Stückzahlen macht das Unternehmen Gewinn.

2 Grafisches Lösen linearer Gleichungssysteme mit zwei Variablen

205 614 a) S (6 | 5)

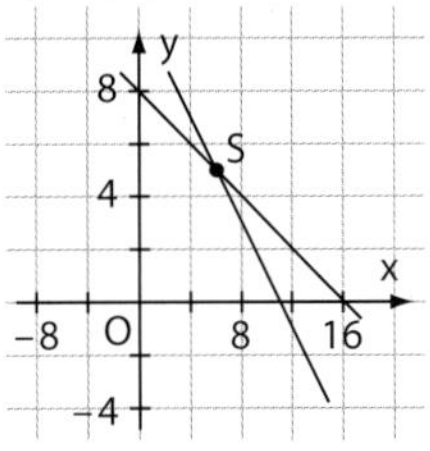

b) S (1 | –2)

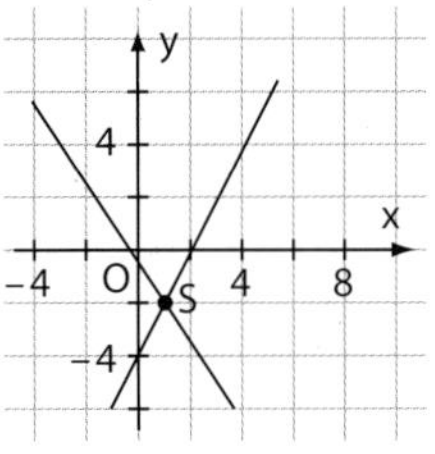

206 615 a) L = {(2 | 0)} Schnittpunkt b) L = { }; parallel
c) L = {(x | y) | 0,5 x – 3,6 y = 8,2}; identisch

616 a) S (–1 | 2) b) S (2,5 | 2) c) S (4 | 1) d) S (1 | 1) e) S (–3 | –2) f) S (–1 | 5)
g) S (–3 | –5) h) S (5,5 | –1,5) i) S (0 | –2,5)

617 a) L = {(x | y) | y = –2,5 x + 1,25}
b) L = {(4,5 | 0)} Schnittpunkt
c) L = { }; parallel

3 Algebraisches Lösen linearer Gleichungssysteme mit zwei Variablen

209 618 a) L = {(1 | 2)} b) L = {(1 | 8)} c) L = {(1 | 0,5)} d) L = {(3 | 4)} e) L = {(1 | 9)} f) L = {(5 | 6)}
g) L = {(–1 | 0,25)} h) L = {(5 | –4)} i) L = {(4 | 2)}

619 a) L = {(1 | –8)} b) L = {(3 | 5)} c) L = {(7 | –7)} d) L = {(–0,5 | 6)}
e) L = { } f) L = {(x | y) | –2x + y = 16}

620 a) $a = -\frac{3}{5}$; $b = -\frac{1}{3}$ b) $a = -7$; $b = -9$ c) $s = -9$; $t = \frac{9}{10}$

210

621 (1) a) keine Lösung für $c \neq \frac{3}{4}$ und $b = 8$
b) eine Lösung für $b \neq 8$ und c beliebig
c) unendlich viele Lösungen für $b = 8$ und $c = \frac{3}{4}$
(2) a) keine Lösung für $a = -3$
b) eine Lösung für $a \neq -3$
c) unmöglich
(3) a) keine Lösung für $a \neq 1$ und $b = -\frac{3}{2}a$
b) eine Lösung für $b \neq -\frac{3}{2}a$
c) unendlich viele Lösungen für $a = 1$ und $b = -\frac{3}{2}$

622 a) $L = \{(5|10)\}$ b) $L = \{(3|0,5)\}$ c) $L = \{(15|8)\}$ d) $L = \{(1|4)\}$ e) $L = \{(7|1)\}$ f) $L = \{(1|1)\}$

623 a) $b = 3$ b) $a = -1$ c) $b = 1,5$

624 (1) $d \in \mathbb{R} \setminus \left\{\frac{8}{5}\right\}$ (2) unmöglich; es gibt keinen entsprechenden Wert für d. (3) $d = \frac{8}{5}$

625 $x = 5, \ y = 12$

626 $x = 27, \ y = 9$

627 a) $\alpha = \beta = 65°; \ \gamma = 50°$ b) $\alpha = \beta = 80°; \ \gamma = 20°$

628 I: $y = 100x$
II: $y = 66 - 80x$
$x = \frac{11}{30} \rightarrow$ nach $0,3\dot{6}$ h bzw. nach 22 Minuten treffen die Fahrzeuge einander
$y = \frac{110}{3} \rightarrow \sim 36,7$ km von Amstetten entfernt

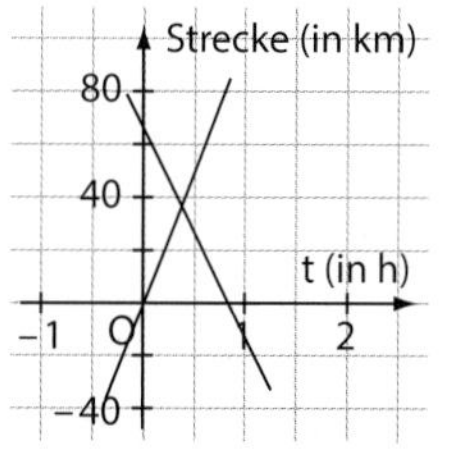

211

629 I: $y = 72x$
II: $y = 54 - 58x$
$x = \frac{27}{65} \rightarrow$ nach 0,42 h bzw. nach rund 25 Minuten treffen die beiden Züge einander
$y = \frac{1944}{65} \rightarrow$ rund 30 km von Graz entfernt treffen die Züge einander

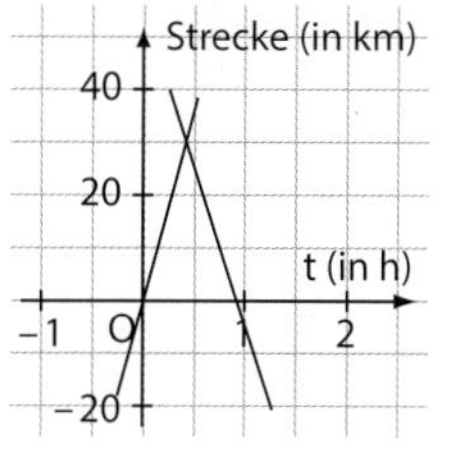

630 a) Herr Steinkogler; der andere Kollege hat ein Grundgehalt von € 1166,67.
b) Der Anteil des Kollegen am Umsatz beträgt 6,7 %, ist also höher als der prozentuelle Anteil, den Herr Steinkogler bezieht.
b) Bei einem Umsatz von € 16 250 erhalten beide ein Gehalt von € 2250.

631 B – – – A – B – C – C

632 a) (–1|2); (3|4); (4|–2) b) (0|5,5); (–7,2|–2,3); (6|1) c) (6|6); (–4|–6); (6|–4)

Trigonometrie

1 Sinus und Cosinus in rechtwinkligen Dreiecken

213 **633** Katheten: d, f, k, s, t; Hypotenusen: e, h, r; weder Kathete noch Hypotenuse: m, n, p

634 B – A – C – F

214 **635** a) $x = 6$ b) $y = 20$ c) $z = 10$

636 C – B – A – E

637 (1) a) 0,63 m b) 0,77 m c) 0,035 m
(2) –

215 **638** a) (1) $z = 55{,}86\,\text{m}$; $x \approx 4{,}33\,\text{m}$; $y \approx 55{,}69\,\text{m}$
(2) 0,17 m
b) –

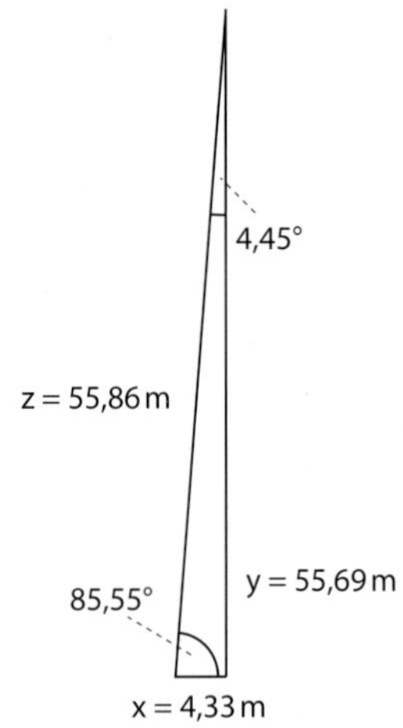

216 **639** (1)

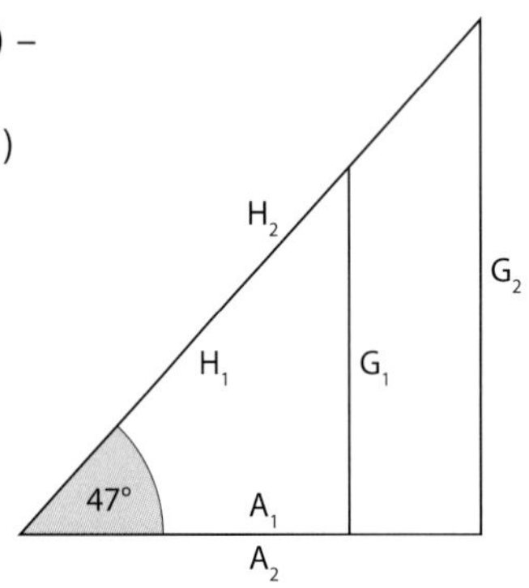

$\frac{G}{H} = \frac{3{,}66}{5} = \frac{5{,}12}{7} \approx 0{,}73$ $\frac{A}{H} = \frac{3{,}41}{5} = \frac{4{,}77}{7} \approx 0{,}68$

$\sin(47°) = 0{,}73$ $\cos(47°) = 0{,}68$

(2) –

640 a) (1) 0,5 (2) 0,87 b) (1) 0,74 (2) 0,67 c) (1) 1 (2) 1

641 a) 55,69 m b) 4,35 m c) 0,17 m

642 a) (1) 42,04 m b) (1) 46,03 m; $h = 21{,}54\,\text{m}$
(2) 37,36 m (2) 36,98 m; $h = 35{,}65\,\text{m}$
(3) 50,23 m (3) 10,48 m; $h = 50{,}89\,\text{m}$

217 **643**

	$\sin(90° - \alpha)$	$\cos\alpha$	$\cos(90° - \alpha)$	$\sin\alpha$
10°	0,98	0,98	0,17	0,17
20°	0,94	0,94	0,34	0,34
45°	0,71	0,71	0,71	0,71
60°	0,5	0,5	0,87	0,87
80°	0,17	0,17	0,98	0,98
90°	0	0	1	1
0°	1	1	0	0

Im rechtwinkligen Dreieck ($\gamma = 90°$) ergänzen sich die Winkel α und β auf 90°. D. h. $\beta = 90° - \alpha$
Die Grafik zeigt: $\sin\alpha = \cos\beta = \cos(90° - \alpha)$
$\cos\alpha = \sin\beta = \cos(90° - \alpha)$

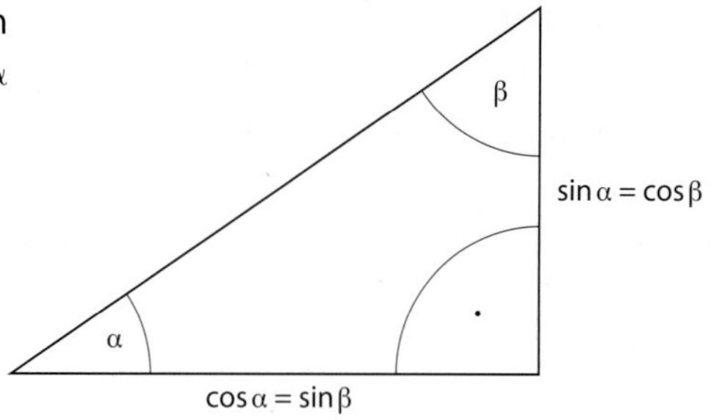

644 a) 0,60 b) 0 c) 0,71 d) 0,71 e) 0,89 f) 0,78

645 z. B. sin (0°) = cos (90°), sin (10°) = cos (80°) usw.

Winkel	sin	cos
0°	0	1
10°	0,17364818	0,98480775
20°	0,34202014	0,93969262
30°	0,5	0,8660254
40°	0,64278761	0,76604444
50°	0,76604444	0,64278761
60°	0,8660254	0,5
70°	0,93969262	0,34202014
80°	0,98480775	0,17364818
90°	1	0

646 a) a = 4 cm, b = 3 cm, $\beta = 36{,}87°$
b) c = 5,33 cm, a = 4,27 cm, $\beta = 36{,}87°$
c) c = 11,57 cm, a = 9,7 cm, $\alpha = 57°$
d) c = 3 km, b = 2,75 km, $\beta = 66{,}42°$
e) a = 4,55 cm, b = 11,1 cm, $\alpha = 22{,}3°$
f) c = 6,15 cm, b = 4,59 cm, $\alpha = 41{,}8°$

647 a) a = 2,58 cm, b = 4,29 cm, $\beta = 59°$
b) a = 5,93 cm, b = 5,07 cm, $\beta = 36{,}87°$
c) a = 14,69 cm, b = 0,46 cm, $\beta = 1{,}8°$

648 richtig – falsch
richtig – falsch

649 a) w = 26,1 b) x = 100,4 c) y = 18,0 d) z = 0,84

650 a) 45 mm, 78 mm b) 8,7 cm, 4,3 cm c) 34,5 m, 34,2 m d) 31 mm, 77 mm
e) 15,3 cm, 10,4 cm f) 156 m, 33 m

651 a) Der Inkreismittelpunkt eines Dreiecks ist der Schnittpunkt der Winkelsymmetralen.
Die Diagonalen in einem Quadrat bilden einen rechten Winkel und halbieren sich.
Die Diagonale eines Quadrats mit der Seitenlänge a hat die Länge $\sqrt{2}\,a$.

218

b) $r = 0{,}29 \cdot a$

$\cos(22{,}5) = \dfrac{\frac{a}{2} \cdot \sqrt{2}}{H} \Rightarrow H = 0{,}77 \cdot a$

$\sin(22{,}5) = \dfrac{r}{0{,}77 \cdot a} \Rightarrow r = 0{,}29 \cdot a$

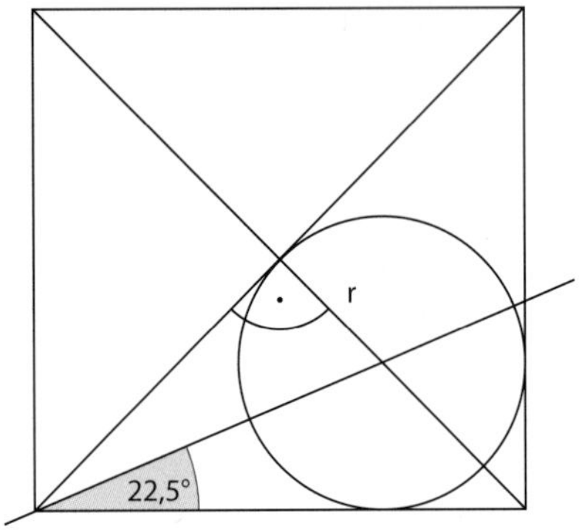

652 a) Höhenunterschied: 45 cm. Die Rampe ist rund 8,6 m lang.

b) Neigungswinkel α, Höhenunterschied h, waagrechte Entfernung e, Länge der Schräge s: $\sin(\alpha) = \frac{h}{e} = \frac{2h}{2e}$ bzw. $\cos(\alpha) = \frac{h}{s} = \frac{2h}{2s}$

219

653 (1) Beleuchtete Fläche: Lampe in 8 m Höhe – 26,64 m^2; Lampe in 6 m Höhe – 14,98 m^2; Verringerung um 43,75 %

(2) 125 bzw. 167

(3) Das Stahlseil muss 10,49 m lang sein.
Die Lampe hängt in einer Höhe von 5,82 m. Der Basisdurchmesser des erzeugten Lichtkegels (50 % Beleuchtungsstärke) ist 11,63 m lang, die Straße mit den beiden Gehsteigen ist 10,5 m breit und wird daher ausreichend beleuchtet.

2 Sinus und Cosinus für alle Winkel

220

654 A – E – F – D

655 B – D – F – A – E – C

121

656 falsch – richtig – falsch – falsch – richtig

222

657 $\sin(130°) = \sin(180° - 130°) = \sin(50°) = 0{,}766$

658 (1) $\sin(200°) = -\sin(200° - 180°) = -\sin(20°) = -0{,}34$

(2) $\cos(200°) = -\cos(200° - 180°) = -\cos(20°) = -0{,}94$

223

659

Winkel	Zeiger weist in den	$\sin\alpha$	$\cos\alpha$
$0° < \alpha < 90°$	1. Quadranten	positiv	positiv
$90° < \alpha < 180°$	2. Quadranten	positiv	negativ
$180° < \alpha < 270°$	3. Quadranten	negativ	negativ
$270° < \alpha < 360°$	4. Quadranten	negativ	positiv

660 (1) $\sin(0°) = \sin(180°) = 0$; (2) $\cos(90°) = \cos(270°) = 0$

	$\sin\alpha$	$\cos\alpha$
0°	0	1
90°	1	0
180°	0	−1
270°	−1	0

661 a) $\sin(105°) = \sin(75°)$ b) $\sin(150°) = \sin(30°)$ c) $\sin(225°) = -\sin(45°)$
d) $\sin(300°) = -\sin(60°)$ e) $\cos(105°) = -\cos(75°)$ f) $\cos(150°) = -\cos(30°)$
g) $\cos(225°) = -\cos(45°)$ h) $\cos(300°) = \cos(60°)$

662 Positiv: d, f, g, h, l; negativ: a, b, c, e, i, j, k

663 Für Winkel zwischen 0° und 90° sowie zwischen 180° und 270°

664 Nein, es gibt keinen Winkel, für den $\sin(\alpha) = \cos(\alpha) = 0$ gilt. Es gibt keine Zeigerstellung, bei der der Schatten bei waagrechtem und senkrechtem Lichteinfall verschwindet.

665 a) zeilenweise: falsch – richtig; richtig – falsch; richtig
b) 210°; 330° c) 60°; 300° d) 120°; 240° e) 44,427°; 135,573° f) 134,43°; 225,57°

666 a) 30° und 150° b) 210° und 330° c) 60° und 300° d) 120° und 240°
e) 81,9° und 98,1° f) 261,9° und 278,1° g) 45,6° und 314,4° h) 134,4° und 225,6°

223

667 Pro Minute, die die beiden Zeiger gegen den Uhrzeigersinn auseinanderliegen, ergibt sich ein Winkel von 6°.
a) 30°; 0,87 b) 78°; 0,21 c) 48°; 0,67 d) 6°; 0,99 e) 54°; 0,59 f) 0,91

668 a) 0,99 b) 0,67 c) 0,10 d) 0,95

669 a) 228°; −0,74; −0,67 b) 180°; 0; −1 c) 192°; −0,21; −0,98
d) 132°; 0,74; −0,67 e) 102°; 0,98; −0,21

670 a) und b)
Kamera A: 45°, 0,707 km nördlich von Weg B, 0,707 km östlich von Weg A
Kamera B: 22,5°, 0,383 km nördlich von B, 0,924 km östlich von A
Kamera C: 225°, 0,707 km südlich von B, 0,707 km westlich von A
Kamera D: 112,5°, 0,924 km nördlich von B, 0,383 km westlich von A
Kamera E: 337,5°, 0,383 km südlich von B, 0,924 km östlich von A
Positives Vorzeichen entspricht nördlicher bzw. östlicher Lage, negatives Vorzeichen südlicher bzw. westlicher Lage.
c) –

671

α	$\sin(\alpha - 90°)$	$-\cos(\alpha)$	$\cos(\alpha - 90°)$	$\sin(\alpha)$
110°	0,34	0,34	0,94	0,94
200°	0,94	0,94	−0,34	−0,34
280°	−0,17	−0,17	−0,98	−0,98
20°	−0,94	−0,94	0,34	0,34
90°	0	0	1	1
180°	1	1	0	0
270°	0	0	−1	−1
0°	−1	−1	0	0
360°	−1	−1	0	0

$\sin(\alpha - 90°) = -\cos(\alpha)$

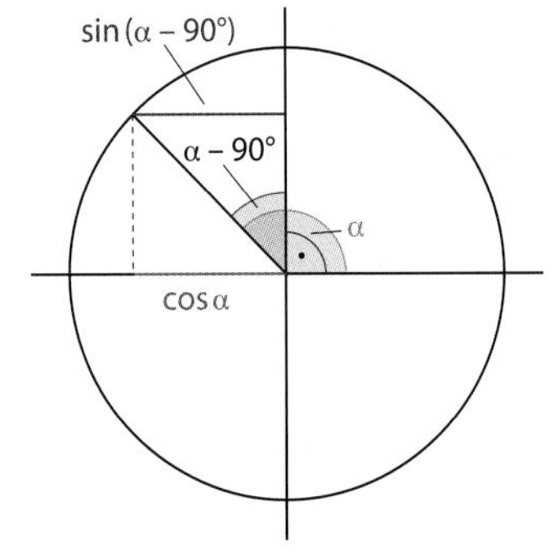

Im Zeigerdiagramm sind die Strecken sin (α − 90°) und cos α gleich lang. Liegt, so wie in diesem Zeigerdiagramm, α im 2. Quadranten, dann liegt α − 90° im 1. Quadranten. sin (α −90°) ist dann eine positive Zahl, cos α eine negative Zahl.

$\cos(\alpha - 90°) = \sin(\alpha)$

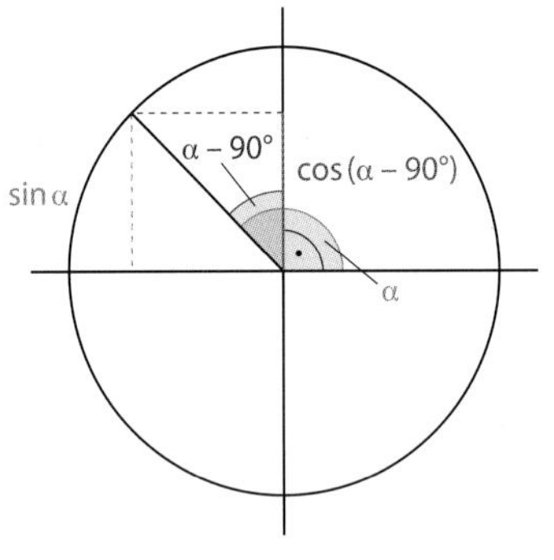

Im Zeigerdiagramm sind die Strecken cos (α − 90°) und sin α gleich lang. Liegt, so wie in diesem Zeigerdiagramm, α im 2. Quadranten, dann liegt α − 90° im 1. Quadranten. Sowohl sin (α −90°) als auch cos α sind positiv.

3 Der Tangens

672 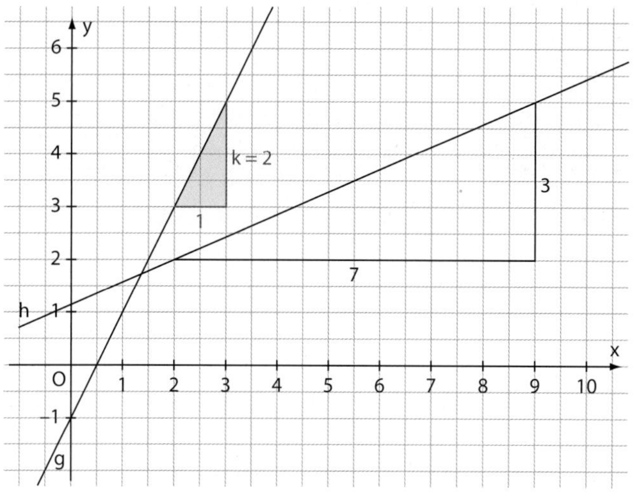

225

a) Der Anstieg der Geraden g beträgt 2.

b) Der Anstieg der Geraden h beträgt $\frac{3}{7} \cdot k = \frac{\Delta y}{\Delta x}$ (Differenzenquotient)

673 tan (50) = 1,19; tan (100) = –5,67 226

674 Wegen $\sin(\alpha) = \frac{\text{Gegenkathete}}{\text{Hypotenuse}}$ und $\cos(\alpha) = \frac{\text{Ankathete}}{\text{Hypotenuse}}$ gilt:

$$\tan(\alpha) = \frac{\sin(\alpha)}{\cos(\alpha)} = \frac{\frac{\text{Gegenkathete}}{\text{Hypotenuse}}}{\frac{\text{Ankathete}}{\text{Hypotenuse}}} = \frac{\text{Gegenkathete} \cdot \text{Hypotenuse}}{\text{Ankathete} \cdot \text{Hypotenuse}} = \frac{\text{Gegenkathete}}{\text{Ankathete}}$$

675 ≈ 21 %

676 1. Quadrant: positiv; 2. Quadrant: negativ; 3. Quadrant: positiv; 4. Quadrant: negativ 227

677 tan (0°) = tan (180°) = 0 wegen sin (0°) = sin (180°) = 0
tan (90°) bzw. tan (270°) ist nicht definiert wegen cos (90°) = 0 bzw. cos (270°) = 0

678 Höhenwinkel: b, d, f; Tiefenwinkel: a, c, e 228

679 a) positiv b) negativ c) negativ d) positiv e) negativ

680 3,50 km

681 1,94 km = ca. 1940 m

682 a) 0,21 b) 1 c) 2,14 d) 11,43 229

683 A – D – F – B

684 a) 0,06 b) 13,37 m c) 21,39 m

685 97 m

686 a) $b = 71$ mm; $c = 87$ mm; $\beta = 55°$ b) $a = 31{,}55$ m; $c = 33{,}17$ m; $\beta = 18°$
c) $b = 212$ m; $c = 1219$ m; $\alpha = 80°$ d) $a = 915{,}9$ km; $c = 917{,}2$ km; $\alpha = 87°$

687 a) $b = 4{,}50$; $a = 4{,}82$; $c = 6{,}60$; $\beta = 43°$ b) $b = 1{,}88$; $c = 4{,}50$; $h_c = 1{,}71$; $\alpha = 65{,}34°$
c) $a = 2{,}11$; $c = 4{,}51$; $h_c = 1{,}87$; $\beta = 62{,}05°$ d) $c = 4{,}49$; $h_c = 1{,}13$; $\alpha = 15{,}1°$; $\beta = 74{,}9°$

230

688 C – A – D – E – A – D – B – C – – – –

689 (1) 2,37 m (2) 45°

690 35° ≙ 70 %; 39° ≙ 81 %; 34° ≙ 67 %; 30° ≙ 58 %; 37° ≙ 75 %
b) Auf diese Art entsteht ein gleichseitiges Dreieck in dem alle drei Winkel 60° sind. Da der zweite Stock senkrecht nach unten pendelt, bildet er mit der Horizontalen einen Winkel von 90°.
$90° - 60° = 30°$.

231

691 a) 5,3 m; zur Berechnung genügen Entfernung, Einschusshöhe und Einschusswinkel.
b) Der Täter war 8,41 m von der Wand entfernt. Die Kugel schlug 139 cm hinter der Wand in den Boden ein.

692 in 10 km Höhe; 27,0 km Luftlinie; ca. 2 Minuten und 19 Sekunden; 73 Höhenmeter pro Sekunde

693 in 305 m Höhe; ca. 5800 m; in ca. 861 m Höhe

4 Reduktionsformeln

232

694 a) (1) $\sin(125°) = \sin(180° - 125°) = \sin(55°) = 0{,}82$ (2) $\cos(125°) = -\cos(55°) = -0{,}57$
b) (1) $\sin(100°) = \sin(80°) = 0{,}98$ (2) $\cos(100°) = -\cos(80°) = -0{,}17$
c) (1) $\sin(135°) = \sin(45°) = 0{,}71$ (2) $\cos(135°) = -\cos(45°) = -0{,}71$
d) (1) $\sin(170°) = \sin(10°) = 0{,}17$ (2) $\cos(170°) = -\cos(10°) = -0{,}98$

233

695 a) $\sin(203°) = -\sin(203° - 180°) = -\sin(23°)$ b) $\cos(224°) = -\cos(224° - 180°) = -\cos(44°)$
c) $\sin(310°) = -\sin(360° - 310°) = -\sin(50°)$ d) $\cos(343°) = \cos(360° - 343°) = \cos(17°)$

696 –

697 –

698 a) $\sin(150°) = \sin(180° - 150°) = \sin(30°)$ Formel: $\sin(\alpha) = \sin(180° - \alpha)$
b) $\cos(120°) = -\cos(180° - 120°) = -\cos(60°)$ Formel: $\cos(\alpha) = -\cos(180° - \alpha)$
c) $\sin(200°) = -\sin(200° - 180°) = -\sin(20°)$ Formel: $\sin(\alpha) = -\sin(\alpha - 180°)$
d) $\cos(260°) = -\cos(260° - 180°) = -\cos(80°)$ Formel: $\cos(\alpha) = -\cos(\alpha - 180°)$
e) $\sin(350°) = -\sin(360° - 350°) = -\sin(10°)$ Formel: $\sin(\alpha) = -\sin(360° - \alpha)$
f) $\cos(290°) = \cos(360° - 290°) = \cos(70°)$ Formel: $\cos(\alpha) = \cos(360° - \alpha)$
g) $\sin(275°) = -\sin(360° - 275°) = -\sin(85°)$ Formel: $\sin(\alpha) = -\sin(360° - \alpha)$
h) $\cos(178°) = -\cos(180° - 178°) = -\cos(2°)$ Formel: $\cos(\alpha) = -\cos(180° - \alpha)$
i) $\cos(225°) = -\cos(225° - 180°) = -\cos(45°)$ Formel: $\cos(\alpha) = -\cos(\alpha - 180°)$
j) $\tan(190°) = \tan(190° - 180°) = \tan(10°)$ Formel: $\tan(\alpha) = \tan(\alpha - 180°)$
k) $\tan(300°) = -\tan(360° - 300°) = -\tan(60°)$ Formel: $\tan(\alpha) = -\tan(360° - \alpha)$
l) $\cos(130°) = -\cos(180° - 130°) = -\cos(50°)$ Formel: $\cos(\alpha) = -\cos(180° - \alpha)$
m) $\sin(310°) = -\sin(360° - 310°) = -\sin(50°)$ Formel: $\sin(\alpha) = -\sin(360° - \alpha)$
n) $\sin(120°) = \sin(180° - 120°) = \sin(60°)$ Formel: $\sin(\alpha) = \sin(180° - \alpha)$
o) $\tan(135°) = -\tan(180° - 135°) = -\tan(45°)$ Formel: $\tan(\alpha) = -\tan(180° - \alpha)$
p) $\cos(345°) = \cos(360° - 345°) = \cos(15°)$ Formel: $\cos(\alpha) = \cos(360° - \alpha)$

699 a) (1) $\tan(30°) = \frac{1}{\sqrt{3}} = \frac{\sqrt{3}}{3}$ (2) $\tan(120°) = -\sqrt{3}$ (3) $\tan(150°) = -\frac{1}{\sqrt{3}} = -\frac{\sqrt{3}}{3}$
b) (1) $\tan(75°) = 2 + \sqrt{3}$ (2) $\tan(165°) = \sqrt{3} - 2$ (3) $\tan(105°) = -2 - \sqrt{3}$
c) (1) $\tan(50°) \approx 1{,}1918$ (2) $\tan(130°) \approx -1{,}1918$ (3) $\tan(140°) \approx -0{,}8391$

5 Trigonometrischer Pythagoras

700 In jedem rechtwinkligen Dreieck gilt: Die Summe der Quadrate über den beiden Katheten ist gleich groß wie das Quadrat über der Hypotenuse. 234

701 2065 m

702 $\sin(\alpha)$, $\cos(\alpha)$ und die Seite der Länge 1 bilden jeweils ein rechtwinkliges Dreieck.

703 Der Zusammenhang stimmt für jeden beliebigen Winkel von 0° bis 360°.

704 a) $0{,}62^2 + \cos^2(\alpha) = 1 \quad \Rightarrow \quad \cos(\alpha) = \sqrt{1 - 0{,}62^2}$
$\Rightarrow \cos(\alpha) = 0{,}78$ oder $\cos(\alpha) = -0{,}78$
b) 0,997 oder −0,997 c) 0,87 oder −0,87 d) 0,24 oder −0,24

705 a) −0,95 b) −0,46 c) −0,0999 d) −0,9998

706 (1) 6 (2) −6 (3) r

6 Historisches zur Trigonometrie

235 707 –

236 708 –

7 Winkelfunktionen exakt berechnen

237 **709** Ergänze das rechtwinklige Dreieck mit dem Basiswinkel 60° durch Spiegelung zu einem gleichseitigen Dreieck. Da die ursprüngliche Hypotenuse der Seitenlänge des gleichseitigen Dreiecks entspricht, gilt: $2 \cdot \cos(60°) = 1$. Daher ist $\cos(60°) = \frac{1}{2}$.

710 a) $\cos(45°) = \sin(45°) = \frac{\sqrt{2}}{2}$ (rechtwinklig-gleichschenkliges Dreieck)

b) $\tan(45°) = 1$, da die Katheten im rechtwinklig-gleichschenkligen Dreieck gleich lang sind.

c) Ergänze das rechtwinklige Dreieck mit einem 60°-Winkel auf ein gleichseitiges Dreieck mit $a = 1$. Für die Höhe im gleichseitigen Dreieck gilt:

$$h = \sqrt{1 - \left(\frac{1}{2}\right)^2} = \sqrt{\frac{3}{4}} = \frac{\sqrt{3}}{2} \Rightarrow \sin(60°) = \frac{h}{a} \Rightarrow \sin(60°) = \frac{\sqrt{3}}{2 \cdot 1} = \frac{\sqrt{3}}{2}$$

Anmerkung: Der Wert lässt sich auch aus dem Zusammenhang $\sin^2\alpha + \cos^2\alpha = 1$ bestimmen, wenn $\cos(60°) = \frac{1}{2}$ bereits bekannt ist.

d) Ergänze das rechtwinklige Dreieck mit einem 60°-Winkel auf ein gleichseitiges Dreieck mit $a = 1$. Für die Höhe im gleichseitigen Dreieck gilt:

$$h = \sqrt{1 - \left(\frac{1}{2}\right)^2} = \sqrt{\frac{3}{4}} = \frac{\sqrt{3}}{2} \Rightarrow \tan(60°) = h : \frac{a}{2} \Rightarrow \tan(60°) = \frac{\sqrt{3}}{2} : \frac{1}{2} = \frac{\sqrt{3}}{2} \cdot \frac{2}{1} = \sqrt{3}$$

Anmerkung: Wenn sin (60°) und cos (60°) bekannt sind, kann tan (60°) mit $\tan(60°) = \sin(60°) : \cos(60°) = \frac{\sqrt{3}}{2} : \frac{1}{2} = \frac{\sqrt{3}}{2} \cdot \frac{2}{1} = \sqrt{3}$ berechnet werden.

711 Ergänze das rechtwinklige Dreieck auf ein gleichseitiges Dreieck mit Seitenlänge 1.

a) $\sin(30°) = \frac{1}{2}$ b) $\cos(30°) = \frac{\sqrt{3}}{2 \cdot 1}$ c) $\tan(30°) = \frac{1}{2} : \frac{\sqrt{3}}{2} = \frac{1 \cdot 2}{2 \cdot \sqrt{3}} = \frac{1}{\sqrt{3}} = \frac{\sqrt{3}}{3}$

712 a) $\cos(120°) = -\cos(60°) = -\frac{1}{2}$ b) $\sin(240°) = -\sin(60°) = -\frac{\sqrt{3}}{2}$

c) $\tan(135°) = -\tan(45°) = -1$

713

	$\alpha = 0°$	$\alpha = 30°$	$\alpha = 45°$	$\alpha = 60°$	$\alpha = 90°$	$\alpha = 180°$	$\alpha = 270°$
$\sin\alpha$	0	$\frac{1}{2}$	$\frac{\sqrt{2}}{2}$	$\frac{\sqrt{3}}{2}$	1	0	−1
$\cos\alpha$	1	$\frac{\sqrt{3}}{2}$	$\frac{\sqrt{2}}{2}$	$\frac{1}{2}$	0	−1	0
$\tan\alpha$	0	$\frac{\sqrt{3}}{3}$	1	$\sqrt{3}$	nicht definiert	0	nicht definiert

8 Umkehrung von Sinus, Cosinus und Tangens

714 D – C – F – B 238

715 (1) 67 % (2) 33,7° 239

716 a) $\alpha \approx 38{,}66°$

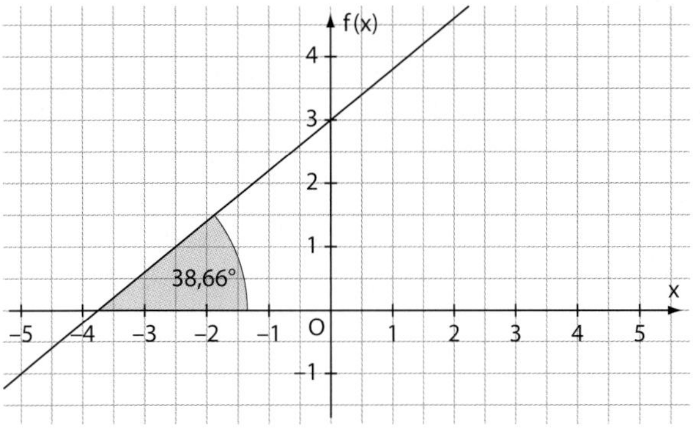

b) $\alpha \approx 161{,}57°$ c) $\alpha \approx 71{,}57°$ d) $\alpha \approx 101{,}31°$

717 a) $\alpha = 8{,}53°$ b) $\alpha = 36{,}87°$ 240

718 a) $\alpha = 19{,}5°$, $\beta = 70{,}5°$ b) $\alpha = 49{,}2°$, $\beta = 40{,}8°$ c) $\alpha = 25{,}8°$, $\beta = 64{,}2°$
d) $\alpha = 31{,}3°$, $\beta = 58{,}7°$ e) $\alpha = 60°$, $\beta = 30°$ f) $\alpha = 33{,}3°$, $\beta = 56{,}7°$

719 1. Zeile: falsch – falsch; 2. Zeile: richtig – richtig; 3. Zeile: falsch - richtig 241

720 a) 53,1° b) 55,2° c) 60,9° d) 14,0° e) 53,1°

721 a) negatives Vorzeichen ⇒ Winkel im 3. oder 4. Quadranten ⇒ 233° oder 307°
b) negatives Vorzeichen ⇒ Winkel im 2. oder 3. Quadranten ⇒ 125° oder 235°
c) negatives Vorzeichen ⇒ Winkel im 2. oder 4. Quadranten ⇒ 119° oder 299°
d) 99° oder 261° e) 101° oder 281°

722 a) 153,43° b) 36,87° c) 116,57° d) 81,87°

723 a) 14,04° b) 34,99° c) 16,7° d) 24,23°

724

Außenbreite	Dachneigung	Dachlänge	Giebelhöhe
5,50 m	20°	2,93 m	1 m
5,00 m	21,80°	2,69 m	1 m
4,50 m	23,96°	2,46 m	1 m
4,00 m	26,57°	2,24 m	1 m
3,50 m	29,74°	2,02 m	1 m
3,00 m	33,70°	1,80 m	1 m

725 $\cos(\alpha) = \frac{\text{Entfernung Erde – Mond}}{\text{Entfernung Erde – Sonne}} \Rightarrow \frac{\text{Entfernung Erde – Sonne}}{\text{Entfernung Erde – Mond}} = \frac{1}{\cos(\alpha)} \Rightarrow \alpha = 89{,}86°$

9 Berechnungen an rechtwinkligen Dreiecken

242

726 a) $b = \sqrt{c^2 - a^2} = 57\,mm$; $\alpha = \sin^{-1}(a/c) = 29{,}5°$; $\beta = \cos^{-1}(a/c) = 60{,}5°$
b) $a = 8{,}3\,cm$; $\alpha = 43{,}5°$; $\beta = 46{,}5°$
c) $b = 1512\,mm$; $\alpha = 49{,}0°$; $\beta = 41{,}0°$

727 a) $b = 81\,mm$; $c = 93\,mm$; $h_c = 39\,mm$; $\alpha = 29°$; $A = 1827\,mm^2$
b) $a = 2{,}0\,cm$; $c = 6{,}0\,cm$; $\alpha = 19{,}5°$ $\beta = 70{,}5°$; $A = 5{,}74\,cm^2$
c) $b = 35\,mm$; $c = 88\,mm$; $\alpha = 66{,}7°$; $\beta = 23{,}3°$; $A = 1411\,mm^2$
d) $a = 92\,mm$; $c = 113\,mm$; $h_c = 54\,mm$; $\alpha = 54{,}4°$; $\beta = 35{,}6°$

728 a) $c = 96$; $h_a = 55$; $h_b = 87$; $\alpha = 65{,}6°$; $\beta = 35{,}0°$; $\gamma = 79{,}4°$
b) $c = 4\,2$; $h_a = 35$; $h_c = 50$; $\alpha = 80{,}0°$; $\beta = 56{,}8°$; $\gamma = 43{,}1°$
c) $a = 49$; $h_b = 45$; $h_c = 35$; $\alpha = 67{,}3°$; $\beta = 45{,}6°$; $\gamma = 67{,}1°$
d) $b = 44$; $h_b = 48$; $h_c = 44$; $\alpha = 81{,}8°$; $\beta = 45{,}6°$; $\gamma = 52{,}7°$

729 $a = 7{,}4$; $h_b = 4{,}6$; $h_c = 4{,}3$; $\alpha = 105{,}8°$; $\beta = 35{,}7°$; $\gamma = 38{,}5°$; $A = 10{,}4$

730 6,7 m; 3,4°

731 4°; 175 m

732 19°; 248 m

243

733 Seitenlänge der Grundfläche: 8,7 cm; Höhe der Seitenflächen: 10,3 cm;
Mantelfläche: 177,47 cm^2

734 in etwa 2449 m Höhe; ca. 6021 m Entfernung

735 a) 2,5° b) 1598 m

736 Gruppenrallye:
A 1. Maßstab: z. B. 1 : 2960; $m = \frac{7100\,cm}{2{,}4\,cm} \approx 2960$; ca. 14,9 cm
2. Die Verankerung befindet sich in ca. 133 m waagrechter Entfernung vom Pylon, die Kabellänge beträgt ca. 151 m, der Winkel ist ca. 62° groß.
3. Das Kabel ist in einer Höhe von ca. 47 bis 50 m und in einer waagrechten Entfernung von ca. 18 bis 21 m befestigt.
Das Kabel ist ca. 50 m lang. der Winkel ist ca. 70° groß.

B 1. Berechnung mit Tangens

Schatten	20 m	25 m	35 m	40 m
Winkel	45,0°	38,7°	29,7°	26,6°

2. Winkel 55° → Schatten 14,0 m
3. Nur am Äquator möglich

C 1. a) 3 % → 1,7°; b) 10 % → 5,7°; c) 15 % → 8,5° (Berechnung mit Tangens)
2. 3 % → 1000,4 m; 10 % → 1005,0 m; 15 % → 1011,2 m (Berechnung mit Satz von Pythagoras)
Bei geringer Steigung besteht kaum ein Unterschied zwischen Straßenlänge und horizontaler Entfernung.
Bezeichnet meistens die mittlere Steigung oder, wie in Straßenkarten, die maximale Steigung → sinnvolle Zusatzangabe: Auf welcher Länge gilt die Steigung?

D 1. $\alpha = 180°:6 = 30°$
$\beta = \gamma = 75°$ (Berechnung über die Winkelsumme im Dreieck)
2. $a = 6{,}2\,\text{cm}$ (Berechnung z. B. über $\cos \beta$)
$u = 6 \cdot a + 2 \cdot r = 61{,}3\,\text{cm}$
$h_a = 11{,}6\,\text{cm}$ (Berechnung z. B. über $\cos(\alpha/2)$)
$A = 6 \cdot a \cdot \frac{h_a}{2} = 216\,\text{cm}^2$

737 Gegeben: Schutzhütte 1644 m, Wetterkanzel 1997 m, Kreuzspitze 2253 m
horizontale Entfernung Schutzhütte – Wetterkanzel $a = 1190\,\text{m}$
horizontale Entfernung Schutzhütte – Kreuzspitze $b = 760\,\text{m}$
$\sphericalangle(a, b) = 90°$

a) Horizontale Entfernung Kreuzspitze – Wetterkanzel
$e = \sqrt{a^2 + b^2}$
$e = \sqrt{1190^2 + 760^2}$
$e = \text{ca. } 1410\,\text{m}$
Länge der drei Teilstrecken der Wanderung
Schutzhütte S – Wetterkanzel W
$h_{SW} = 1997 - 1644 = 353$; $SW = \sqrt{a^2 + h_{SW}^2}$; $SW = \sqrt{1190^2 + 353^2}$; $SW = \text{ca. } 1240\,\text{m}$
Wetterkanzel W – Kreuzspitze K
$h_{WK} = 2253 - 1997 = 256$; $WK = \sqrt{e^2 + h_{WK}^2}$; $WK = \text{ca. } 1440\,\text{m}$
Kreuzspitze K – Schutzhütte S
$h_{KS} = 2253 - 1644 = 609$; $KS = \sqrt{b^2 + h_{KS}^2}$; $KS = \text{ca. } 970\,\text{m}$
Gesamtlänge des Rundweges: $SW + WK + KS = \text{ca. } 3650\,\text{m}$

b) Winkel, in denen die beiden Bergrücken bzw. der Hang ansteigen, jeweils Steigung in Prozent
$\sphericalangle(a, SW) = \arctan(h_{SW}/a)$; $\sphericalangle(a, SW) = \text{ca. } 17°$; $p = 100 \cdot h_{SW}/a$; $p = \text{ca. } 30\,\%$
$\sphericalangle(e, WK) = \arctan(h_{WK}/e)$; $\sphericalangle(e, WK) = \text{ca. } 10°$; $p = 100 \cdot h_{WK}/e$; $p = \text{ca. } 18\,\%$
$\sphericalangle(b, SK) = \arctan(h_{SK}/b)$; $\sphericalangle(b, SK) = \text{ca. } 39°$; $p = 100 \cdot h_{SK}/b$; $p = \text{ca. } 80\,\%$

245

738 a) Die Entfernung e zwischen den Fußpunkten von Turm und Berg tritt als gemeinsame Größe in den beiden rechtwinkligen Dreiecken auf.
Es gilt: $\tan(\alpha) = \frac{x + h}{e}$ und $\tan(\beta) = \frac{x}{e}$
Daraus folgt: $e = \frac{x + h}{\tan(\alpha)}$ und $e = \frac{x}{\tan(\beta)}$

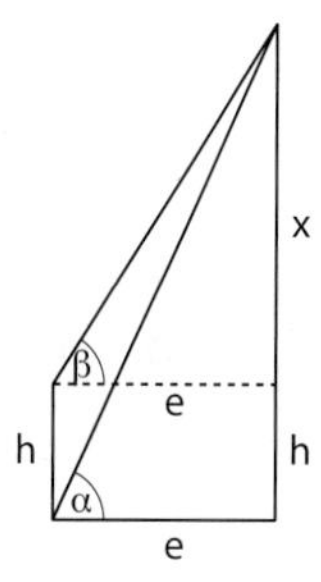

Gleichsetzen ergibt: $\frac{x+h}{\tan(\alpha)} = \frac{x}{\tan(\beta)}$

$$\frac{x}{\tan(\alpha)} + \frac{h}{\tan(\alpha)} = \frac{x}{\tan(\beta)}$$

$$\frac{x}{\tan(\beta)} - \frac{x}{\tan(\alpha)} = \frac{h}{\tan(\alpha)} \quad |\cdot \tan(\alpha)\cdot\tan(\beta)$$

$$x\cdot\tan(\alpha) - x\cdot\tan(\beta) = h\cdot\tan(\beta)$$

$$x\cdot(\tan(\alpha) - \tan(\beta)) = h\cdot\tan(\beta)$$

$$x = \frac{h\cdot\tan(\beta)}{\tan(\alpha)-\tan(\beta)}$$

Die Höhe des Berges errechnet sich aus x + h.

b) Höhenwinkel und Tiefenwinkel sind Parallelwinkel und daher gleich groß.

10 Der Sinussatz

246

739 A und E – B – C und D – F

740 (1) $\sin\gamma = \frac{h_a}{b}$, $\sin\beta = \frac{h_a}{c}$ (2) $\sin\alpha = \frac{h_b}{c}$, $\sin\gamma = \frac{h_b}{a}$ (3) $\sin\beta = \frac{h_c}{a}$, $\sin\alpha = \frac{h_c}{b}$

741 –

247

742 $\gamma = 43°$, $\beta = 62°$, $b = 78\,mm$

743 Für rechtwinklige Dreiecke: $\gamma = 90° \Rightarrow c = \frac{a}{\sin(\alpha)}\cdot\sin(\gamma) = \frac{a}{\sin(\alpha)}\cdot 1 = \frac{a}{\sin(\alpha)}$;
analog für $c = \frac{b}{\sin(\beta)}$; daraus folgt $\frac{a}{\sin(\alpha)} = \frac{b}{\sin(\beta)} = c$
Für stumpfwinklige Dreiecke: für $\beta > 90°$ gilt der Außenwinkel $\beta' = 180° - \beta$
$h_c = a\cdot\sin(\beta') = a\cdot\sin(180° - \beta) = a\cdot\sin(\beta)$, analog für $h_a = c\cdot\sin(\beta) \Rightarrow \frac{a}{\sin(\alpha)} = \frac{b}{\sin(\beta)} = \frac{c}{\sin(\gamma)}$

744 $R = 44\,mm$

745 –

248

746 a) $\alpha_1 = 74°$, $\gamma_1 = 46°$, $c_1 = 37\,mm$ bzw. $\alpha_2 = 106°$, $\gamma_2 = 14°$, $c_2 = 13\,mm$
b) Keine Lösung für $b < 43\,mm$, eine Lösung für $b = 43\,mm$ bzw. $b \geq 50\,mm$

249

747 a) $c = 10\,cm$, $\beta = 37°$, $\gamma = 90°$
b) $b = 8{,}3\,cm$, $\beta = 45°$, $\gamma = 63°$
c) $a = 10\,cm$, $\alpha = 76°$, $\beta = 43°$
d) $c = 91\,mm$, $\alpha = 32°$, $\gamma = 81°$

748 a) $b = 3{,}69\,cm$; $\alpha = 60{,}28°$; $\gamma = 84{,}12°$
b) $b = 4{,}49\,cm$; $\beta = 21{,}2°$; $\gamma = 50{,}6°$
c) $c = 6{,}04\,cm$; $\beta = 45{,}67°$; $\gamma = 38{,}73°$
d) $c = 8{,}5\,cm$; $b = 5{,}1\,cm$; $\beta = 36°$
e) $a = 7{,}1\,cm$; $c = 7{,}7\,cm$; $\gamma = 75°$
f) $a = 7{,}2\,cm$; $c = 6{,}3\,cm$; $\alpha = 69°$
g) $a = 4{,}1\,cm$; $\alpha = 62{,}02°$; $\beta = 52{,}98°$
h) $a = 4{,}8\,cm$; $b = 3{,}0\,cm$; $\alpha = 73°$

749 a) $d = 5{,}38$; $h = 5$; $A = 52{,}5$; $u = 32{,}21$
b) $b = 3{,}16$; $h = 3$; $A = 28{,}28$; $u = 25{,}51$
c) $b = 4$; $h = 3{,}87$; $A = 26{,}93$; $u = 22{,}33$
d) $d = 9{,}13$; $h = 7$; $A = 60{,}9$; $u = 33{,}6$

750 a) $R = 4{,}8\,cm$, $\beta = 41{,}3°$, $\gamma = 81{,}7°$, $c = 9{,}4\,cm$
b) $R = 4{,}0\,cm$, $\beta = 29{,}2°$, $\gamma = 60{,}8°$, $c = 7{,}0\,cm$
c) $R = 4{,}1\,cm$, $\beta = 44{,}5°$, $\gamma = 30{,}5°$, $c = 4{,}2\,cm$
d) $R = 11{,}2\,cm$, $\beta = 12{,}4°$, $\gamma = 8{,}6°$, $c = 3{,}3\,cm$

751 (1) In einem stumpfwinkligen Dreieck wird der Umkreisradius besonders groß. α muss also möglichst groß bzw. möglichst klein (dafür β bzw. γ möglichst groß) sein.
Begründung: $2R = \frac{a}{\sin\alpha}$ Der Quotient wird besonders groß, wenn der Divisor ($\sin\alpha$) sehr klein ist. Der Wert $\sin\alpha$ wird umso kleiner, je näher α mit $0° < \alpha < 180°$ bei 0° bzw. bei 180° liegt.
(2) Bei einem spitzwinkligen Dreieck liegt der Umkreismittelpunkt innerhalb der Dreiecksfläche, bei einem stumpfwinkligen außerhalb.
(3) Der Umkreismittelpunkt liegt in einem rechtwinkligen Dreieck stets im Halbierungspunkt der Hypotenuse. Der Umkreisradius beträgt die halbe Seitenlänge der Hypotenuse.
Begründung: $\sin(90°) = 1 \Rightarrow$ halbe Hypotenuse
(4) Ist die Summe der Quadrate der beiden kürzeren Seiten größer als das Quadrat der längsten Seite, so liegt der Umkreismittelpunkt innerhalb der Dreiecksfläche. Ist die Summe der Quadrate der beiden kürzeren Seiten kleiner als das Quadrat der längsten Seite, so liegt er außerhalb.

752 a) $c_1 = 8{,}38$; $c_2 = 1{,}53$;
$\beta_1 = 46{,}76°$; $\beta_2 = 133{,}24°$;
$\gamma_1 = 96{,}91°$; $\gamma_2 = 10{,}44°$

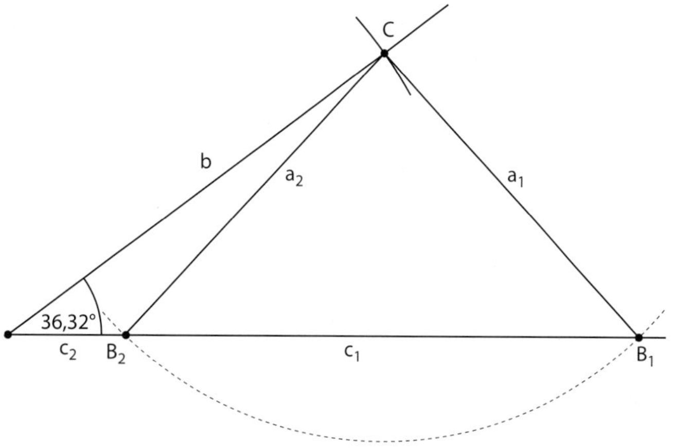

b) $a_1 = 5{,}72$; $a_2 = 2{,}45$;
$\alpha_1 = 47{,}6°$; $\alpha_2 = 18{,}4°$;
$\gamma_1 = 75{,}4°$; $\gamma_2 = 104{,}6°$

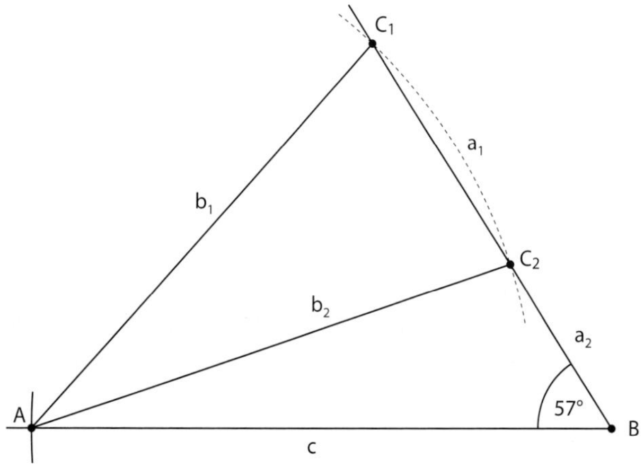

c) $b_1 = 4{,}18$; $b_2 = 10{,}37$;
$\beta_1 = 15{,}53°$; $\beta_2 = 41{,}67°$;
$\gamma_1 = 103{,}07°$; $\gamma_2 = 76{,}93°$

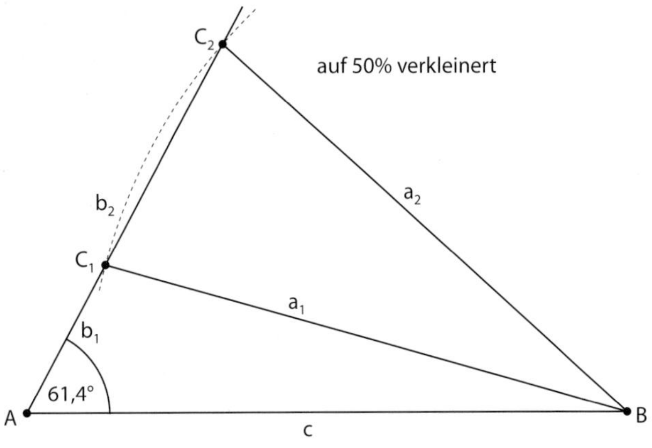

d) $c_1 = 7{,}01$; $c_2 = 2{,}35$;
$\alpha_1 = 65{,}87°$; $\alpha_2 = 114{,}13°$;
$\gamma_1 = 66{,}13°$; $\gamma_2 = 17{,}87°$

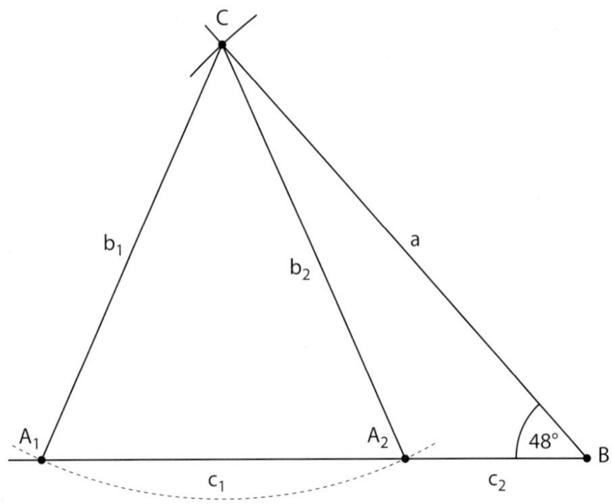

753 a) $b_1 = 1{,}02$; $\beta_1 = 14{,}21°$; $\gamma_1 = 105{,}79°$ $r = 2{,}1$; $b_2 = 2{,}98$; $\beta_2 = 45{,}79°$; $\gamma_2 = 74{,}21°$
b) $a_1 = 3{,}63$; $\alpha_1 = 29{,}71°$; $\gamma_1 = 107{,}29°$ $r = 3{,}7$; $a_2 = 6{,}61$; $\alpha_2 = 64{,}29°$; $\gamma_2 = 72{,}71°$
c) $a_1 = 3{,}34$; $\gamma_1 = 104{,}1°$; $\alpha_1 = 23{,}9°$ $r = 4{,}1$; $a_2 = 6{,}51$; $\gamma_2 = 75{,}9°$; $\alpha_2 = 52{,}1°$

11 Der Cosinussatz

250 754 (1) und (2) treffen zu.

251 755 a) $b = 5$, $\alpha = 52°$, $\gamma = 98°$ b) $a = 9$, $\beta = 23°$, $\gamma = 37°$ c) $c = 6$, $\alpha = 42°$, $\beta = 58°$

756 a) $a = 5{,}1$; $\beta = 117{,}7°$; $\gamma = 22{,}3°$ b) $b = 11{,}4$; $\alpha = 50°$; $\gamma = 25°$
c) $c = 71{,}4$; $\alpha = 69{,}7°$; $\beta = 72{,}8°$ d) $a = 199$; $\beta = 110{,}05°$; $\gamma = 25{,}30°$
Beachte: Der Winkel gegenüber der längsten Seite kann auch ein stumpfer Winkel sein und wird mit dem Sinussatz nicht erkannt. Ermittle diesen Winkel daher mit dem Cosinussatz oder als letzten Winkel mithilfe der Winkelsumme im Dreieck.

757 a) $\beta = 110{,}5°$; $\gamma = 106{,}96°$; $\delta = 53{,}5°$; $A = 5824$; $e = 102{,}8$; $f = 133$
b) $b = 29{,}1$; $e = 50{,}7$; $f = 47{,}4$; $\beta = 128{,}64°$; $\delta = 69{,}46°$; $A = 1142$
c) $a = 3{,}52$; $d = 11{,}13$; $e = 9{,}47$; $f = 13{,}52$; $A = 44{,}84$; $\alpha = 126{,}54°$
d) $c = 21{,}5$; $e = 44{,}4$; $f = 46{,}4$; $\gamma = 96{,}44°$; $\delta = 77{,}42°$; $A = 781$

758 a) $f = 7{,}63$; $h = 4{,}93$; $\alpha = 99{,}52°$; $\beta = 80{,}48°$; $A = 24{,}66$
b) $e = 11{,}94$; $h = 6{,}24$; $\alpha = 63°$; $\beta = 117°$; $A = 43{,}64$
c) $a = 3{,}2$; $f = 3{,}8$; $h = 3{,}0$; $\beta = 107°$; $A = 9{,}70$
d) $a = 5{,}58$; $\alpha = 115°$; $f = 9{,}42$; $h = 5{,}06$; $A = 28{,}25$

759 a) 9 km   b) 43 Minuten

760 Die Schnüre müssen mindestens 3,8 m lang sein. Die Zeltstange ist 2 m lang. Das Zelt ist 5 m breit.

761 Voraussetzung:
Gegeben ist ein stumpfwinkliges Dreieck ABC.

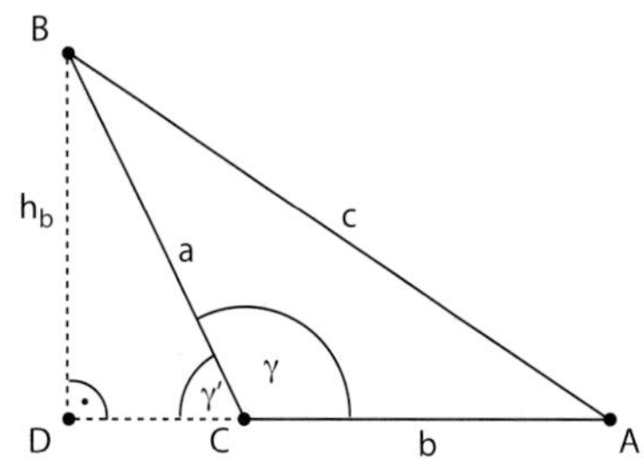

Beweis:

Dreieck ADB $\quad c^2 = h_b{}^2 + (b + b')^2 \quad (1)$

Dreieck CDB $\quad \sin\gamma' = \frac{h_b}{a}$ und $\cos\gamma' = \frac{b'}{a}$

Wegen $\quad \sin\gamma' = \sin(180° - \gamma) = \sin\gamma$

und $\quad \cos\gamma' = \cos(180° - \gamma) = -\cos\gamma$

gilt: $\quad \sin\gamma = \frac{h_b}{a}$ und $\cos\gamma = -\frac{b'}{a}$

Eingesetzt in (1): $c^2 = (a \cdot \sin\gamma)^2 + (b - a \cdot \cos\gamma)^2$

Auflösen der Quadrate, Zusammenfassen der Summanden mit $\sin^2\gamma$ und $\cos^2\gamma$, Herausheben und Vereinfachen ergibt: $c^2 = a^2 + b^2 - 2ab \cdot \cos\gamma$

12 Trigonometrische Flächeninhaltsformel

762 1), (2) und (3) sind richtig. 252

763 $h_c = b \cdot \sin\alpha \Rightarrow \frac{c \cdot h_c}{2} = \frac{c \cdot b \cdot \sin\alpha}{2} = \frac{c \cdot b}{2} \cdot \sin\alpha$

764 a) 1948,56   b) 0,07   c) 196,47   d) 28,55

765 a) $\sin 90° = 1 \Rightarrow \frac{a \cdot b \cdot \sin 90°}{2} = \frac{a \cdot b}{2}$ (Formel für ein rechtwinkliges Dreieck)
b) Es gilt: $\sin(180° - \alpha) = \sin\alpha$

766 a) $A = 37{,}6266\ldots\,\text{m}^2$
b) $8{,}15 < a < 8{,}25$; $15{,}95 < b < 16{,}05$; $34{,}5° < \gamma < 35{,}5°$
$0{,}5 \cdot 8{,}15 \cdot 15{,}95 \cdot \sin 34{,}5° < A < 0{,}5 \cdot 8{,}25 \cdot 16{,}05 \cdot \sin 35{,}5°$
$36{,}8142\ldots < A < 38{,}4461\ldots$, daher $A \approx 37{,}6\,\text{m}^2$

767 a) $A = 6{,}9$ b) $A = 16{,}0$ c) $A = 36{,}2$ d) $A = 18{,}9$
e) $A_1 = 18{,}3$, $A_2 = 14{,}7$
f) $\gamma = 23{,}12°$, $\alpha = 51{,}38°$, $A = 41\,079{,}2\ldots \approx 41{,}1 \cdot 10^3$

768 $A_p = a \cdot b \cdot \sin\alpha$ 253

769 $A = \frac{a \cdot b \cdot \sin 90°}{2} = \frac{a \cdot b \cdot 1}{2}$

770 a) $26{,}0\,cm^2$ b) $5846\,mm^2$ c) $0{,}47\,m^2$ d) $0{,}68\,m^2$ e) $19{,}8\,cm^2$

771 Sind die beiden Faktoren b und c gegeben, hängt die Größe des Flächeninhalts nur mehr vom Faktor $\sin\alpha$ ab. Je größer der Wert ist, desto größer wird der Flächeninhalt. Der Wert steigt im Intervall [0°; 90°[, der höchste Wert ist $\sin 90° = 1$. Für 90° ist also der Flächeninhalt maximal.

772 a) $\alpha_1 = 80{,}51°$, $\beta_1 = 66{,}44°$, $b_1 = 7{,}9$, $A_1 = 18{,}3$ bzw.
$\alpha_2 = 99{,}49°$, $\beta_2 = 47{,}46°$, $b_2 = 6{,}3$ $A_2 = 14{,}7$
b) $A_1 = 7{,}7$, $A_2 = 18{,}0$

773 a) $1032\,mm^2$ b) $23{,}0\,m^2$ c) $769\,cm^2$

774 a) $A \approx 130\,000\,m^2$, $u \approx 1571\,m$ b) $A \approx 1200\,m^2$, $u \approx 151\,m$
c) $A \approx 270\,000\,m^2$, $u \approx 3364\,m$
(Achtung: Der Winkel ADC ist ein erhabener Winkel!)

775 a) (1) –
(2) $CD = 306\,m$; $e = 837\,m$; $f = 970\,m$; $\gamma = 138{,}19°$; $\delta = 61{,}21°$
(3) $f^2 = AB^2 + AD^2 - 2 \cdot AB \cdot AD \cdot \cos\alpha \Rightarrow f$; $e^2 = AB^2 + BC^2 - 2 \cdot AB \cdot BC \cdot \cos\beta \Rightarrow e$
(4) a) $\sphericalangle ABD = \beta_1$: $\frac{f}{\sin\alpha} = \frac{AD}{\sin\beta_1}$ b) $\sphericalangle ADB = 180° - \alpha - \beta_1$
(5) $A = 311\,953\,m^2$
b) (1) –
(2) $AB = 906\,m$; $e = 1526\,m$; $f = 1208\,m$; $\beta = 126{,}09°$; $\delta = 84{,}47°$
(3) $f = \sqrt{DC^2 + BC^2 - 2 \cdot DC \cdot BC \cdot \cos\gamma}$; $\sphericalangle BDC = \delta_1$: $\sin\delta_1 = \frac{BC \cdot \sin\gamma}{f}$;
$\sin \sphericalangle ABD = \frac{1265 \cdot \sin\alpha}{f}$; $\sphericalangle ADB = 180° - \alpha - \sphericalangle ABD = \delta_2$; $\delta = \delta_1 + \delta_2$;
$e = \sqrt{AD^2 + DC^2 - 2 \cdot AD \cdot DC \cdot \cos\delta}$
(4) $\sphericalangle ADB = \delta_2$: $\frac{f}{\sin\alpha} = \frac{AB}{\sin\delta_2}$
(5) $A = 915\,218\,m^2$

776 $A = 8509\,m^2$, $u = 403{,}1\,m$

13 Anwendungen

254 777 (1) $\frac{s}{\sin\gamma} = \frac{t}{\sin\varepsilon} = \frac{u}{\sin\delta}$
(2) $s^2 = t^2 + u^2 - 2tu \cdot \cos\gamma$ bzw. $t^2 = s^2 + u^2 - 2su \cdot \cos\varepsilon$ bzw. $u^2 = s^2 + t^2 - 2st \cdot \cos\delta$

778 a) $b \approx 6{,}1$ cm b) $c \approx 114{,}6$ m c) $a \approx 38$ mm

779 a) $a \approx 55$ mm b) $b \approx 2{,}27$ m c) $c \approx 31$ cm

255 780 $\frac{x}{\sin\xi} = \frac{y}{\sin\upsilon} = \frac{z}{\sin\zeta}$

781 a) $\frac{u}{\sin\delta} = \frac{v}{\sin\varepsilon}$; $\varphi = 180° - (\delta + \varepsilon)$; $\frac{u}{\sin\delta} = \frac{w}{\sin\varphi}$ b) $\frac{v}{\sin\varepsilon} = \frac{u}{\sin\delta}$; $\varphi = 180° - (\delta + \varepsilon)$; $\frac{v}{\sin\varepsilon} = \frac{w}{\sin\varphi}$

c) $\varphi = 180° - (\delta + \varepsilon)$; $\frac{w}{\sin\varphi} = \frac{u}{\sin\delta} = \frac{v}{\sin\varepsilon}$ d) $\frac{v}{\sin\varepsilon} = \frac{w}{\sin\varphi}$; $\delta = 180° - (\varepsilon + \varphi)$; $\frac{v}{\sin\varepsilon} = \frac{u}{\sin\delta}$

e) $\frac{w}{\sin\varphi} = \frac{u}{\sin\delta}$; $\varepsilon = 180° - (\delta + \varphi)$; $\frac{w}{\sin\varphi} = \frac{v}{\sin\varepsilon}$ f) $\frac{u}{\sin\delta} = \frac{w}{\sin\varphi}$; $\varepsilon = 180° - (\delta + \varphi)$; $\frac{u}{\sin\delta} = \frac{v}{\sin\varepsilon}$

782 a) $v^2 = u^2 + w^2 - 2uw \cdot \cos\varepsilon$ b) $w^2 = u^2 + v^2 - 2uv \cdot \cos\varphi$ c) $u^2 = v^2 + w^2 - 2vw \cdot \cos\delta$

783 a) $k^2 = u^2 + v^2 - 2uv \cdot \cos\delta$ b) $w^2 = k^2 + z^2 - 2kz \cdot \cos\varepsilon$

784 a) $x \approx 1{,}83\,\text{m}$ b) $x \approx 1{,}72\,\text{m}$ c) 6% 256

785 Bsp. A: Der Manasarovar-See liegt auf rund 4600 m Seehöhe.
Bsp. B: Die Kante PQ ist rund 240 m lang.
Bsp. C: Der Rauchfang liegt rund 5 m über dem Fußpunkt der Kirche.
Bsp. D: Der Watzmann ist ungefähr 9 km vom Bergsee entfernt.

786 Die Deichsohle ist 45,82 m breit, die Querschnittsfläche ist 304,12 m^2 groß. 258

787 Der Abstand beträgt 3,68 sm.

788 Höhe des Hügels: ca. 369 m
Höhe des Turms: ca. 124 m

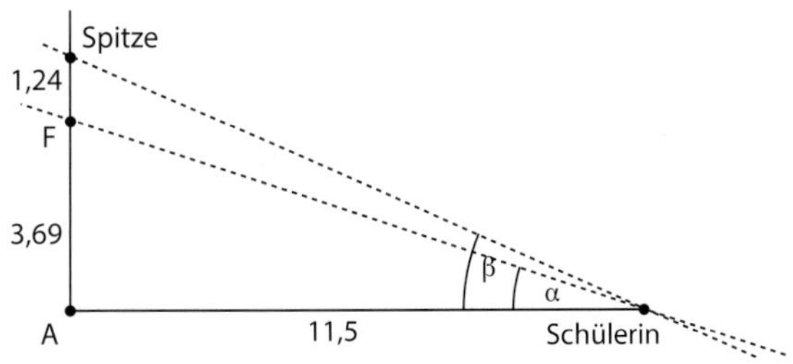

789 121,5 m

790 29,63 m

791 37,7 m 259

792 B – D – A – C

14 Ebene Polarkoordinaten

793 C – A – D – B 260

794 (1) $\tan 212° = \tan(212° - 180°) = \tan 32°$
(2) $\tan 145° = -\tan(180° - 145°) = -\tan 35°$
(3) $\tan 310° = -\tan(360° - 310°) = -\tan 50°$

795 261

a) (1) r = 7	(2) 1. Quadrant	(3) spitzer Winkel
b) (1) r = 4,03	(2) 2. Quadrant	(3) stumpfer Winkel
c) (1) r = 10,78	(2) 4. Quadrant	(3) erhabener Winkel
d) (1) r = 7,07	(2) 3. Quadrant	(3) erhabener Winkel

796 (1) $\overline{AO} = 7{,}21$ $\overline{EO} = 4{,}5$ $\overline{HO} = 5$
(2) $\sphericalangle(\overline{AO}, x^+\text{-Achse}) = 123{,}7°$ $\sphericalangle(\overline{EO}, x^+\text{-Achse}) = 63{,}43°$ $\sphericalangle(\overline{HO}, x^+\text{-Achse}) = 258{,}7°$
(3) $A = (7{,}21 \mid 123{,}7°)$ $E = (4{,}5 \mid 63{,}43°)$ $H = (5 \mid 258{,}7°)$

	797	a) $P = (10 \mid 36{,}87°)$ d) $S = (9{,}5 \mid 288{,}43°)$	b) $Q = (9{,}49 \mid 108{,}43°)$ e) $T = (5{,}66 \mid 225°)$	c) $R = (5{,}39 \mid 201{,}8°)$ f) $H = (4{,}24 \mid 45°)$
	798	a) $P = (995{,}37 \mid 32{,}44°)$ d) $S = (747{,}26 \mid 285{,}52°)$	b) $Q = (844{,}62 \mid 112{,}56°)$ e) $T = (446{,}35 \mid 12{,}95°)$	c) $R = (742{,}46 \mid 225°)$ f) $H = (760{,}73 \mid 116{,}97°)$

262

799 $A = (-4{,}9 \mid 4{,}9)$, $B = (4 \mid 6{,}9)$, $C = (5 \mid -4)$, $D = (4 \mid -2)$

800
a) $P = (-2{,}8 \mid 4{,}85)$ b) $Q = (4{,}7 \mid 1{,}7)$ c) $R = (-5{,}6 \mid -2)$ d) $S = (3{,}1 \mid -2{,}6)$
e) $P = (0 \mid 7)$ f) $Q = (-5 \mid 0)$ g) $R = (0 \mid -4)$ h) $S = (3 \mid 0)$

801 –

802 Formelsammlung

803
a) $E(2{,}8 \mid 225°)$; $F(4{,}2 \mid 135°)$; $G(5{,}7 \mid 45°)$; $H(7{,}1 \mid 315°)$
b) $E(4{,}1 \mid 76{,}0°)$; $F(5{,}4 \mid 201{,}8°)$; $G(6{,}3 \mid 341{,}6°)$; $H(3 \mid 270°)$

804
a) $A(-3{,}4 \mid -4{,}9)$, $B(-0{,}3 \mid -5)$, $C(2{,}3 \mid 1{,}9)$, $D(-0{,}7 \mid 3{,}9)$
b) $A(0{,}07 \mid 1{,}00)$, $B(0 \mid 7{,}5)$, $C(-7{,}73 \mid -2{,}07)$, $D(0 \mid -1)$

263

805
a) $(5 \mid 53{,}1°)$, $(5 \mid 126{,}9°)$, $(5 \mid 233{,}1°)$, $(5 \mid 306{,}9°)$
b) $(2{,}2 \mid 26{,}6°)$, $(2{,}2 \mid 153{,}4°)$, $(2{,}2 \mid 206{,}6°)$, $(2{,}2 \mid 333{,}4°)$

806 Die Entfernung beträgt 6,548 km.

807 Die Entfernung beträgt 3797 m.

808
a) $a = 7{,}28$; $b = 5$; $c = 4{,}47$; $A = 11$
b) $a = 8{,}25$; $b = 8{,}64$; $c = 9{,}39$; $A = 32{,}93$

809
a) Tunis – Valletta: 8,18; Valletta – Palermo: 5,56; Palermo – Tunis: 6,42
b) Winkel Palermo – Tunis – Valletta: 42,66°; Maßstab 1 : 4 721 223
c) 20,16 ≅ 950 km

810
(1) WSW bzw. SSO
(2) Luna $(-22{,}6 \mid -8{,}2)$, Paloma $(2{,}1 \mid -4{,}5)$
(3) 24,9 km
(4) Luna (22,5 km | 200°), Paloma (6,25 km | 295°)
(5) 20,6 km; 19,8 km; 20,2 km
(6) nach 8 Minuten

811 (2) 14,32 sm
(3) 7,83 sm
(4) B(7,21 | 123,69°); A(7,84 | 76,07°)
(5) AB=6,1 sm ; AC=14,6 sm
(6) ungefähr 1,59° bzw. 1,62°
(7) 720 m ≈ 0,389 sm; ungefähr 3,06°

264

(1)

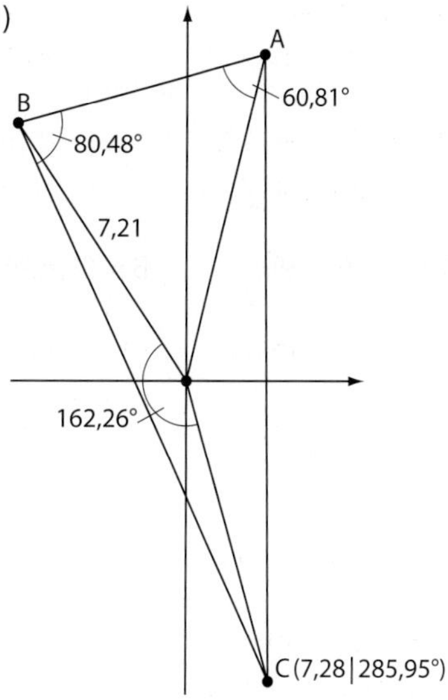

Typ-2-Aufgaben Trigonometrie

812 a) Falsch – falsch – richtig – falsch – richtig

266

b) $\sin(60°) = \frac{h'}{a} \Rightarrow h' = a \cdot \sin(60°) = \frac{a}{2} \cdot \sqrt{3}$

$h' = \sqrt{a^2 - \frac{a^2}{4}} = \frac{a}{2} \cdot \sqrt{3}$

c) $p = \frac{a^2 \cdot \frac{\sqrt{3}}{4} \cdot 100}{a^2} = 25 \cdot \sqrt{3} \approx 43{,}30$

Das Dreieck ABC' nimmt 43,30% der Quadratfläche ein.

$u_{ABC} = a \cdot (\sqrt{5} + 1)$ $u_{ABC'} = 3a$ $p = 100 - \frac{300}{\sqrt{5}+1} \approx 7{,}29$ Der Umfang von ABC' hat sich um 7,29 % gegenüber dem Umfang des ursprünglichen Dreiecks verringert.

813 a)

$\tan\alpha = \frac{h}{a}$ $\Rightarrow h = a \cdot \tan\alpha$

$\Rightarrow \alpha = \arctan\left(\frac{h}{a}\right)$

$\Rightarrow a = \frac{h}{\tan\alpha}$

Skizze:

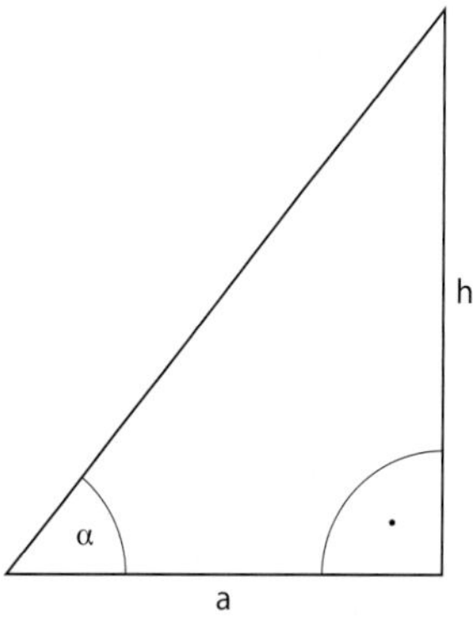

b) $s = \sqrt{x^2 + a^2}$

$\tan\alpha = \frac{a}{x} \Rightarrow \alpha = \arctan\left(\frac{a}{x}\right)$

$\sin(\beta - 90°) = \frac{x}{s} \Rightarrow \beta = \arcsin\left(\frac{x}{s}\right) + 90°$

oder $\beta = 180° - \alpha$

Skizze:

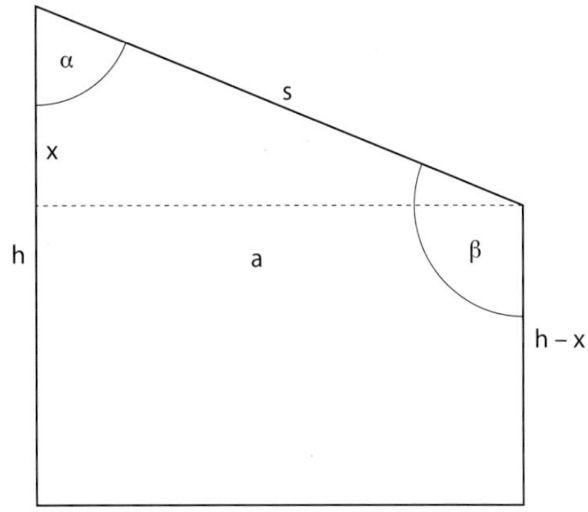

267

814 a) Länge der Strecke: ≈ 2525 m;
Steigungswinkel: ≈ 12°;
mittlere Steigung: ≈ 21 %

Skizze:

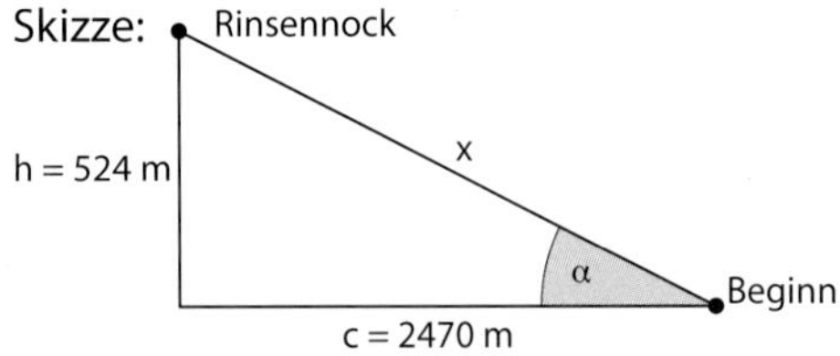

b) $\tan\alpha = \frac{k}{1} = k$

Skizze:

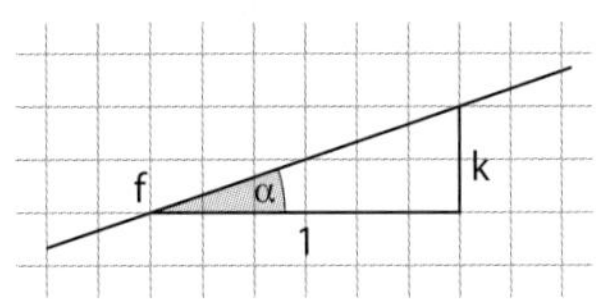

815 a) $\cos\alpha = x$, $\sin\alpha = y$;
Satz von Pythagoras: $x^2 + y^2 = 1 \Rightarrow (\sin\alpha)2 + (\cos\alpha)2 = 1$;
z. B.: $\sin\alpha = \cos\alpha = x \Rightarrow x^2 + x^2 = 1 \Rightarrow 2x^2 = 1 \Rightarrow x^2 = 0{,}5 \Rightarrow x = \pm\sqrt{0{,}5}$
$\Rightarrow \sin\alpha = \pm\sqrt{0{,}5} \Rightarrow \alpha_1 = \arcsin\sqrt{0{,}5}$ und $\alpha_2 = -\arcsin\sqrt{0{,}5} \Rightarrow \alpha_1 = 45°$ und $\alpha_2 = -45°$
Der gesuchte Winkel ist 45°: $\sin 45° = \cos 45° = \sqrt{0{,}5}$.
Im 3. Quadranten haben Sinus und Cosinus ebenfalls gleiches Vorzeichen, daher ist 135° ein weiterer geeigneter Winkel: $\sin 135° = \cos 135° = -\sqrt{0{,}5}$.

b) $\sin\varphi = \frac{s}{t}$, $\cos\varphi = \frac{r}{t}$, $\tan\varphi = \frac{s}{r}$; $\frac{\sin\varphi}{\cos\varphi} = \sin\varphi : \cos\varphi = \frac{s}{t} : \frac{r}{t} = \frac{s}{t} \cdot \frac{t}{r} = \frac{s}{r} = \tan\varphi$

c) $h = r \cdot \sin\varphi$; $A = \frac{1}{2} \cdot t \cdot r \cdot \sin\varphi$

Vektorrechnung und analytische Geometrie

1 Vektoren und ihre geometrische Interpretation

816 a) P(5|2); Q(−2|4) 268

b)

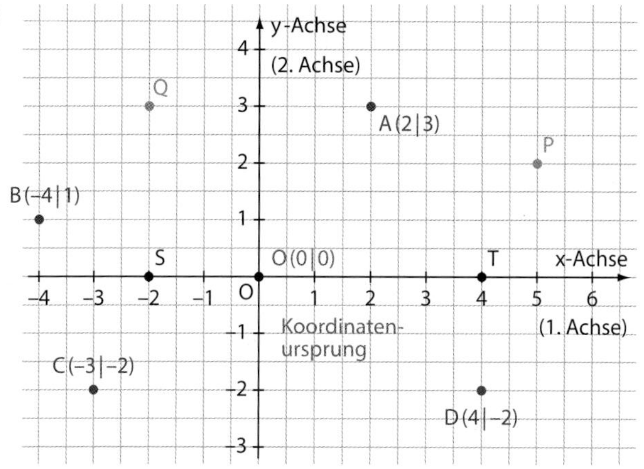

817 a) Parallelogramm mit a = 7,28 cm; b = 2,24 cm
b) Rechteck mit l = 11 cm; b = 2 cm
c) allgemeines Viereck mit a = 4,47 cm; b = 5,39 cm; c = 2 cm; d = 2,24 cm
d) Trapez mit a = 2 cm; b = 4,47 cm; c = 6 cm; d = 2 cm

818 –

819 a) $\Delta x = 4$; $\Delta y = 3$ b) $\Delta x = 3$; $\Delta y = -4$ 269
c) $\Delta x = 9$; $\Delta y = 0$ d) $\Delta x = -2$; $\Delta y = 1$

820 $\overrightarrow{BC} = \begin{pmatrix} 4 \\ 0 \end{pmatrix}$, $\overrightarrow{DE} = \begin{pmatrix} 4 \\ 0 \end{pmatrix}$, $\overrightarrow{AD} = \begin{pmatrix} 1 \\ 3 \end{pmatrix}$ 270

821 a) $\overrightarrow{AB} = \overrightarrow{CD} = \overrightarrow{FH} = \overrightarrow{JI}$ b) $\overrightarrow{AB} = \overrightarrow{CD} = \overrightarrow{FH} = \overrightarrow{JI} = \begin{pmatrix} -1 \\ -6 \end{pmatrix}$; $\overrightarrow{EG} = \begin{pmatrix} 3 \\ 0 \end{pmatrix}$; $\overrightarrow{FI} = \begin{pmatrix} 3 \\ -6 \end{pmatrix}$

822 $\overrightarrow{AB} = \begin{pmatrix} 2 \\ 3 \end{pmatrix}$, $\overrightarrow{BC} = \begin{pmatrix} -2 \\ 3 \end{pmatrix}$, $\overrightarrow{CD} = \begin{pmatrix} -2 \\ -3 \end{pmatrix}$, $\overrightarrow{DA} = \begin{pmatrix} 2 \\ -3 \end{pmatrix}$ 271

823 $u \approx 11{,}71$ 272

824 a) $|\vec{v}| \approx 89{,}3$ km/h b) $k = \frac{7}{89} \approx 7{,}9\,\%$

825 75,33 N 273

826 –

827 – 274

828 a) 7,21 b) 3,61 c) 6,40

829 a) $\overrightarrow{AB} = \begin{pmatrix} -1 \\ -2 \end{pmatrix}$ $\ell = 2{,}24$

b) $\overrightarrow{AB} = \begin{pmatrix} 2 \\ 2 \end{pmatrix}$ $\ell = 2{,}83$

c) $\overrightarrow{AB} = \begin{pmatrix} 0 \\ 3 \end{pmatrix}$ $\ell = 3$

d) $\overrightarrow{AB} = \begin{pmatrix} 3 \\ 1 \end{pmatrix}$ $\ell = 3{,}16$

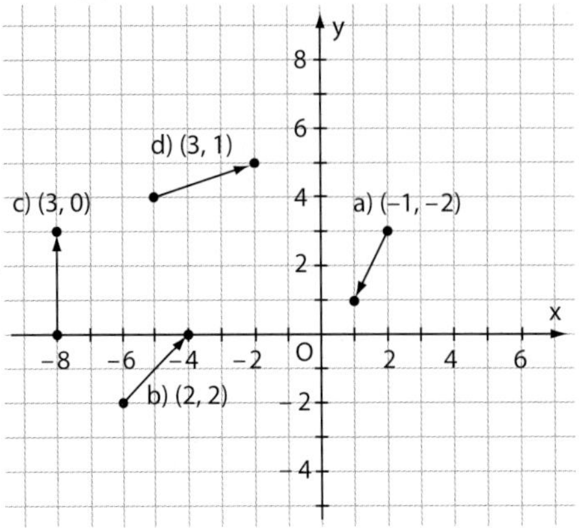

830 a) Länge 4,24

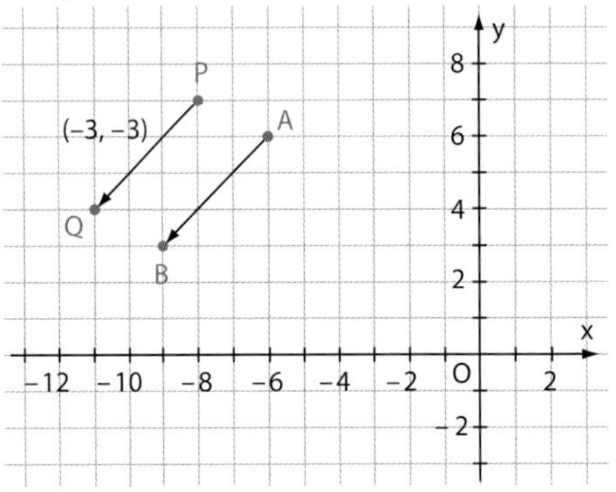

b) Länge 2,06

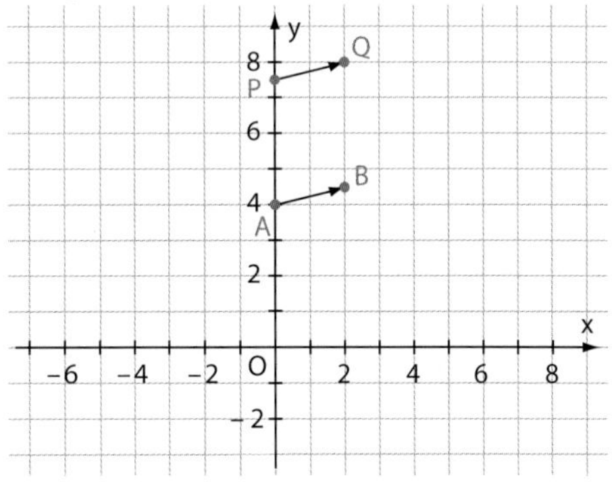

c) Länge 5,39

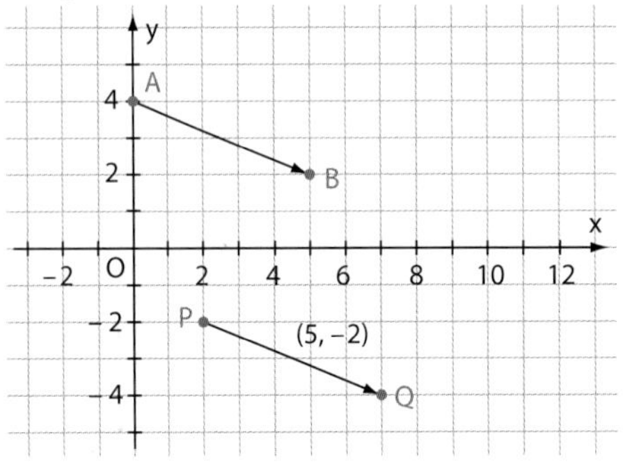

d) Länge 2,83

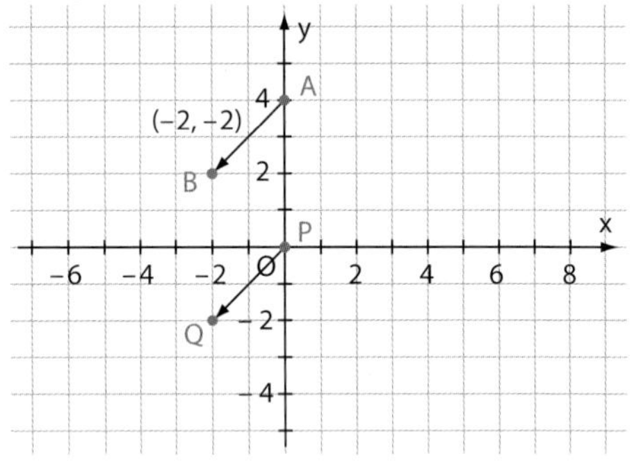

831 a)

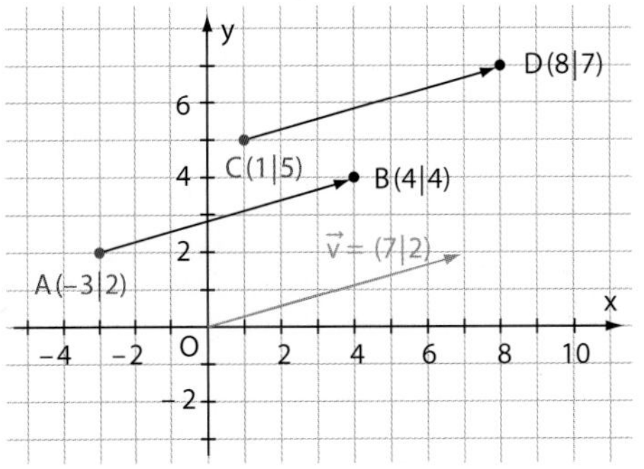

b)

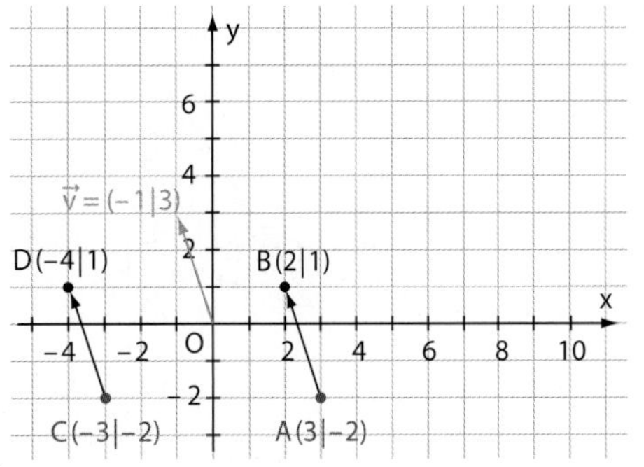

c)

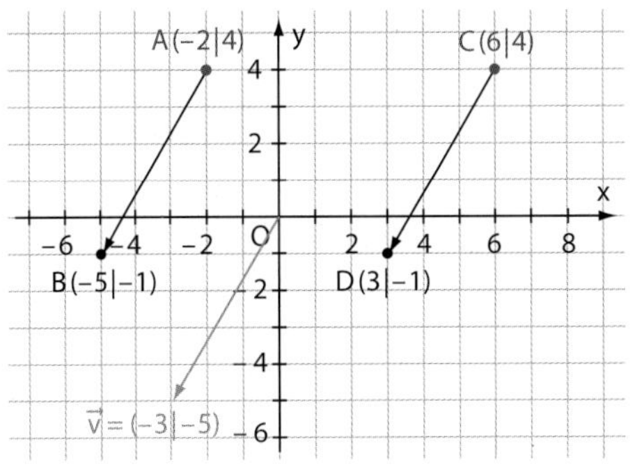

d)

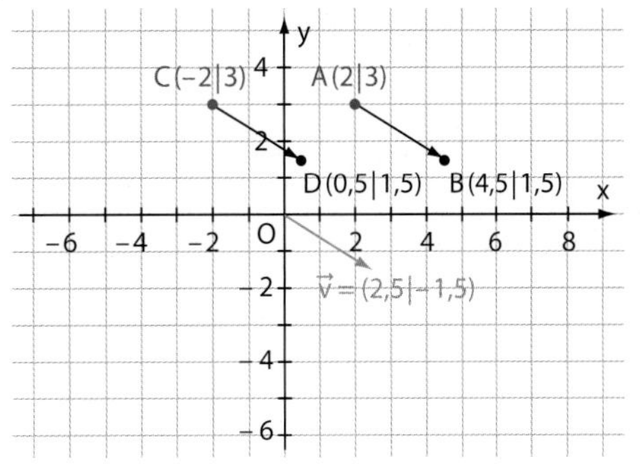

832 a)

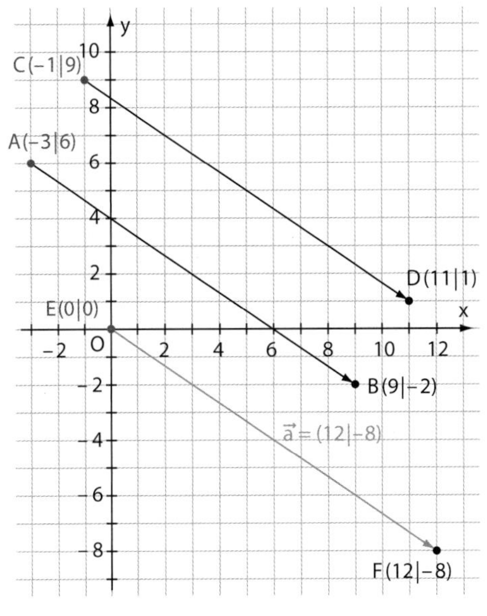

b)

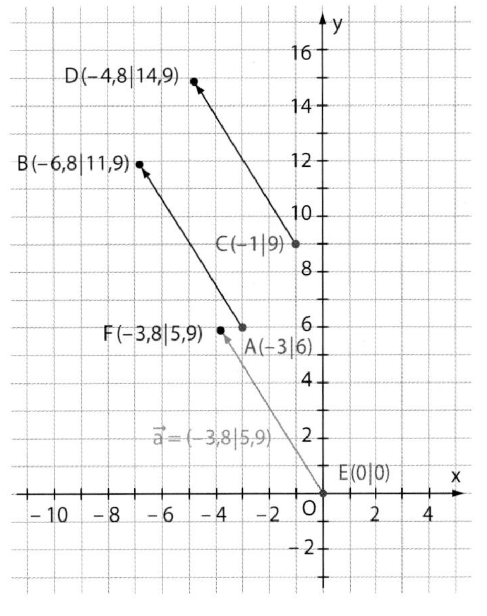

c)

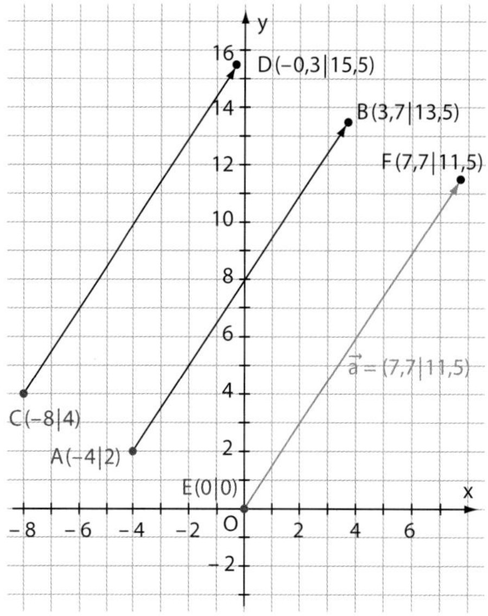

d)

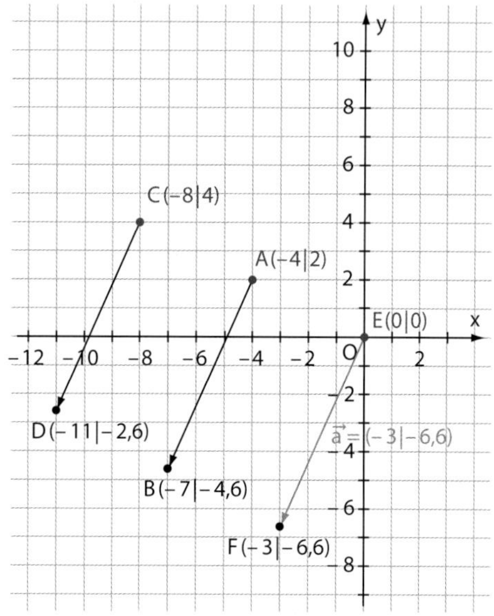

833	C – F – A – E – B – D

275

834 a) $\overrightarrow{AB} = \overrightarrow{ED} = \binom{-2}{-2}$; $|\overrightarrow{AB}| = |\overrightarrow{ED}| \approx 2{,}83$ $\qquad$ $\overrightarrow{BC} = \overrightarrow{FE} = \binom{0}{-3}$; $|\overrightarrow{BC}| = |\overrightarrow{FE}| = 3$

$\overrightarrow{CD} = \overrightarrow{AF} = \binom{2}{-2}$; $|\overrightarrow{CD}| = |\overrightarrow{AF}| \approx 2{,}83$ $\qquad$ u = 17,31

b) $\overrightarrow{AB} = \overrightarrow{ED} = \binom{-5}{-2}$; $|\overrightarrow{AB}| = |\overrightarrow{ED}| \approx 5{,}39$ $\qquad$ $\overrightarrow{BC} = \overrightarrow{FE} = \binom{1}{-4}$; $|\overrightarrow{BC}| = |\overrightarrow{FE}| \approx 4{,}12$

$\overrightarrow{CD} = \overrightarrow{AF} = \binom{4}{-2}$; $|\overrightarrow{CD}| = |\overrightarrow{AF}| \approx 4{,}47$ $\qquad$ u = 27,96

835 falsch – falsch – richtig – richtig – richtig

836 –

837 a) Nach 4 Minuten befindet sich der Körper im Punkt (– 3 | – 1,4)
b) v = 1,08 Einheiten/Minute = 0,02 Einheiten/Sekunde

838 a) 10,3 m/s = 37,1 km/h $\qquad$ b) 5 m/s = 18 km/h
c) 7,1 m/s = 25,5 km/h $\qquad$ d) 22,8 m/s = 82,2 km/h

839 a) 0,64 m/s, 54 % $\qquad$ b) 0,36 m/s, 23 %
c) 2,1 m/s, 25 % $\qquad$ d) 20,1 m/s, 50 %
Das negative Vorzeichen drückt die Abwärtsbewegung aus.

840 a) 5; 0° $\qquad$ b) 4,2; 45° $\qquad$ c) 6,3; 71,6° $\qquad$ d) 10,0; 5,7°

841 –

2 Rechenoperationen mit Vektoren

842 D – E – A – B – C 279

843 280

(1) $3 \cdot \vec{u} = \begin{pmatrix} 6 \\ -3 \end{pmatrix}$

(2) $0{,}8 \cdot \vec{u} = \begin{pmatrix} 1{,}6 \\ -0{,}8 \end{pmatrix}$

(3) $(-1{,}2) \cdot \vec{u} = \begin{pmatrix} -2{,}4 \\ 1{,}2 \end{pmatrix}$

(4) $1{,}6 \cdot \vec{u} = \begin{pmatrix} 3{,}2 \\ -1{,}6 \end{pmatrix}$

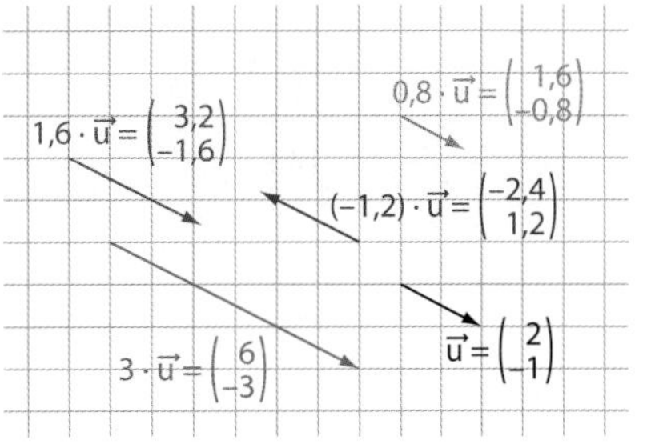

844 –

845 a) $(a + c \mid b + d)$ b) $(r - t \mid s - u)$ c) $(k \cdot x \mid k \cdot y)$ d) $\left(\frac{x}{m} \middle| \frac{y}{m}\right)$

846 Das Ergebnis gibt die Koordinaten eines neuen Punktes Q(1 | – 3) an.

a)

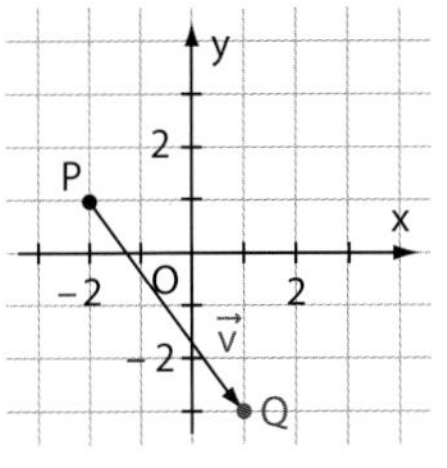

Das Ergebnis $\vec{c} = (1 \mid -3)$ beschreibt einen Pfeil.

b)

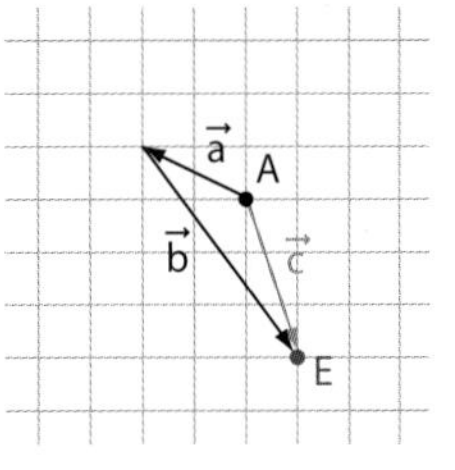

847 a)

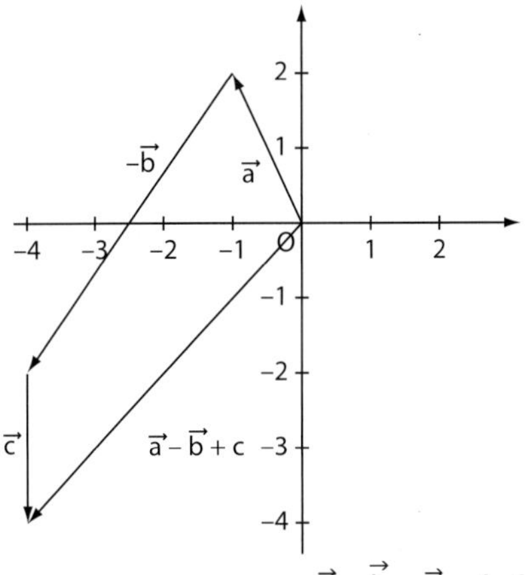

$\vec{a} - \vec{b} + \vec{c} = (-4; -4)$

b)

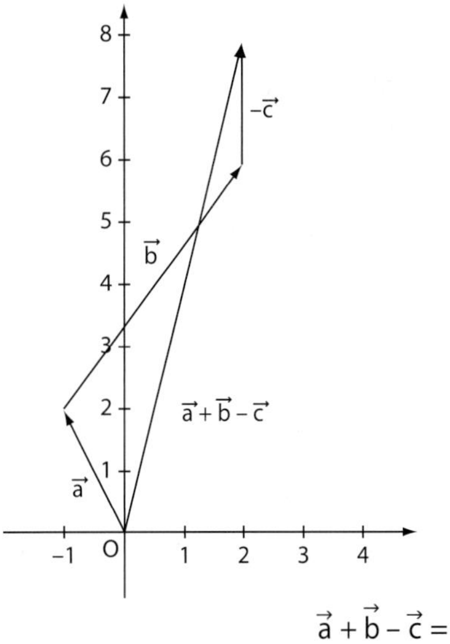

$\vec{a} + \vec{b} - \vec{c} = (2; 8)$

c)

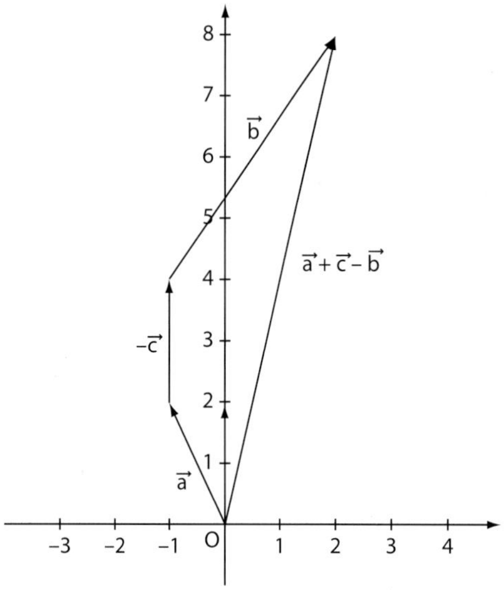

$\vec{a} - \vec{c} + \vec{b} = (2; 8)$

d)

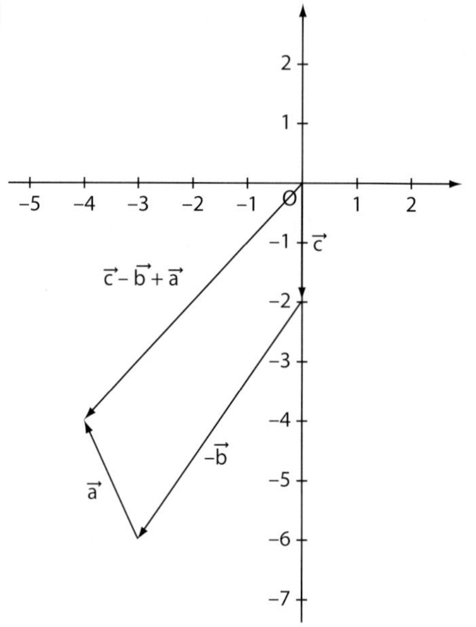

$\vec{c} - \vec{b} + \vec{a} = (-4; -4)$

848 a) D(−2|4), C(4|2)
b) $B = C - \overrightarrow{AD}$ oder $B = A + \overrightarrow{DC}$ oder $B = M + \overrightarrow{DM}$ oder $B = D + 2 \cdot \overrightarrow{DM}$, B(4|−4)

849 richtig – richtig – richtig – falsch – falsch

850
a) Der Vektor wird dreimal bzw. viermal addiert.
b) Der Vektor ändert die Orientierung.
c) Der Vektor wird kürzer.
d) Der Vektor wird kürzer.
e) Sie sind parallel.
f) Ein gleich langer, paralleler, entgegengesetzt orientierter Vektor ergibt sich durch den Faktor −1. Beide Koordinaten ändern ihr Vorzeichen.

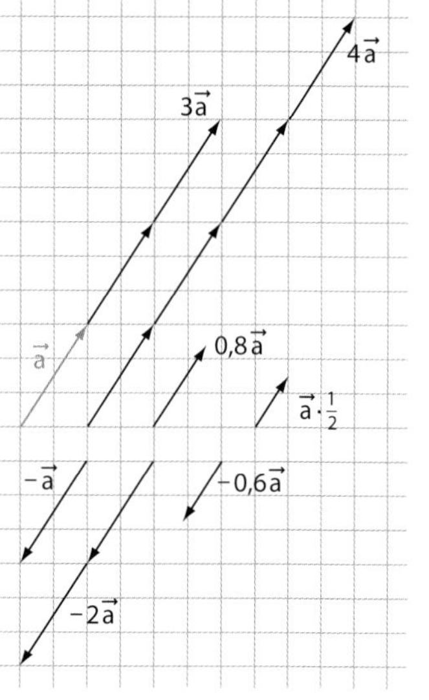

281

851 trifft nicht zu – trifft nicht zu – trifft nicht zu – trifft zu für k = 2

852 a) $\overrightarrow{AB} = (3|-4)$ b) $(5|-1) - (2|3) = (3|-4)$ 206

$(5|-1) + (-2|-3) = (3|-4)$

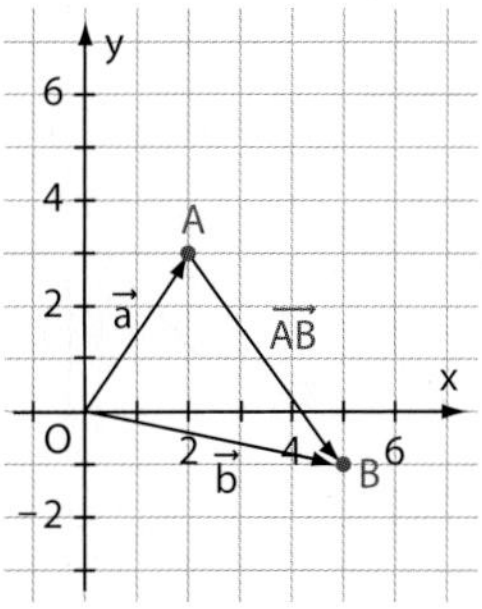

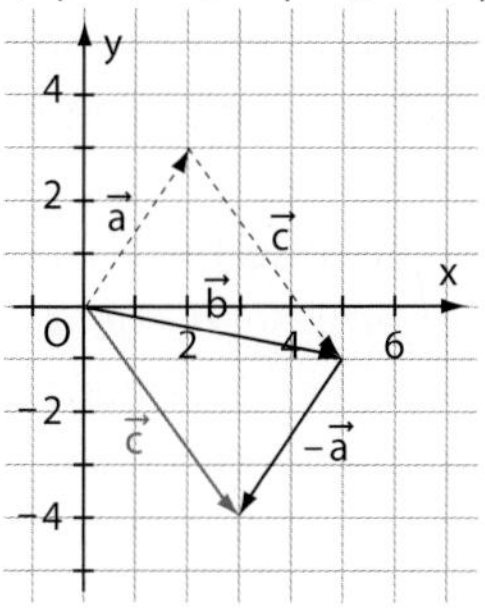

853

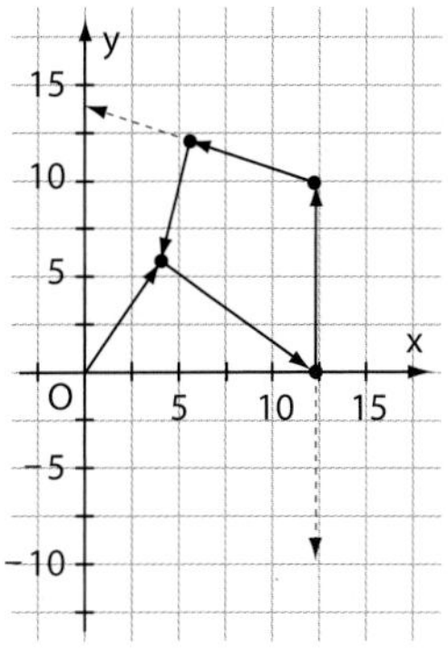

854 M(4|1)

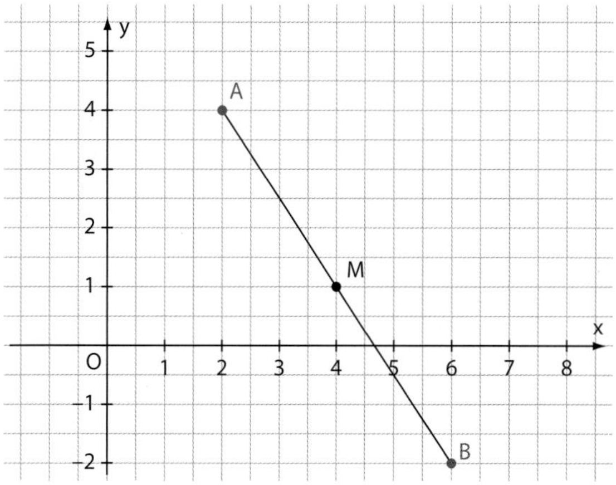

855 – 282

856 $S\left(\frac{8}{3}\middle|\frac{2}{3}\right)$

857 – (Mindmap)

858 a) $(-1|30), (35|-12)$ b) $(-29|17), (21|43)$ c) $(11|-14), (-11|16)$

d) $(0|0), (-16|6)$ e) $(1|4), (3|-14)$ f) $(2x|y-z), (0|y+z)$

859 (1) $y_u = 3$; (2) $y_u = 0$

860
a) (15 | − 10) Der Vektor ist länger und gleich orientiert.
b) (− 2 | 0,2) kürzer, gleich orientiert
c) (− 40 | 50) länger, entgegengesetzt orientiert
d) (− 3 | − 7) kürzer, entgegengesetzt orientiert
e) (− 1 | 7) gleich lang, entgegengesetzt orientiert
f) (48 | − 30) länger, gleich orientiert
g) (10 | 15) länger, entgegengesetzt orientiert
h) (− 4 | − 3) kürzer, entgegengesetzt orientiert
i) (− 4 | 6) kürzer, gleich orientiert
j) (− x | − y) gleich lang, entgegengesetzt orientiert

861 –

862
a) $\vec{s} = (1 | 5)$

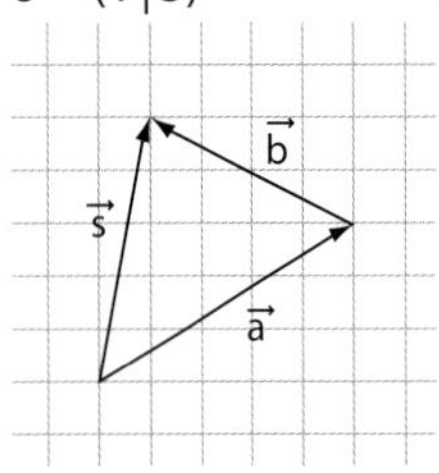

b) $\vec{s} = (1 | 5)$

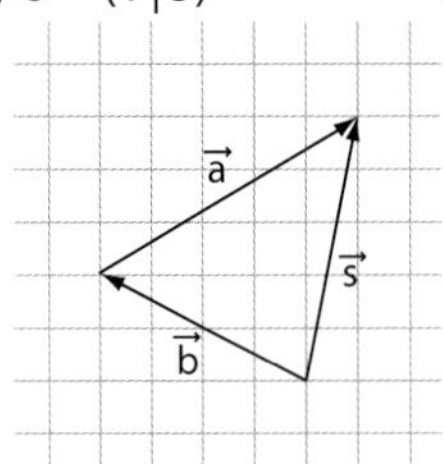

c) $\vec{d} = (4 | -3)$

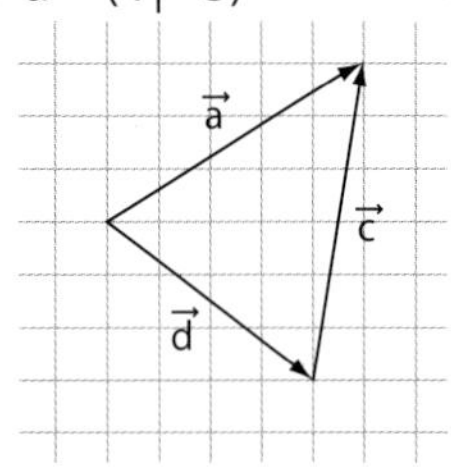

d) $\vec{v} = (-8 | 4)$

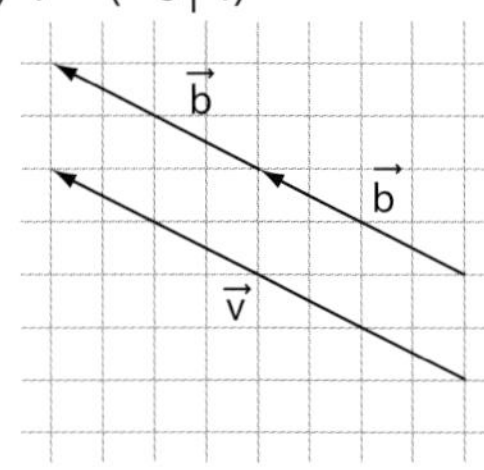

e) $\vec{s} = (-3 | 8)$

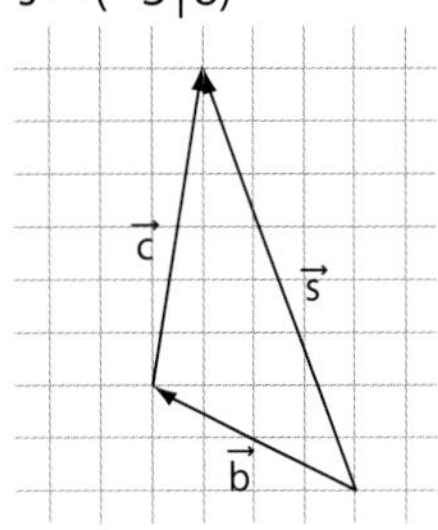

f) $\vec{d} = (5 | 4)$

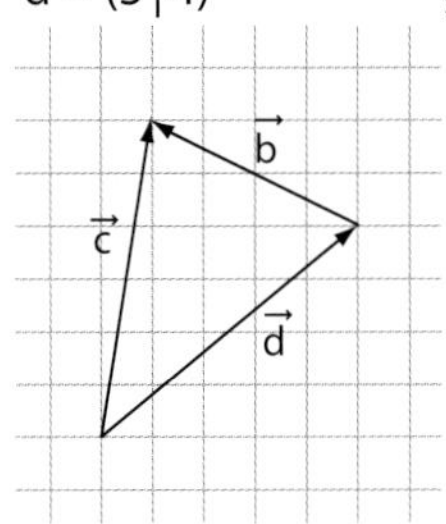

g) $\vec{d} = (-4 | 3)$

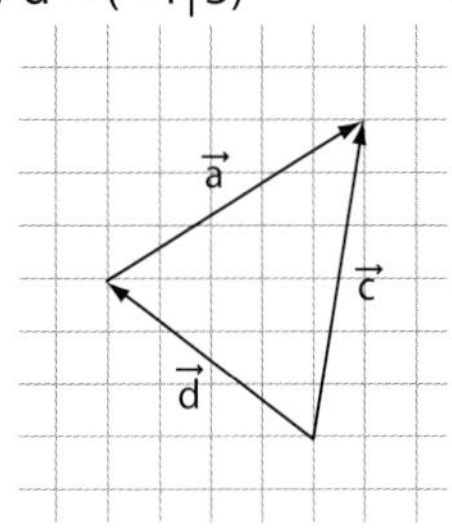

h) $\vec{v} = (0{,}5 | 2{,}5)$

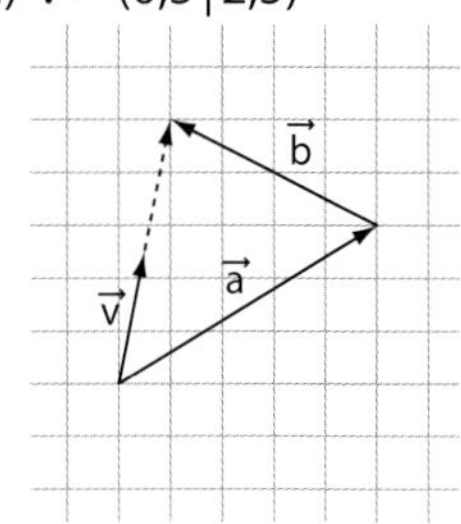

283

863
a) (29 | 59) Summenvektor
b) (62 | 78) Differenzenvektor
c) (102 | 348) paralleler Vektor (länger, entgegengesetzt orientiert)
d) (14 | − 19) Summenvektor der halben Länge oder Mittelwert von a und c oder Mittelpunkt zwischen A und C
e) $\left(4 \middle| \frac{1}{3}\right)$ ein Drittel des Summenvektors oder Schwerpunkt der Punkte A, B, C

864
a) $A_1(6 | -2)$

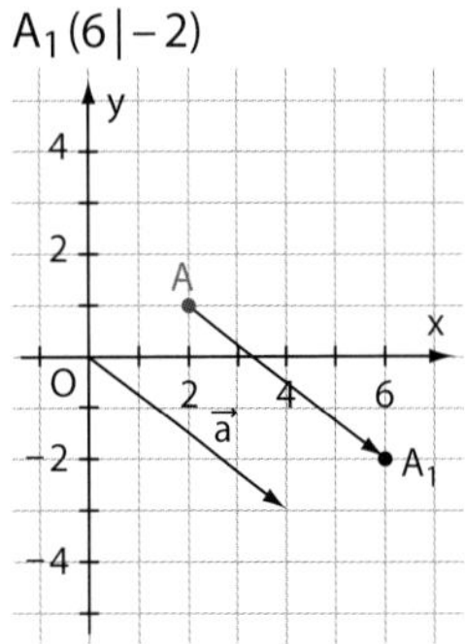

b) $B_1(3 | 6)$

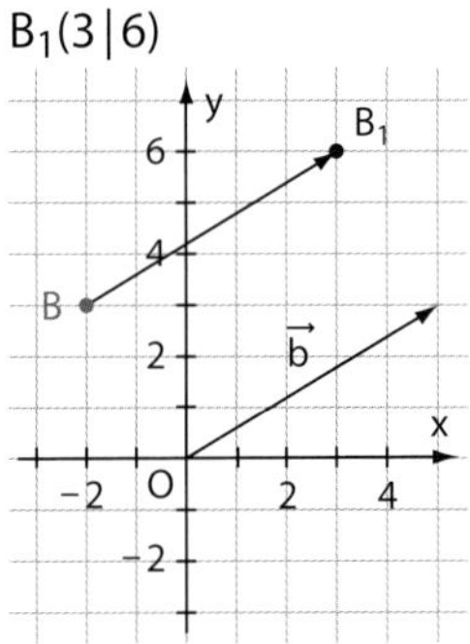

c) $C_1(-1 | -3)$

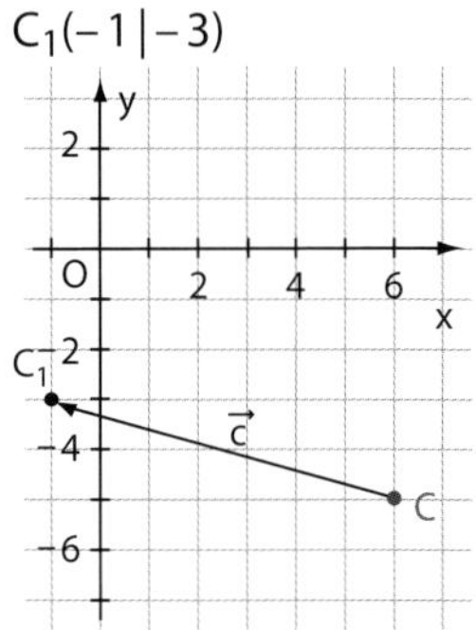

d) $D_1(-3|2)$ e) $E_1(4|5)$ f) $F_1(0|0)$

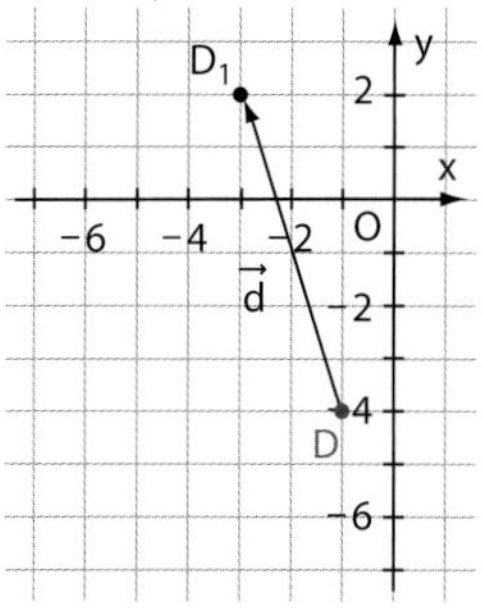

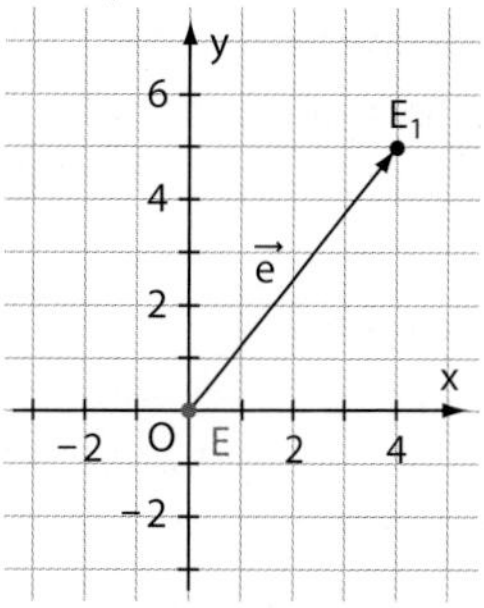

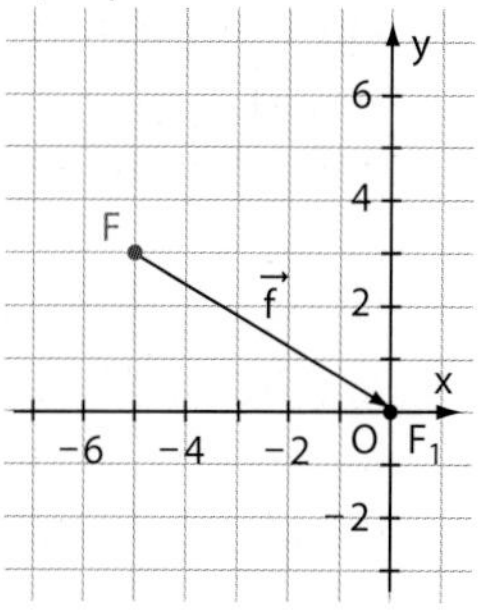

865 1. Zeile: nicht wahr – nicht wahr – nicht wahr; 2. Zeile: wahr – nicht wahr

866

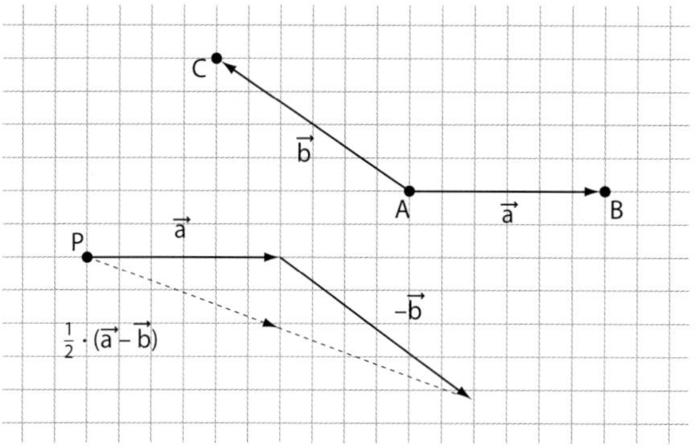

867 a) E(5|4) Bauer oder Dame b) E(8|5) Springer
c) E(8|5) Läufer oder Dame d) E(6|5) Dame

868 a) C(5|2) b) D(0|0) c) B(−2|7) d) A(−2|3)

869 a) M(3|−6) b) M(2|4) c) M(−8|−1,5) d) M(2,5|−2)

870 a) B(4|−2), C(5|2), D(−1|5), M(1,5|1,5) b) B(−2|4), C(0|0), D(9|1), M(3,5|2,5)
c) A(−1|−4), C(1|4), D(−4|2), M(0|0) d) A(−6|−5), B(4|−1), D(−10|2), M(−3|0,5)

871 a) $a = c \approx 7{,}1$; $b = d \approx 6{,}1$; $e \approx 9{,}2$; $f \approx 9{,}4$; M(0|1,5) Parallelogramm
b) $a = c \approx 8{,}5$; $b = d \approx 7{,}1$; $e = f \approx 11{,}0$; M(1,5|3,5) Rechteck
c) $a \approx 5{,}7$; $b \approx 7{,}1$; $c = d \approx 6{,}4$; $e \approx 9{,}1$; $f = 9{,}0$; M(2|−0,6) allgemeines Viereck
d) $a \approx 12{,}2$; $b = c \approx 8{,}1$; $d \approx 12{,}7$; $e \approx 16{,}8$; $f \approx 11{,}4$ allgemeines Viereck
e) $a = b = c = d = 5$; $e \approx 8{,}9$; $f \approx 4{,}5$; M(−3|−1) Rhombus (Raute)
f) $a = c = 5$; $b = d \approx 9{,}1$; $e \approx 12{,}4$; $f \approx 7{,}8$; M(−1|−0,5) Parallelogramm

284

872 a) $a \approx 12{,}6$; $b \approx 7{,}2$; $c = 10$; S(−1|1) allgemeines Dreieck

b) $a \approx 12{,}6$; $b = c \approx 7{,}1$; $S\left(-\frac{2}{3}\middle|2\right)$ gleichschenkliges Dreieck

c) $a \approx 9{,}1$; $b \approx 5{,}7$; $c \approx 7{,}1$; $S\left(3\middle|\frac{1}{3}\right)$ rechtwinkliges Dreieck (Überprüfe $b^2 + c^2 = a^2$)

d) $a \approx 2{,}8$; $b \approx 8{,}2$; $c \approx 7{,}2$; $S\left(\frac{13}{3}\middle|2\right)$ allgemeines Dreieck

873 a) P(3,5 | 0,5), Q(5 | 1), R(6,5 | 1,5) b) P(3 | 0), Q(5 | −1)
c) P(−8 | −3,8), Q(−5 | −2,6), R(−2 | −1,4), S(1 | −0,2)

874 a) C(−61 | 194) b) P(368 | 208)

875 (1) $\vec{F_1} = (-6\,\text{N} \mid -1\,\text{N})$
$\vec{F_2} = (6\,\text{N} \mid -1\,\text{N})$
$\vec{F_{ges}} = (0\,\text{N} \mid -2\,\text{N})$
(2) $|\vec{F_1}| = |\vec{F_2}| \approx 6{,}08\,\text{N},\ |\vec{F_{ges}}| = 2$
(3)

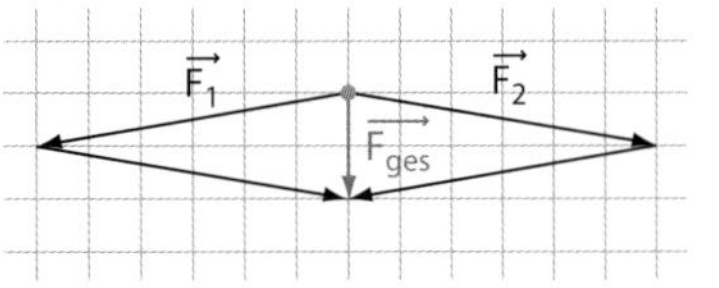

876 $\vec{F_3} = (2\,\text{N} \mid -7\,\text{N})$

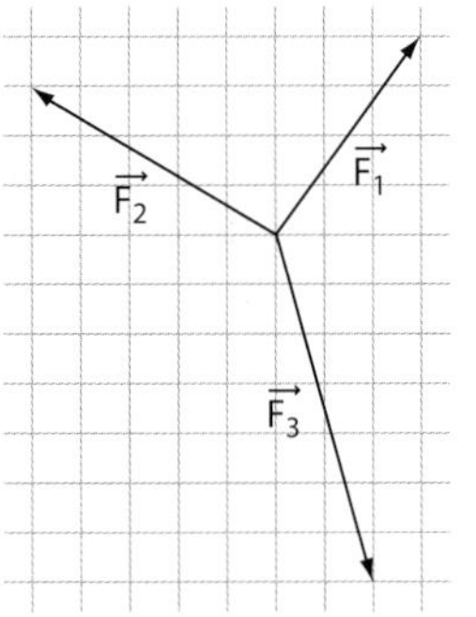

285

877 a) $(\vec{a} + \vec{b}) + \vec{c} = \left(\begin{pmatrix} x_a \\ y_a \end{pmatrix} + \begin{pmatrix} x_b \\ y_b \end{pmatrix}\right) + \begin{pmatrix} x_c \\ y_c \end{pmatrix} = \begin{pmatrix} x_a + x_b \\ y_a + y_b \end{pmatrix} + \begin{pmatrix} x_c \\ y_c \end{pmatrix} = \begin{pmatrix} (x_a + x_b) + x_c \\ (y_a + y_b) + y_c \end{pmatrix}$
wegen Assoziativgesetz für reelle Zahlen
$= \begin{pmatrix} x_a + (x_b + x_c) \\ y_a + (y_b + y_c) \end{pmatrix} = \begin{pmatrix} x_a \\ y_a \end{pmatrix} + \begin{pmatrix} x_b + x_c \\ y_b + y_c \end{pmatrix} = \begin{pmatrix} x_a \\ y_a \end{pmatrix} + \left(\begin{pmatrix} x_b \\ y_b \end{pmatrix} + \begin{pmatrix} x_c \\ y_c \end{pmatrix}\right) = \vec{a} + (\vec{b} + \vec{c})$

b) $\vec{a} + \vec{b} = \begin{pmatrix} x_a \\ y_a \end{pmatrix} + \begin{pmatrix} x_b \\ y_b \end{pmatrix} = \begin{pmatrix} x_a + x_b \\ y_a + y_b \end{pmatrix} = \begin{pmatrix} x_b + x_a \\ y_b + y_a \end{pmatrix} = \begin{pmatrix} x_b \\ y_b \end{pmatrix} + \begin{pmatrix} x_a \\ y_a \end{pmatrix} = \vec{b} + \vec{a}$
wegen Kommutativgesetz für reelle Zahlen

c) $\vec{a} + (-\vec{a}) = \begin{pmatrix} x_a \\ y_a \end{pmatrix} + \begin{pmatrix} -x_a \\ -y_a \end{pmatrix} = \begin{pmatrix} x_a - x_a \\ y_a - y_a \end{pmatrix} = \begin{pmatrix} 0 \\ 0 \end{pmatrix}$

d) $k \cdot (\vec{a} + \vec{b}) = k \cdot \left(\begin{pmatrix} x_a \\ y_a \end{pmatrix} + \begin{pmatrix} x_b \\ y_b \end{pmatrix}\right) = k \cdot \begin{pmatrix} x_a + x_b \\ y_a + y_b \end{pmatrix} = \begin{pmatrix} k \cdot (x_a + x_b) \\ k \cdot (y_a + y_b) \end{pmatrix}$
wegen Distributivgesetz für reelle Zahlen
$= \begin{pmatrix} k \cdot x_a + k \cdot x_b \\ k \cdot y_a + k \cdot y_b \end{pmatrix} = \begin{pmatrix} k \cdot x_a \\ k \cdot y_a \end{pmatrix} + \begin{pmatrix} k \cdot x_b \\ k \cdot y_b \end{pmatrix} = k \cdot \begin{pmatrix} x_a \\ y_a \end{pmatrix} + k \cdot \begin{pmatrix} x_b \\ y_b \end{pmatrix} = k \cdot \vec{a} + k \cdot \vec{b}$

878 a) $E = A + \frac{1}{3} \cdot \overrightarrow{AB} = A + \frac{1}{3} \cdot (B - A) = A + \frac{1}{3} \cdot B - \frac{1}{3} \cdot A = \frac{2}{3} \cdot A + \frac{1}{3} \cdot B$
b) $E = A + \frac{1}{4} \cdot \overrightarrow{AB} = A + \frac{1}{4} \cdot (B - A) = A + \frac{1}{4} \cdot B - \frac{1}{4} \cdot A = \frac{3}{4} \cdot A + \frac{1}{4} \cdot B$
c) $E = A + \frac{1}{n} \cdot \overrightarrow{AB} = A + \frac{1}{n} \cdot (B - A) = A + \frac{1}{n} \cdot B - \frac{1}{n} \cdot A = 1 - \frac{1}{n} \cdot A + \frac{1}{n} \cdot B = n - \frac{1}{n} \cdot A + \frac{1}{n} \cdot B$
d) $E = A + \frac{m}{n} \cdot \overrightarrow{AB} = A + \frac{m}{n} \cdot (B - A) = A + \frac{m}{n} \cdot B - \frac{m}{n} \cdot A = 1 - \frac{m}{n} \cdot A + \frac{m}{n} \cdot B = \frac{n-m}{n} \cdot A + \frac{m}{n} \cdot B$

879 a) (1 | 1 | 1) b) (1 | −1 | 1) c) (2 | 5 | −3)

880 a) (18 | 12 | 37 | 15 | 7 | 16) gibt an, wie viel Stück jeder Kunde insgesamt erhält.
b) (160 | 100 | 200 | 60 | 20 | 80) gibt an, wie viel jeder Kunde für die gelieferten Produkte 1 zu bezahlen hat.
c) (210 | 205 | 860 | 365 | 155 | 350) gibt an, wie viel jeder Kunde insgesamt zu bezahlen hat.

881 $\overrightarrow{F_{ges}} = \overrightarrow{F_S} + \overrightarrow{F_W} = (3\,N \mid -12\,N)$

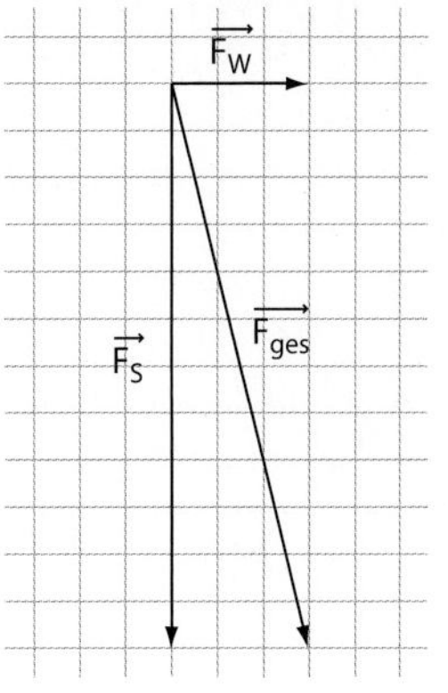

882 $\overrightarrow{F_{ges}} = (4\,N \mid -6\,N)$

286

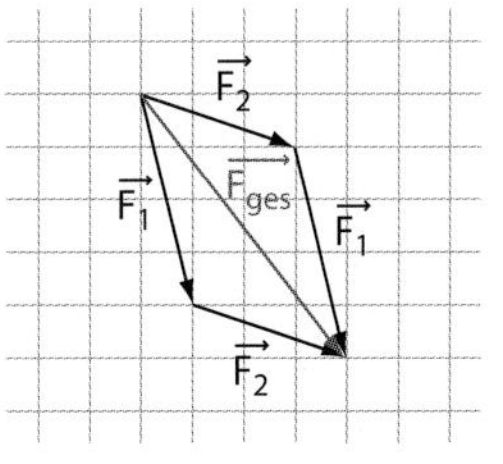

883 (1) $\overrightarrow{F_{ges}} = \begin{pmatrix} -2\,N \\ 0\,N \end{pmatrix}$

(2) $\overrightarrow{F_4} = \begin{pmatrix} 2\,N \\ 0\,N \end{pmatrix}$

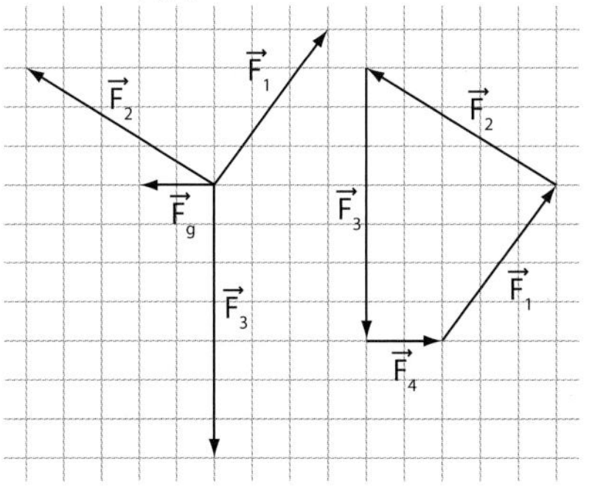

884 (1) $\overrightarrow{F_2} = \begin{pmatrix} 2{,}31 \\ -0{,}46 \end{pmatrix}$

(2) Die Beträge der wirkenden Kräfte vergrößern sich.

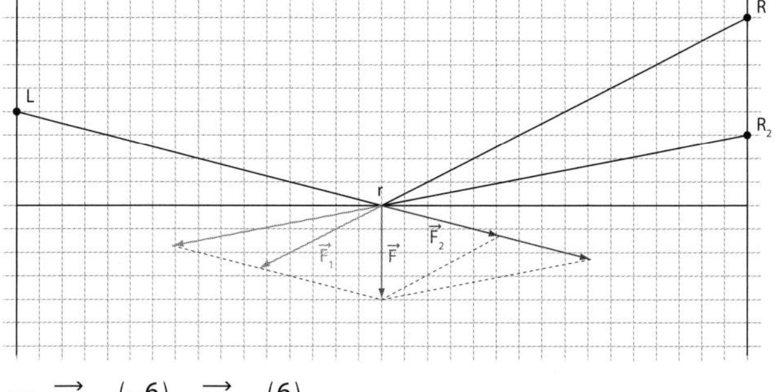

(3) $\overrightarrow{F_1} = \begin{pmatrix} -6 \\ 0 \end{pmatrix}$ $\overrightarrow{F_1} = \begin{pmatrix} 6 \\ 2 \end{pmatrix}$

885 a) $\vec{F_1} + \vec{F_2} = \begin{pmatrix} 1{,}75 \\ -0{,}44 \end{pmatrix} + \begin{pmatrix} 0{,}56 \\ 1{,}02 \end{pmatrix} = \begin{pmatrix} 2{,}31 \\ 0{,}58 \end{pmatrix} = -\vec{F_3}$

b) $\vec{F_3} = \begin{pmatrix} 0 \\ 0 \end{pmatrix}$

c) ja

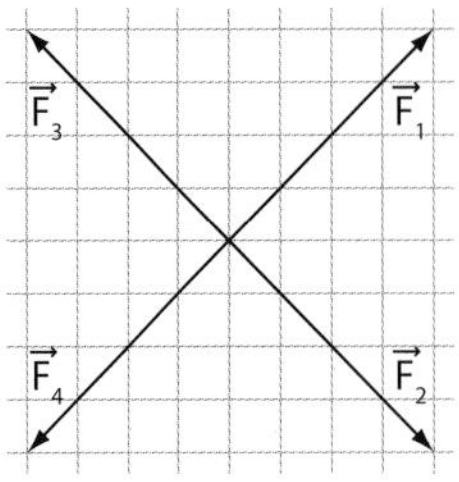

3 Einheitsvektor

288 886 a) $\vec{v_0} = \frac{1}{\sqrt{10}} \cdot \begin{pmatrix} 3 \\ -1 \end{pmatrix}$ b) $\vec{v_0} = \frac{1}{\sqrt{29}} \cdot \begin{pmatrix} -5 \\ -2 \end{pmatrix}$

289 887 a) B(2,4 | 6,2) b) B(−14 | 1)

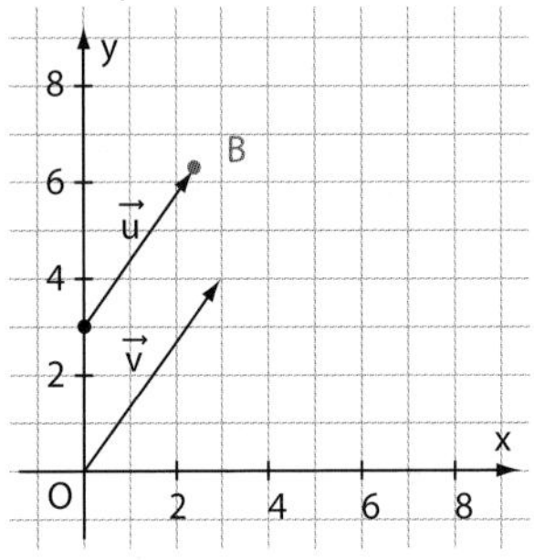

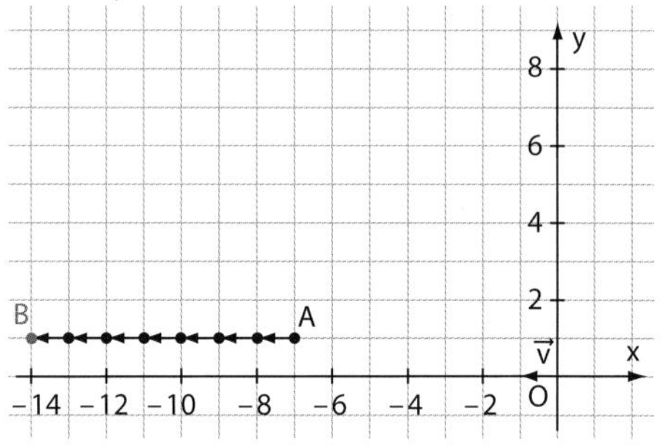

888 – Mindmap

889 a) $\vec{v_0} = \frac{1}{\sqrt{58}} \cdot \begin{pmatrix} 7 \\ 3 \end{pmatrix}$ b) $\vec{v_0} = \frac{1}{\sqrt{2}} \cdot \begin{pmatrix} 1 \\ 1 \end{pmatrix}$ c) $\vec{v_0} = \frac{1}{\sqrt{2}} \cdot \begin{pmatrix} -1 \\ 1 \end{pmatrix}$

890 D – E – A – C

290 891 a) B ≈ (2,5 | 0,8) b) B ≈ (2,3 | 7,1) c) B = (3 | 8)

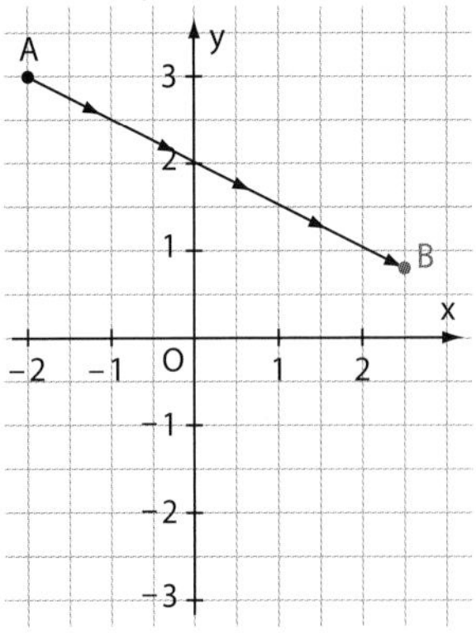

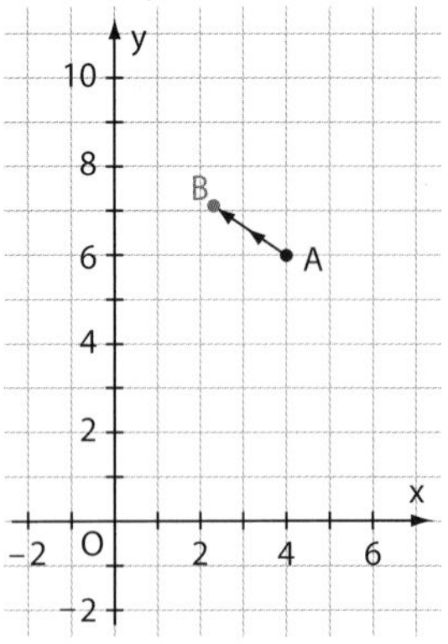

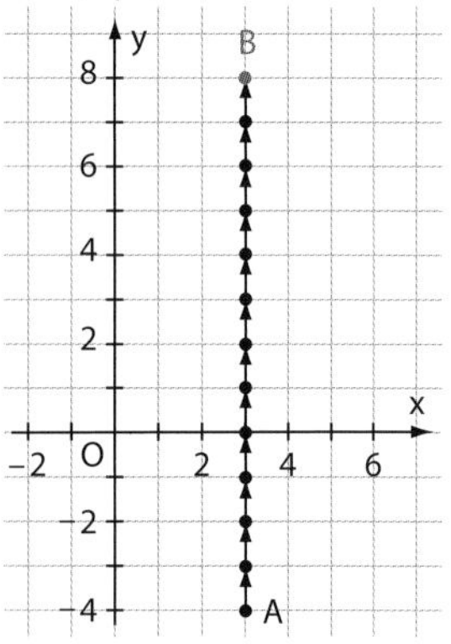

d) $B = (3|-5)$ e) $B = (6|5)$ f) $B = (-4{,}5|-3{,}5)$

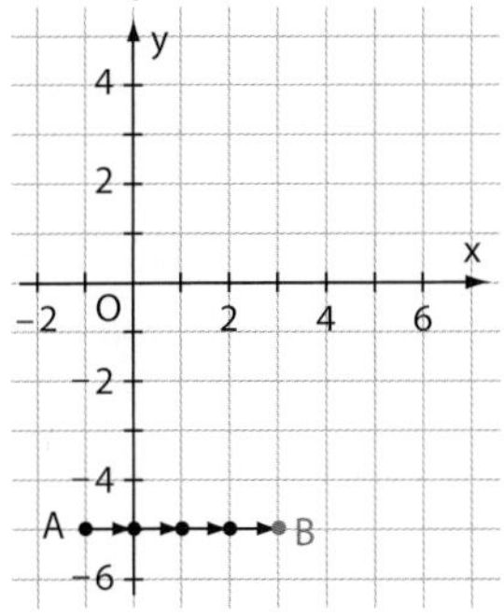

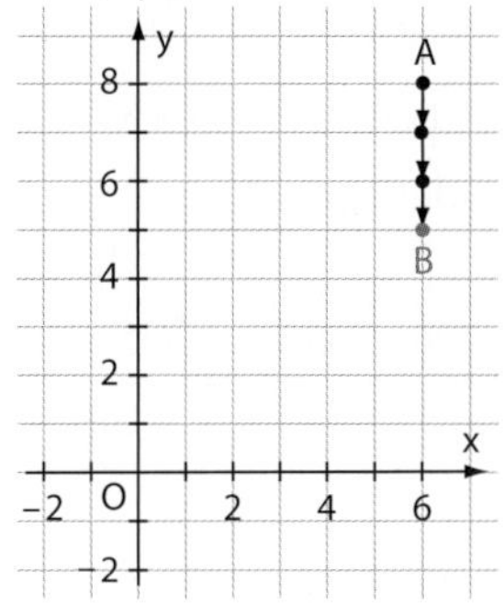

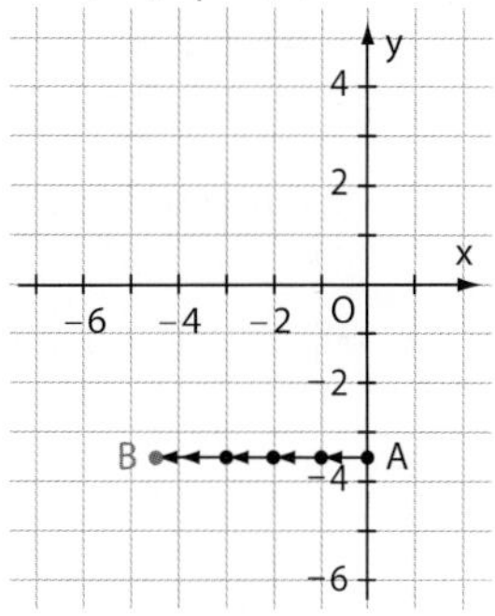

892 Die Summe $\vec{u_0} + \vec{v_0}$ halbiert den von $\vec{u}$ und $\vec{v}$ aufgespannten Innenwinkel; die Differenz $\vec{u_0} - \vec{v_0}$ halbiert den von $\vec{u}$ und $\vec{v}$ aufgespannten Außenwinkel.
$\vec{u_0} + \vec{v_0}$ und $\vec{u_0} - \vec{v_0}$ stehen normal aufeinander.

893 a) $B_1(26|11)$, $C_1(6|21)$ b) $B_1(20|8{,}5)$, $C_1(5|16)$ c) $B_1(8|3{,}5)$, $C_1(3|6)$

894 Richtig sind (3) und (4).

895 a) $\vec{v_0} = \frac{1}{5}\cdot\begin{pmatrix}3\\4\\0\end{pmatrix}$ b) $\vec{v_0} = \frac{1}{5}\cdot\begin{pmatrix}0\\-3\\4\end{pmatrix}$ c) $\vec{v_0} = \frac{1}{13}\cdot\begin{pmatrix}12\\0\\-5\end{pmatrix}$ d) $\vec{v_0} = \frac{1}{\sqrt{3}}\cdot\begin{pmatrix}1\\-1\\1\end{pmatrix}$

896 a) $\vec{v_0} = \frac{1}{\sqrt{79}}\cdot(5|0|1|2|7)$ b) $\vec{v_0} = \frac{1}{\sqrt{91}}\cdot(-9|1|-3|0|0)$ c) $\vec{v_0} = \frac{1}{\sqrt{120}}\cdot(5|3|1|-7|-6)$

4 Skalarprodukt

897 a) $12 + 10 = 22$ b) $-16 + 7 = -9$ c) $a\cdot c + b\cdot d$ 291
d) $-2x + 9y$ e) $x_a^2 + y_a^2$

898 a) 8 b) 45 c) -31

899 (7) $25 + 8x + 6y + x^2 + y^2$ (8) $25 - 8x - 6y + a\,x^2 + y^2$ (9) $25 - x^2 - y^2$ 292

900 Mindmap

901 a) 27 b) -4 c) 61 d) $-5x + y$ e) $3tr - 4st$ f) $20t^2$

902 a) -112 b) 36 c) -160
d) Nicht möglich, da die Zahl $\vec{a}\cdot\vec{c}$ nicht zu einem Vektor $\vec{d}$ addiert werden kann.
e) $(-9|-15)$
f) -36
g) 8
h) Nicht möglich, da ein Vektor und eine Zahl nicht addiert werden können.

903 a) linke Seite:
$(\vec{a} + \vec{b})\cdot(\vec{a} - \vec{b}) =$

$$\left(\begin{pmatrix}x_a\\y_a\end{pmatrix} + \begin{pmatrix}x_b\\y_b\end{pmatrix}\right)\cdot\left(\begin{pmatrix}x_a\\y_a\end{pmatrix} - \begin{pmatrix}x_b\\y_b\end{pmatrix}\right) = \begin{pmatrix}x_a + x_b\\y_a + y_b\end{pmatrix}\cdot\begin{pmatrix}x_a - x_b\\y_a - y_b\end{pmatrix} = (x_a + x_b)\cdot(x_a - x_b) + (y_a + y_b)\cdot(y_a - y_b)$$
$$= x_a^2 - x_b^2 + y_a^2 - y_b^2$$

rechte Seite:
$\vec{a}^2 - \vec{b}^2 =$
$\begin{pmatrix} x_a \\ y_a \end{pmatrix}^2 - \begin{pmatrix} x_b \\ y_b \end{pmatrix}^2 = \left(x_a^2 + y_a^2\right) - \left(x_b^2 + y_b^2\right) = x_a^2 + y_a^2 - x_b^2 - y_b^2 = x_a^2 - x_b^2 + y_a^2 - y_b^2$
Linke und rechte Seite der Formel stimmen überein.

b) $|\vec{a} - \vec{b}|^2 = \left|\begin{pmatrix} x_a \\ y_a \end{pmatrix} - \begin{pmatrix} x_b \\ y_b \end{pmatrix}\right|^2 = \left|\begin{pmatrix} x_a - x_b \\ y_a - y_b \end{pmatrix}\right|^2 = \left(\sqrt{(x_a - x_b)^2 + (y_a - y_b)^2}\right)^2 = (x_a - x_b)^2 + (y_a - y_b)^2$
$= \begin{pmatrix} x_a - x_b \\ y_a - y_b \end{pmatrix}^2 = \left(\begin{pmatrix} x_a \\ y_a \end{pmatrix} - \begin{pmatrix} x_b \\ y_b \end{pmatrix}\right)^2 = (\vec{a} - \vec{b})^2$

c) $(\vec{a} - \vec{b})^2 = \left(\begin{pmatrix} x_a \\ y_a \end{pmatrix} - \begin{pmatrix} x_b \\ y_b \end{pmatrix}\right)^2 = \begin{pmatrix} x_a - x_b \\ y_a - y_b \end{pmatrix}^2 = (x_a - x_b)^2 + (y_a - y_b)^2$
$= x_a^2 - 2 \cdot x_a \cdot x_b + x_b^2 + y_a^2 - 2 \cdot y_a \cdot y_b + y_b^2$
$= \left(x_a^2 + y_a^2\right) - 2 \cdot (x_a \cdot x_b + y_a \cdot y_b) + \left(x_b^2 + y_b^2\right)$
$= \begin{pmatrix} x_a \\ y_a \end{pmatrix}^2 - 2 \cdot \begin{pmatrix} x_a \\ y_a \end{pmatrix} \cdot \begin{pmatrix} x_b \\ y_b \end{pmatrix} + \begin{pmatrix} x_b \\ y_b \end{pmatrix}^2$
$= \vec{a}^2 - 2 \cdot \vec{a} \cdot \vec{b} + \vec{b}^2$

5 Winkel zwischen zwei Vektoren

293 **904** z. B.: $c^2 = a^2 + b^2 - 2 \cdot a \cdot b \cdot \cos\varphi$

294 **905** a) 42,3° b) 119,7°

906 (Mindmap)

907 Formelsammlung

908 a) 60,3° b) 93,4° c) 33,7° d) 180° e) 5,6° f) 167,1°

295 **909** a) 50,2°; 56,3°; 73,5° b) 26,6°; 90°; 63,4° c) 45,5°; 109,6°; 24,9°
d) 39,1°; 105,9°; 35,0° e) 63,4°; 147,3°; 72,9°; 76,3° f) 63,4°; 228,4°; 29,7°; 38,5°

910 Hinweis: Berechne mithilfe von Vektoren die Länge zweier Dreiecksseiten und den eingeschlossenen Winkel.
a) 25,5 b) 23,0 c) 21,5 d) 635,8

911 (1) $\cos(0°) = 1 \Rightarrow \vec{a} \cdot \vec{b} = |\vec{a}| \cdot |\vec{b}|$
(2) $\cos(90°) = 0 \Rightarrow \vec{a} \cdot \vec{b} = 0$
(3) $\cos(180°) = -1 \Rightarrow \vec{a} \cdot \vec{b} = -|\vec{a}| \cdot |\vec{b}|$

912 $\cos\varphi = \frac{\vec{a} \cdot \vec{b}}{|\vec{a}| \cdot |\vec{b}|} = \frac{1}{|\vec{a}| \cdot |\vec{b}|} \cdot \vec{a} \cdot \vec{b} = \left(\frac{1}{|\vec{a}|} \cdot \vec{a}\right) \cdot \left(\frac{1}{|\vec{b}|} \cdot \vec{b}\right) = \frac{\vec{a}}{|\vec{a}|} \cdot \frac{\vec{b}}{|\vec{b}|} = \overrightarrow{a_0} \cdot \overrightarrow{b_0}$
Division durch eine reelle Zahl durch eine Multiplikation ersetzen
(Regel 4 zum Skalarprodukt)

913 a) 22,4° b) 124,5° c) 18,4° d) 45° e) 135° f) 90,5°

914 2 Uhr oder 10 Uhr

915 a) 48,59° b) ≈ 1,32 m/s c) 529 s ≈ 8 min 49 s

6 Normalvektoren

916 (1) $\frac{\vec{a}\cdot\vec{b}}{|\vec{a}|\cdot|\vec{b}|} = \cos\varphi$ (2) 90° 296

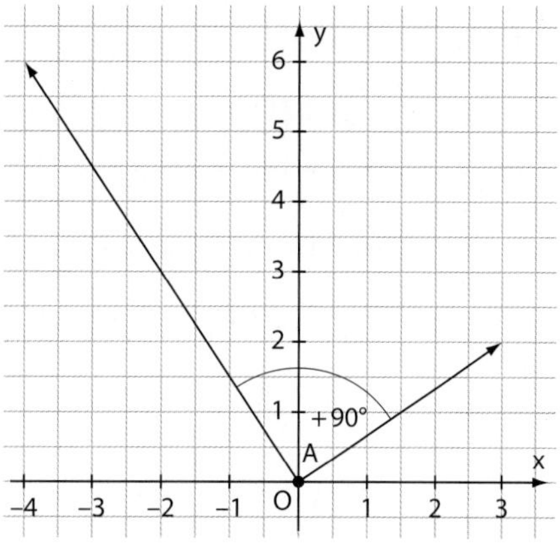

917 (1) Das Skalarprodukt ist null. (2) $|\vec{a}|\cdot|\vec{b}|\cdot\cos(90°) = |\vec{a}|\cdot|\vec{b}|\cdot 0 = 0$ 297

918 a) unendlich viele 298
b) durch ihre Länge und die Orientierung
c) Sie sind parallel zueinander.

919 a) $\overrightarrow{AC}, \overrightarrow{AE}, \overrightarrow{BM}, \overrightarrow{DJ}, \overrightarrow{LH},$
b) nein/nein
c) Die Koordinaten des Vektors werden vertauscht und bei einer Koordinate wird das Vorzeichen geändert. Die Koordinaten der beiden Normalvektoren unterscheiden sich durch ihre Vorzeichen. Die beiden Normalvektoren sind entgegengesetzt orientiert.

920 (1) $\begin{pmatrix} x_a \\ y_a \end{pmatrix}\cdot\begin{pmatrix} -y_a \\ x_a \end{pmatrix} = x_a\cdot(-y_a) + y_a\cdot x_a = -x_a\cdot y_a + x_a\cdot y_a = 0$ bzw.
$\begin{pmatrix} x_a \\ y_a \end{pmatrix}\cdot\begin{pmatrix} y_a \\ -x_a \end{pmatrix} = x_a\cdot y_a + y_a\cdot(-x_a) = x_a\cdot y_a - x_a\cdot y_a = 0$

(2) $\left|\begin{pmatrix} x_a \\ y_a \end{pmatrix}\right| = \sqrt{x_a^2 + y_a^2} = \sqrt{y_a^2 + x_a^2}$
$\begin{pmatrix} -y_a \\ x_a \end{pmatrix} = \sqrt{(-y_a)^2 + x_a^2} = \sqrt{y_a^2 + x_a^2}$ bzw. $\left|\begin{pmatrix} y_a \\ -x_a \end{pmatrix}\right| = \sqrt{y_a^2 + (-x_a)^2} = \sqrt{y_a^2 + x_a^2}$

921 (5 | 1) und (−5 | −1) 299

922 (2,5 | 0,5); (5 | 1)

923 Mindmap

924 Formelsammlung

925 a) $\vec{a} \perp \vec{b}, \vec{c} \perp \vec{d}$ b) $\vec{a} \perp \vec{c}, \vec{b} \perp \vec{d}$ c) $\vec{a} \perp \vec{b}, \vec{b} \perp \vec{c}$ d) $\vec{c} \perp \vec{d}$

926 $\overrightarrow{AB} = (4|1)$, $\overrightarrow{AC} = (4|4)$, $\overrightarrow{AD} = (5|-3)$, $\overrightarrow{AE} = (7|-3)$, $\overrightarrow{BC} = (0|3)$, $\overrightarrow{BD} = (1|-4)$,
$\overrightarrow{BE} = (3|-4)$, $\overrightarrow{CD} = (1|-7)$, $\overrightarrow{CE} = (3|-7)$, $\overrightarrow{DE} = (2|0)$
$\overrightarrow{AB} \perp \overrightarrow{BD}$ und $\overrightarrow{BC} \perp \overrightarrow{DE}$
Anmerkung: Zu den angegebenen zehn Vektoren gibt es zehn entgegengesetzt orientierte Vektoren gleicher Länge.

300

927 a) $(-1|4), (1|-4)$, b) $(6|2), (-6|-2)$, c) $(-1|1), (1|-1)$, d) $(8|0), (-8|0)$
e) $(1|9), (-1|-9)$, f) $(0|2), (0|-2)$, g) $(7|7), (-7|-7)$, h) $(3|5), (-3|-5)$

928 Beweis, dass die Vektoren Normalvektoren zu a sind:
$\begin{pmatrix} x_a \\ y_a \end{pmatrix} \cdot \begin{pmatrix} -k \cdot y_a \\ k \cdot x_a \end{pmatrix} = x_a \cdot (-k \cdot y_a) + y_a \cdot k \cdot x_a = -k \cdot x_a \cdot y_a + k \cdot x_a \cdot y_a = 0$ bzw.
$\begin{pmatrix} x_a \\ y_a \end{pmatrix} \cdot \begin{pmatrix} k \cdot y_a \\ -k \cdot x_a \end{pmatrix} = x_a \cdot k \cdot y_a + y_a \cdot (-k \cdot x_a) = k \cdot x_a \cdot y_a - k \cdot x_a \cdot y_a = 0$
Zeige, dass Vektoren mit k = 1 oder k = –1 gleich lang wie a sind:
$\left|\begin{pmatrix} x_a \\ y_a \end{pmatrix}\right| = \sqrt{x_a^2 + y_a^2} = \sqrt{y_a^2 + x_a^2}$
Für k = 1 bzw. k = –1 gilt:
$\left|\begin{pmatrix} -y_a \\ x_a \end{pmatrix}\right| = \sqrt{(-y_a)^2 + (x_a)^2} = \sqrt{y_a^2 + x_a^2} = \left|\begin{pmatrix} x_a \\ y_a \end{pmatrix}\right|$
$\left|\begin{pmatrix} y_a \\ -x_a \end{pmatrix}\right| = \sqrt{(y_a)^2 + (-x_a)^2} = \sqrt{y_a^2 + x_a^2} = \left|\begin{pmatrix} x_a \\ y_a \end{pmatrix}\right|$
Für k = 0 ergeben sich Nullvektoren.

929 a) $y = -22{,}5$ b) $x = 13{,}44$ c) $y = -24{,}5$ d) $x = 5$ e) $y = 40$ f) $x = 23{,}4$

930 a) $(9|2), (3|6)$ b) $(4|8), (-6|-6)$ c) $(7|-7), (-1|-9)$ d) $(1|-5), (-9|1)$

931 a) $\vec{a} \cdot \vec{b} = 0$, orthogonal b) $\vec{a} \cdot \vec{b} = -3$, nicht orthogonal
c) $\vec{a} \cdot \vec{b} = 11$, nicht orthogonal d) $\vec{a} \cdot \vec{b} = 0$, orthogonal

932 richtig – falsch – falsch – falsch – richtig

933 a) $a_3 \cdot b_3 = 8$, daher z. B. $a_3 = 4$ und $b_3 = 2$
b) $a_1 = -11$

934 Die normalen Vektoren haben vertauschte Koordinaten mit einem geänderten Vorzeichen.
a) und d) Quadrat, b) und c) Rechteck

301

935 a) nein b) ja c) ja d) nein

936 a) ja b) nein c) ja d) ja e) ja f) nein

937 a) ADBC b) RTUS

938 a) $(2|3), (0|-2)$ bzw. $(12|-1), (10|-6)$ b) $(9|-1), (2|3)$ bzw. $(1|-15), (-6|-11)$
c) $(-3|6), (-5|2)$ bzw. $(3|-2), (5|2)$

939 $C(10|-6)$, $BD = 10$

940 $C_1(12|6), C_2(0|-10)$

941 a) $C = (18|4),\ E = (5|3)$ b) $\overrightarrow{AB} \cdot \overrightarrow{BC} = 0 \Rightarrow \overrightarrow{AB} \perp \overrightarrow{BC}$ und $\overrightarrow{CD} \cdot \overrightarrow{DE} = 0 \Rightarrow \overrightarrow{CD} \perp \overrightarrow{DE}$

c) $S_1 = \begin{pmatrix} 11 \\ \frac{1}{3} \end{pmatrix}$ $S_2 = \begin{pmatrix} \frac{28}{3} \\ \frac{8}{3} \end{pmatrix}$ $\overrightarrow{S_1S_2} = \begin{pmatrix} -\frac{5}{3} \\ \frac{7}{3} \end{pmatrix}$ $\overrightarrow{S_1S_2} \cdot (-3) = \begin{pmatrix} 5 \\ -7 \end{pmatrix} \Rightarrow \overrightarrow{S_1S_2} \parallel \vec{v}$

942 a) $\overrightarrow{F_p} = \left(\frac{24}{5}\middle|-\frac{12}{5}\right)$, $\overrightarrow{Fn} = \left(-\frac{24}{5}\middle|-\frac{48}{5}\right)$ (Angaben in N). 302

b) $|F_p| = 5{,}37;\ |F_n| = 10{,}73;\ |F_S| = 12$

Der Faktor ist $\frac{1}{\sqrt{5}} \approx 0{,}45$.

c) Der Anstieg der Geraden, die die schiefe Ebene darstellt, ist $-\frac{1}{\sqrt{3}} \approx -0{,}58$ (wenn sie als in positive x-Richtung abfallend angenommen wird).

943 a) $\overrightarrow{CA} \perp \overrightarrow{CB}$, weil $\begin{pmatrix} -50 \\ 100 \end{pmatrix} \cdot \begin{pmatrix} -60 \\ -30 \end{pmatrix} = 300 - 300 = 0$

b) 337 500 €.

c) Längste Seite ist die Seite AB. $M = (-25|45)$

$\vec{n} = \begin{pmatrix} 130 \\ -10 \end{pmatrix}$ $\overrightarrow{n_0} \approx \begin{pmatrix} 1 \\ -0{,}08 \end{pmatrix}$ $X = M + 39{,}10 \cdot \begin{pmatrix} 1 \\ -0{,}08 \end{pmatrix} \approx \begin{pmatrix} 14 \\ 42 \end{pmatrix}$

$U_1 = 180{,}34$ m; $U_2 = 207{,}17$ m

7 Die Idee der analytischen Geometrie

944 Abb. 1: Länge des Radius 303

Abb. 2: Länge des Radius, das Koordinatensystem sorgt für die zusätzliche Information: Lage und Koordinaten des Mittelpunktes, Koordinaten von P

945 (1) z. B. $(1|1), (2|2), (0|0), (-1|-1), \dots$

(2) z. B. $(0|1), (1|0)$

(3) z. B. $\left(\frac{\sqrt{2}}{2}\middle|\frac{\sqrt{2}}{2}\right)$

946 –

947 a) $g \dots x = y$

b) Gleichung (1); unendlich viele Lösungen; die Lösungen (x, y) können durch Punkte auf der Geraden g dargestellt werden.

948 a) $x_p^2 + y_p^2 = 1$; mithilfe eines Kreises mit dem Mittelpunkt M und dem Radius 1 lassen sich weitere Punkte finden, die von M den Abstand 1 besitzen. 304

b) Gleichung (2); unendlich viele Lösungen; die Lösungen (x, y) können durch Punkte auf dem Kreis mit Mittelpunkt M und Radius 1 dargestellt werden.

949 a) –

b) Die Schnittpunkte von Kreislinie und Gerade können als gemeinsame Lösungen beider Gleichungen gedeutet werden.

Wegen $x = y$ kann in der Gleichung $x^2 + y^2 = 1$ x durch y ersetzt werden.

Die Berechnung ergibt als Lösungen die Punkte $\left(\frac{\sqrt{2}}{2}\middle|\frac{\sqrt{2}}{2}\right)$ und $\left(-\frac{\sqrt{2}}{2}\middle|-\frac{\sqrt{2}}{2}\right)$.

950 Diagramm

951 Präsentation

8 Beschreibung von Geraden – Normalvektorform

306

952

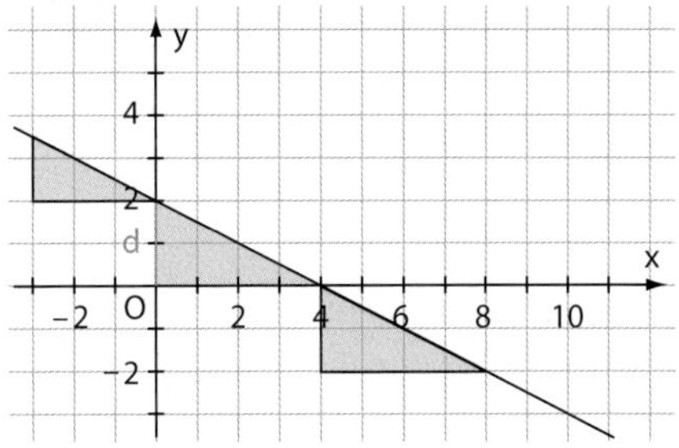

953 $A \in g$, $B \in g$, $C \in g$

954 a) $S = \left(\frac{16}{5} \middle| \frac{7}{5}\right)$ b) $S = \left(\frac{11}{4} \middle| \frac{9}{2}\right)$

307

955 –

308

956 falsch – richtig – falsch – falsch – richtig

957 a) $\begin{pmatrix} -3 \\ 5 \end{pmatrix} \cdot X = 2$ $\quad -3x + 5y = 2$ b) $\begin{pmatrix} 0 \\ -7 \end{pmatrix} \cdot X = -14$ $\quad -7y = -14$ bzw. $y = 2$

958 a) $\vec{n} = \begin{pmatrix} -2 \\ 5 \end{pmatrix}$ $\quad P = (0|-2)$ $\quad g: \begin{pmatrix} -2 \\ 5 \end{pmatrix} \cdot X = \begin{pmatrix} -2 \\ 5 \end{pmatrix} \cdot \begin{pmatrix} 0 \\ -2 \end{pmatrix}$

b) $\vec{n} = \begin{pmatrix} 24 \\ -50 \end{pmatrix}$ $\quad P = (0|-2)$ $\quad g: \begin{pmatrix} 24 \\ -50 \end{pmatrix} \cdot X = \begin{pmatrix} 24 \\ -50 \end{pmatrix} \cdot \begin{pmatrix} 0 \\ -2 \end{pmatrix}$

959 D – C – A – B

960 a) $A(0|3)$, $B(2|4)$ b) $\vec{n_1} = \begin{pmatrix} -1 \\ 2 \end{pmatrix}$, $\vec{n_2} = \begin{pmatrix} 2 \\ -4 \end{pmatrix}$ c) unendlich viele

961 Gruppenrallye

Aufgabe A:

a) $\overrightarrow{AB} = \begin{pmatrix} 4 \\ 1 \end{pmatrix} \Rightarrow n = \begin{pmatrix} -1 \\ 4 \end{pmatrix} \Rightarrow$

explizit $\quad g: y = \frac{1}{4}x + \frac{7}{4}$

implizit $\quad g: -x + 4y = 7$

Normalvektorform:

$g: \begin{pmatrix} -1 \\ 4 \end{pmatrix} \cdot X = \begin{pmatrix} -1 \\ 4 \end{pmatrix} \cdot \begin{pmatrix} 1 \\ 2 \end{pmatrix}$

$P\left(4 \middle| \frac{11}{4}\right): -4 + 4 \cdot \frac{11}{4} = 7$ w. A.

$\Rightarrow P \in g$

$Q(-3|0{,}5): 3 + 4 \cdot 0{,}5 = 5 \neq 7$

$\Rightarrow Q \notin g$

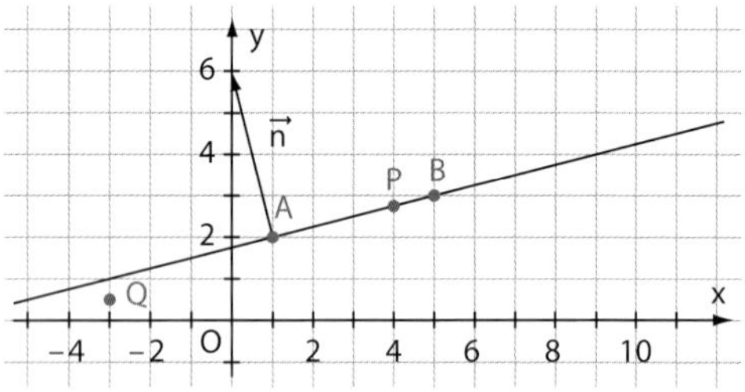

b) explizit nicht möglich

implizit $g: x = 1 \; (x + 0 \cdot y = 1)$

Normalvektorform: $g: \begin{pmatrix}1\\0\end{pmatrix} \cdot X = \begin{pmatrix}1\\0\end{pmatrix} \cdot \begin{pmatrix}1\\2\end{pmatrix}$

$R\left(1\middle|\frac{11}{4}\right)$: $1 = 1$ w. A. $\Rightarrow R \in g$

$S(-3|1)$: $-3 \neq 1 \Rightarrow S \notin g$

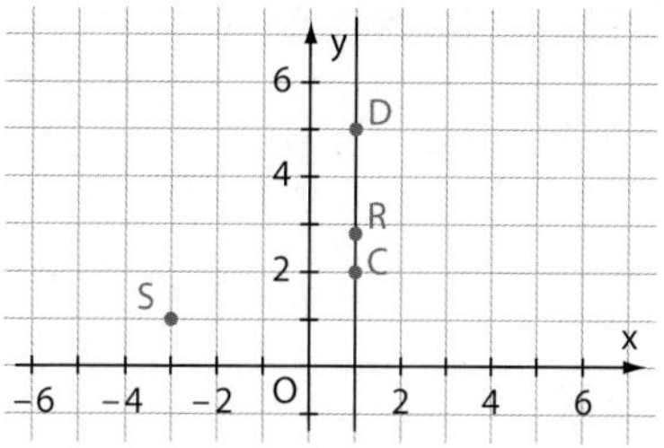

Aufgabe B:

Gerade b in die implizite Form bringen:

$b: 5x + y = 17$

Gerade a mit der Geraden b schneiden:

$a: \; -4x + 8y = 48$

$b: \; 5x + y = 17 \Rightarrow y = -5x + 17$ einsetzen in a

$-4x + 8(-5x + 17) = 48 \Rightarrow x = 2$ in a oder b einsetzen

$y = 7 \Rightarrow C(2|7)$

Gerade a mit Gerade c schneiden:

$a: -4x + 8y = 48$

$c: y = -0{,}6x - 0{,}6$

$\Rightarrow B(-6|3)$

Gerade c mit b schneiden: $\Rightarrow A(4|-3)$

$\overrightarrow{AB} = \begin{pmatrix}-10\\6\end{pmatrix} + \Rightarrow |\overrightarrow{AB}| = 11{,}66$

$\overrightarrow{AC} = \begin{pmatrix}-2\\10\end{pmatrix} + \Rightarrow |\overrightarrow{AC}| = 10{,}20$

$\overrightarrow{BC} = \begin{pmatrix}8\\4\end{pmatrix} \Rightarrow |\overrightarrow{BC}| = 8{,}94 \Rightarrow$ Umfang $= 30{,}80$

Beispiel C:

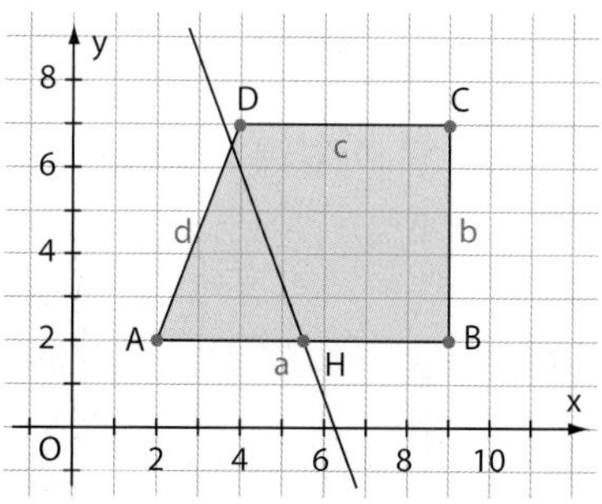

a) $\overrightarrow{AB} = \begin{pmatrix}7\\0\end{pmatrix} \Rightarrow |\overrightarrow{AB}| = 7$

$\overrightarrow{BC} = \begin{pmatrix}0\\5\end{pmatrix} \Rightarrow |\overrightarrow{BC}| = 5$

$\overrightarrow{DC} = \begin{pmatrix}5\\0\end{pmatrix} \Rightarrow |\overrightarrow{DC}| = 5$

$\overrightarrow{AD} = \begin{pmatrix}2\\5\end{pmatrix} \Rightarrow |\overrightarrow{AD}| = 5{,}39 \Rightarrow u = 22{,}39$

b) $\overrightarrow{AB} \perp \overrightarrow{BC} \Rightarrow \overrightarrow{AB} \cdot \overrightarrow{BC} = 0$

$\begin{pmatrix}7\\0\end{pmatrix} \cdot \begin{pmatrix}0\\5\end{pmatrix} = 0$ w. A.

$\overrightarrow{AB} \parallel \overrightarrow{DC} \Rightarrow \overrightarrow{AB} = v \cdot \overrightarrow{DC}$

$\begin{pmatrix}7\\0\end{pmatrix} = v \cdot \begin{pmatrix}5\\0\end{pmatrix}$ w. A. für $v = \frac{7}{5}$

c) $y = 2$

d) $\begin{pmatrix}-5\\0\end{pmatrix} \cdot X = \begin{pmatrix}-5\\0\end{pmatrix} \cdot \begin{pmatrix}9\\2\end{pmatrix}$

e) $H = \frac{1}{2} \cdot (A + B) = (5{,}5|2)$ $\quad \overrightarrow{HD} = \begin{pmatrix}-1{,}5\\5\end{pmatrix} \Rightarrow n = \begin{pmatrix}5\\1{,}5\end{pmatrix}$ $\quad g: \begin{pmatrix}5\\1{,}5\end{pmatrix} \cdot X = \begin{pmatrix}5\\1{,}5\end{pmatrix} \cdot \begin{pmatrix}4\\7\end{pmatrix}$

962 a) $\begin{pmatrix}-8\\1\end{pmatrix} \cdot X = \begin{pmatrix}-8\\1\end{pmatrix} \cdot \begin{pmatrix}0\\1\end{pmatrix}$ $\quad -8x + y = 1$ b) $\begin{pmatrix}2\\11\end{pmatrix} \cdot X = \begin{pmatrix}2\\11\end{pmatrix} \cdot \begin{pmatrix}-3\\2\end{pmatrix}$ $\quad 2x + 11y = 16$ 309

c) $\begin{pmatrix}9\\7\end{pmatrix} \cdot X = \begin{pmatrix}9\\7\end{pmatrix} \cdot \begin{pmatrix}1\\14\end{pmatrix}$ $\quad 9x + 7y = 107$

963 a) $\vec{n}=\begin{pmatrix}4\\-7\end{pmatrix}$ $P=\begin{pmatrix}0\\-3\end{pmatrix}$ $\begin{pmatrix}4\\-7\end{pmatrix}\cdot X=\begin{pmatrix}4\\-7\end{pmatrix}\cdot\begin{pmatrix}0\\-3\end{pmatrix}$

b) $\vec{n}=\begin{pmatrix}2\\-6\end{pmatrix}$ $P=\begin{pmatrix}11{,}5\\0\end{pmatrix}$ $\begin{pmatrix}2\\-6\end{pmatrix}\cdot X=\begin{pmatrix}2\\-6\end{pmatrix}\cdot\begin{pmatrix}11{,}5\\0\end{pmatrix}$

c) $\vec{n}=\begin{pmatrix}1\\-3\end{pmatrix}$ $P=\begin{pmatrix}-1\\0\end{pmatrix}$ $\begin{pmatrix}1\\-3\end{pmatrix}\cdot X=\begin{pmatrix}1\\-3\end{pmatrix}\cdot\begin{pmatrix}-1\\0\end{pmatrix}$

d) $\vec{n}=\begin{pmatrix}-1\\5\end{pmatrix}$ $P=\begin{pmatrix}0\\-9\end{pmatrix}$ $\begin{pmatrix}-1\\5\end{pmatrix}\cdot X=\begin{pmatrix}-1\\5\end{pmatrix}\cdot\begin{pmatrix}0\\-9\end{pmatrix}$

964 a) $\vec{n}=\begin{pmatrix}-3\\5\end{pmatrix}$ $P=\begin{pmatrix}0\\7\end{pmatrix}$ $g: \begin{pmatrix}-3\\5\end{pmatrix}\cdot X=\begin{pmatrix}-3\\5\end{pmatrix}\cdot\begin{pmatrix}0\\7\end{pmatrix}$

b) $\vec{n}=\begin{pmatrix}1\\2\end{pmatrix}$ $P=\begin{pmatrix}0\\3\end{pmatrix}$ $g: \begin{pmatrix}1\\2\end{pmatrix}\cdot X=\begin{pmatrix}1\\2\end{pmatrix}\cdot\begin{pmatrix}0\\3\end{pmatrix}$

c) $\vec{n}=\begin{pmatrix}-5\\7\end{pmatrix}$ $P=\begin{pmatrix}0\\2\end{pmatrix}$ $g: \begin{pmatrix}-5\\7\end{pmatrix}\cdot X=\begin{pmatrix}-5\\7\end{pmatrix}\cdot\begin{pmatrix}0\\2\end{pmatrix}$

965 Wenn eine Gerade in Normalvektorform gegeben ist, dann kann ihr Normalvektor aus den Koeffizienten der Geradengleichung abgelesen werden.

310 **966** a) $g_1: \begin{pmatrix}3\\-1\end{pmatrix}$, $g_2: \begin{pmatrix}0\\1\end{pmatrix}$, $g_3: \begin{pmatrix}1\\2\end{pmatrix}$ b) $g_1: \begin{pmatrix}-3\\4\end{pmatrix}$, $g_2: \begin{pmatrix}1\\0\end{pmatrix}$, $g_3: \begin{pmatrix}-3\\4\end{pmatrix}$

c) $g_1: \begin{pmatrix}0\\1\end{pmatrix}$, $g_2: \begin{pmatrix}1\\3\end{pmatrix}$, $g_3: \begin{pmatrix}-1\\3\end{pmatrix}$

967 trifft nicht zu – trifft zu – trifft zu – trifft nicht zu – trifft zu

968 Da eine Gerade in unendlich vielen Normalvektorformen dargestellt werden kann, ist es möglich, dass deine Lösung richtig ist, obwohl sie mit dieser Lösung hier nicht übereinstimmt. Der Normalvektor in deiner Lösung muss aber ein Vielfaches vom Normalvektor dieser Lösung hier sein.

a) a: $\begin{pmatrix}5\\4\end{pmatrix}\cdot X=\begin{pmatrix}5\\4\end{pmatrix}\cdot\begin{pmatrix}1\\9\end{pmatrix}$; b: $\begin{pmatrix}-12\\5\end{pmatrix}\cdot X=\begin{pmatrix}-12\\5\end{pmatrix}\cdot\begin{pmatrix}1\\9\end{pmatrix}$; c: $-\begin{pmatrix}7\\9\end{pmatrix}\cdot X=-\begin{pmatrix}7\\9\end{pmatrix}\cdot\begin{pmatrix}5\\4\end{pmatrix}$

b) a: $\begin{pmatrix}4\\10\end{pmatrix}\cdot X=\begin{pmatrix}4\\10\end{pmatrix}\cdot\begin{pmatrix}9\\4\end{pmatrix}$; b: $\begin{pmatrix}5\\5\end{pmatrix}\cdot X=\begin{pmatrix}5\\5\end{pmatrix}\cdot\begin{pmatrix}4\\3\end{pmatrix}$; c: $\begin{pmatrix}-1\\5\end{pmatrix}\cdot X=\begin{pmatrix}-1\\5\end{pmatrix}\cdot\begin{pmatrix}4\\3\end{pmatrix}$

969 a) $s_a: \begin{pmatrix}-3{,}5\\1{,}5\end{pmatrix}\cdot X=\begin{pmatrix}-3{,}5\\1{,}5\end{pmatrix}\cdot\begin{pmatrix}1\\4\end{pmatrix}$; $s_b: \begin{pmatrix}2{,}5\\-6\end{pmatrix}\cdot X=\begin{pmatrix}2{,}5\\-6\end{pmatrix}\cdot\begin{pmatrix}-4\\0\end{pmatrix}$ $s_c: \begin{pmatrix}1\\4{,}5\end{pmatrix}\cdot X=\begin{pmatrix}1\\4{,}5\end{pmatrix}\cdot\begin{pmatrix}3\\1\end{pmatrix}$

$S=\left(0\middle|\frac{5}{3}\right)$

b) $s_a: \begin{pmatrix}-5\\5\end{pmatrix}\cdot X=\begin{pmatrix}-5\\5\end{pmatrix}\cdot\begin{pmatrix}-1\\-5\end{pmatrix}$; $s_b: \begin{pmatrix}3{,}5\\5{,}5\end{pmatrix}\cdot X=\begin{pmatrix}3{,}5\\5{,}5\end{pmatrix}\cdot\begin{pmatrix}6\\-4\end{pmatrix}$ $s_c: \begin{pmatrix}8{,}5\\0{,}5\end{pmatrix}\cdot X=\begin{pmatrix}8{,}5\\0{,}5\end{pmatrix}\cdot\begin{pmatrix}2\\4\end{pmatrix}$

$S=\left(\frac{7}{3}\middle|-\frac{5}{3}\right)$

970 a) (1) $\begin{pmatrix}4\\1\end{pmatrix}\cdot X=\begin{pmatrix}4\\1\end{pmatrix}\cdot\begin{pmatrix}1\\2\end{pmatrix}$ (2) $\begin{pmatrix}-1\\4\end{pmatrix}\cdot X=\begin{pmatrix}-1\\4\end{pmatrix}\cdot\begin{pmatrix}0\\0\end{pmatrix}$

b) (1) $\begin{pmatrix}12\\2\end{pmatrix}\cdot X=\begin{pmatrix}12\\2\end{pmatrix}\cdot-\begin{pmatrix}5\\1\end{pmatrix}$ (2) $\begin{pmatrix}-2\\12\end{pmatrix}\cdot X=\begin{pmatrix}-2\\12\end{pmatrix}\cdot\begin{pmatrix}4\\-1\end{pmatrix}$

9 Beschreibung von Geraden – Parameterform

311 **971** Zwei vom Nullvektor verschiedene Vektoren $\vec{a}$ und $\vec{b}$ sind genau dann parallel, wenn es eine reelle Zahl $r \neq 0$ gibt, so dass gilt $\vec{a}=r\cdot\vec{b}$.

972 $\vec{b} \parallel \vec{c}$

973 a) $H(5|1)$ b) $H(2{,}5|-3{,}5)$

312

974 a) Ja, die Gerade wird eindeutig festgelegt.
b) (1) $P_1 = (8|4)$
(2) $P_2 = (10|7)$
(3) $P_3 = (12|10)$
c) $t = 4$: $P_4 = (14|13)$

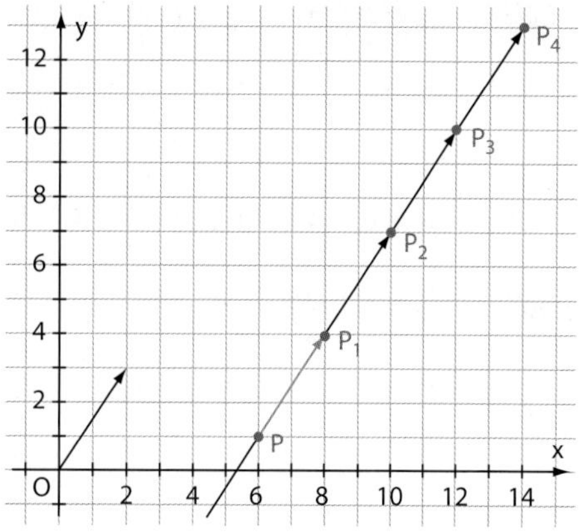

975 –

976 a) $\vec{r} = \begin{pmatrix} 8 \\ -11 \end{pmatrix}$ $X(t) = \begin{pmatrix} -3 \\ 9 \end{pmatrix} + t \cdot \begin{pmatrix} 8 \\ -11 \end{pmatrix}$ für $t = 2$ $C = (13|-13)$
b) $\vec{r} = \begin{pmatrix} -9 \\ -10 \end{pmatrix}$ $X(t) = \begin{pmatrix} 4 \\ 9 \end{pmatrix} + t \cdot \begin{pmatrix} -9 \\ -10 \end{pmatrix}$ für $t = -1$ $C = (13|19)$

977 a) $P = (-2|2)$ $A = (0|1)$ b) $P = (3|5)$ $A = (2|6)$ 313

978 a) $t = -2$ b) $t = 2$

979 Mindmap

980 a) $X = (0|0) + t \cdot (1|0)$ b) $X = (0|0) + t \cdot (0|1)$
c) $X = (1|1) + t \cdot (1|1)$ d) $X = (-1|1) + t \cdot (-1|1)$

981 $X = (-2|9) + t \cdot (6|-14)$ $\begin{pmatrix} 14 \\ 6 \end{pmatrix} \cdot X = 26$ $14x + 6y = 26$ $y = -\frac{7}{3}x + \frac{13}{3}$ 314

982 a) $g: X = (4|-4) + t \cdot (-1|6)$ $P(2|8)$ b) $g: X = (2|7) + t \cdot (-5|-2)$ $P(7|9)$
c) $g: X = (1|-3) + t \cdot (-6|5)$ $P(-11|7)$ d) $g: X = (9|-2) + t \cdot (-14|5)$ $P(-19|8)$

983 a) $X = (2|-1) + t \cdot (3|4)$ b) $X = (2|3) + t \cdot (-1|2)$
c) $X = (7|2) + t \cdot (7|2)$ d) $X = (-6|-3) + t \cdot (1|1)$

984 a) $g: X = (2|-1) + t \cdot (-1|3)$ $Q(7|-16)$ b) $g: X = (-2|3) + t \cdot (4|-3)$ $Q(18|-12)$
c) $g: X = (4|-2) + t \cdot (-2|2)$ $Q(-2|4)$ d) $g: X = (-2|-1) + t \cdot (1|-3)$ $Q(-1|-4)$

985 a) $(4|-5)$, $(2{,}5|-0{,}5)$, $(2|1)$, $\left(\frac{4}{3}\middle|3\right)$, $(1|4)$, $(-1|10)$ 315
b) $(-3|-38)$, $\left(\frac{5}{3}\middle|-\frac{16}{3}\right)$, $(2|-3)$, $\left(\frac{7}{2}\middle|\frac{15}{2}\right)$, $(3|4)$, $(6|25)$
c) $(-5|12{,}5)$, $\left(-0{,}5\middle|\frac{5}{4}\right)$, $(0|0)$, $\left(\frac{4}{5}\middle|-2\right)$, $(2|-5)$, $(10|-25)$

986 a) unmöglich b) unmöglich c) $t = 3{,}7$ d) $t = 0{,}2$

987 –

988 a) $S\left(\frac{1}{3}\middle|\frac{2}{3}\right)$ s_{ab}: $X = S + t\cdot(4|5)$, s_{ac}: $X = S + s\cdot(5|-11)$, s_{bc}: $X = S + u\cdot(-13|1)$

b) $S(2|1)$ s_{ab}: $X = S + t\cdot(1|5)$, s_{ac}: $X = S + s\cdot(-3|-2)$, s_{bc}: $X = S + u\cdot(2|-3)$

c) $S(2|-0{,}67)$ s_{ab}: $X = S + t\cdot(0{,}5|-1{,}67)$, s_{ac}: $X = S + s\cdot(1{,}5|1{,}33)$, s_{bc}: $X = S + u\cdot(-2|0{,}33)$

d) $S(0|2{,}33)$ s_{ab}: $X = S + t\cdot(-0{,}5|3{,}33)$, s_{ac}: $X = S + s\cdot(2|-0{,}67)$, s_{bc}: $X = S + u\cdot(-1{,}5|-2{,}67)$

989 a) a: $X = (-2|0) + s\cdot(5|-4)$, b: $X = (3|-4) + t\cdot(2|4)$, c: $X = (5|0) + u\cdot(5|-4)$,
d: $X = (-2|0) + v\cdot(2|4)$, e: $X = (-2|0) + t\cdot(7|0)$, f: $X = (3|-4) + s\cdot(-3|8)$

b) a: $X = (4|-2) + s\cdot(-5|1)$, b: $X = (-1|-1) + t\cdot(4|7)$, c: $X = (3|6) + u\cdot(-5|1)$,
d: $X = (8|5) + v\cdot(4|7)$, e: $X = (4|-2) + t\cdot(-1|8)$, f: $X = (-1|-1) + s\cdot(9|6)$

990

a)	$8x - 3y = 6$;	$y = 2{,}67x - 2$;	$\begin{pmatrix} 8 \\ -3 \end{pmatrix}\cdot X = 6$;	$X = (0{,}75|0) + t\cdot(-3|-8)$
b)	$-2x + y = -5$;	$y = 2x - 5$;	$\begin{pmatrix} 2 \\ -1 \end{pmatrix}\cdot X = 5$;	$X = (2{,}5|0) + t\cdot(1|2)$
c)	$3x + 4y = -1$;	$y = -\frac{3}{4}x - \frac{1}{4}$;	$\begin{pmatrix} 3 \\ 4 \end{pmatrix}\cdot X = -1$;	$X = (1|-1) + t\cdot(4|-3)$
d)	$2x + 3y = 5$;	$y = -\frac{2}{3}x + \frac{5}{3}$;	$\begin{pmatrix} 2 \\ 3 \end{pmatrix}\cdot X = 5$;	$X = (4|-1) + t\cdot(3|-2)$
e)	$3x + 2y = 25$;	$y = -1{,}5x + 12{,}5$;	$\begin{pmatrix} 3 \\ 2 \end{pmatrix}\cdot X = 25$;	$X = (0|12{,}5) + t\cdot(1|-1{,}5)$
f)	$-0{,}33x + y = 2$;	$y = \frac{1}{3}x + 2$;	$\begin{pmatrix} -0{,}33 \\ 1 \end{pmatrix}\cdot X = 2$;	$X = (0|2) + t\cdot(1|0{,}33)$
g)	$-x + 5y = 3$;	$y = 0{,}2x + 0{,}6$;	$\begin{pmatrix} -1 \\ 5 \end{pmatrix}\cdot X = 3$;	$X = (0|0{,}6) + t\cdot(5|1)$
h)	$-4x + y = 14$	$y = 4x + 14$;	$\begin{pmatrix} -4 \\ 1 \end{pmatrix}\cdot X = 14$	$X = (-3|2) + t(1|4)$

991 (1), (5) und (8) beschreiben dieselbe Gerade.
(2), (3), (10) und (12) beschreiben dieselbe Gerade.
(6) und (7) beschreiben dieselbe Gerade.

315 **992** a) 1, 3, 5 sind richtig. b) 2, 3, 4, 5 sind richtig. c) 1, 2, 3, 4 sind richtig.

10 Lagebeziehungen

317 **993** Zwei vom Nullvektor verschiedene Vektoren $\vec{a}$ und $\vec{b}$ stehen genau dann aufeinander normal, wenn gilt $\vec{a}\cdot\vec{b} = 0$.

994 $\vec{a} \perp \vec{b}$, weil $\vec{a}\cdot\vec{b} = 0$ $\vec{a} \perp \vec{c}$, weil $\vec{a}\cdot\vec{c} = 0$

995 a) genau eine Lösung $(4|3)$ b) keine Lösung c) unendlich viele Lösungen

318 **996** $R \in g$; $S \notin g$

997 (1) $X(t) = (9|6) + t\cdot(4|-1)$ (2) $X(t) = (8|0{,}5) + t\cdot(3|6)$

998 Aussage 1 ist wahr, Aussage 2 ist falsch, Aussage 3 ist wahr, Aussage 4 ist wahr, Aussage 5 ist wahr 319

999 A – C – E – F 320

1000 $S = (0|4)$

1001 $\varphi = 122{,}47°$ oder $\varphi^* = 57{,}53°$ 321

1002 a) $w: X = \begin{pmatrix} -\frac{19}{9} \\ \frac{13}{9} \end{pmatrix} + s \cdot \begin{pmatrix} 0{,}65 \\ 1{,}42 \end{pmatrix}$ b) $w: X = \begin{pmatrix} -5 \\ 3 \end{pmatrix} + s \cdot \begin{pmatrix} 1{,}68 \\ 0{,}46 \end{pmatrix}$

1003 Aufgabe A: $U = \left(\frac{25}{8}\middle|8\right)$ $r = \frac{65}{8}$ 322

Aufgabe B: $H = \left(\frac{11}{4}\middle|6\right)$ $S = \left(3\middle|\frac{22}{3}\right)$

Aufgabe C: $I = (3|7)$

1004 a) $Q, R, S \notin g$ b) $Q \notin g$, $S, R \in g$

1005 a) $g: X(t) = (2|-1) + t \cdot (3|4)$ $R \in g; S \notin g$

b) $g: X(t) = (2|3) + t \cdot (-1|2)$ $R \notin g; S \in g$

1006 a) nein b) ja c) ja d) nein

1007 a) $X(t) = (2|2) + t \cdot (-2|5)$ b) $X(t) = (2|7) + t \cdot (11|2)$

c) $X(t) = (1|0) + t \cdot (-2|8)$ d) $X(t) = (-1|3) + t \cdot (11|1)$

1008 a) $X(t) = (2|2) + t \cdot (5|2)$ b) $X(t) = (2|7) + t \cdot (-2|11)$

c) $X(t) = (1|0) + t \cdot (8|2)$ d) $X(t) = (-1|3) + t \cdot (-1|11)$

1009 richtig – richtig – falsch – falsch – richtig

1010 A: Die Geraden g und h sind parallel (aber nicht identisch), da ihre Richtungsvektoren parallel sind, der Punkt $(2|4)$ aber nicht auf g liegt. 323

B: Die Geraden g und h sind identisch, da ihre Richtungsvektoren parallel sind und $(3|-1)$ auch auf g liegt.

C: Die Geraden g und h schneiden einander, da ihre Richtungsvektoren nicht parallel sind. Sie stehen nicht normal aufeinander, da ihre Richtungsvektoren nicht normal aufeinander stehen.

D: Die Geraden g und h stehen normal aufeinander, da ihre Richtungsvektoren aufeinander normal stehen.

1011 (1) g und h sind zueinander parallel, da ihre Richtungsvektoren parallel sind.

(2) g und h sind nicht identisch, da $(2|1) \in g$, aber $\notin h$.

1012 (1) $k = 5$, (2) $k = \frac{1}{5}$

1013 (1) $\vec{r} = \begin{pmatrix} -3 \\ 4 \end{pmatrix}$, (2) $\vec{r} = \begin{pmatrix} 4 \\ 3 \end{pmatrix}$

324

1014 $X = \begin{pmatrix} 5 \\ 6 \end{pmatrix} + s \cdot \begin{pmatrix} 1 \\ 3 \end{pmatrix}$

1015 $X = \begin{pmatrix} 5 \\ 6 \end{pmatrix} + s \cdot \begin{pmatrix} 3 \\ -1 \end{pmatrix}$

1016 a) $S = (-1|5)$ $\varphi = 101{,}89°$ b) $S = (4|4)$ $\varphi = 63{,}43°$ c) $S = (13|0)$ $\varphi = 52{,}82°$
d) $S = (12|-6)$ $\varphi = 18{,}43°$ e) $S = (3|0)$ $\varphi = 88{,}21°$

1017 a) $(3|-5); (-3|-2); (-1|2); (5|-1)$; $u = 22{,}36$ Rechteck $\alpha = \beta = \gamma = \delta = 90°$
b) $(-4|-1); (2|-3); (4|3); (-1|3)$; $u = 22{,}65$ Deltoid $\alpha = 126{,}87°$; $\beta = \delta = 71{,}57°$; $\gamma = 90°$
c) $(-3|3); (3|5); (4|2); (-2|0)$; $u = 18{,}97$ Rechteck $\alpha = \beta = \gamma = \delta = 90°$

1018 a) $\overrightarrow{a_0} + \overrightarrow{b_0} = (0{,}48; 1{,}55)$ b) $\overrightarrow{a_0} + \overrightarrow{b_0} = (1{,}15; -0{,}19)$

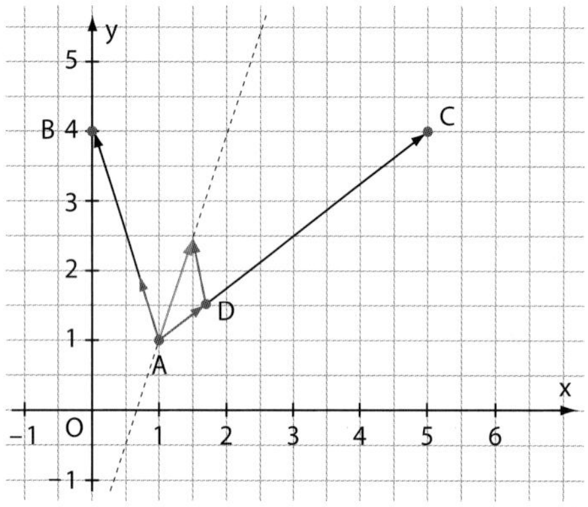

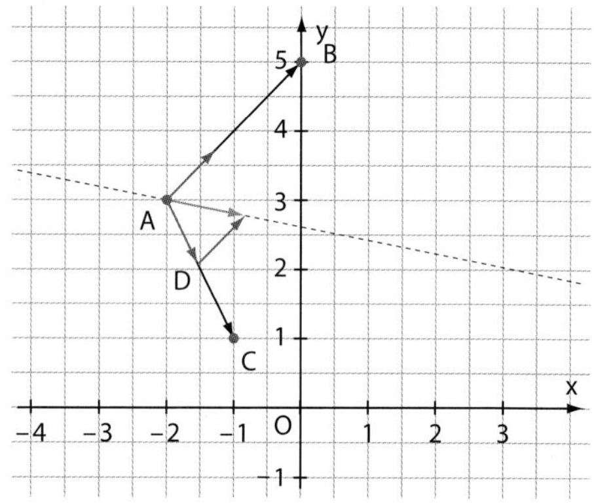

1019 a) $\overrightarrow{w_\alpha} \approx \begin{pmatrix} 1{,}59 \\ -0{,}54 \end{pmatrix}$; $\overrightarrow{w_\beta} \approx \begin{pmatrix} -0{,}13 \\ 1{,}65 \end{pmatrix}$; $\overrightarrow{w_\gamma} = \begin{pmatrix} -1{,}47 \\ -1{,}11 \end{pmatrix}$ b) $\overrightarrow{w_\alpha} \approx \begin{pmatrix} 1{,}96 \\ -0{,}29 \end{pmatrix}$; $\overrightarrow{w_\beta} \approx \begin{pmatrix} -1{,}91 \\ 0{,}60 \end{pmatrix}$; $\overrightarrow{w_\gamma} \approx \begin{pmatrix} -0{,}05 \\ -0{,}32 \end{pmatrix}$

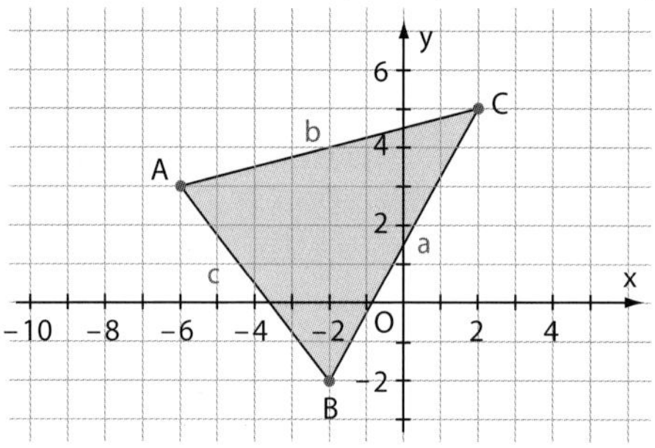

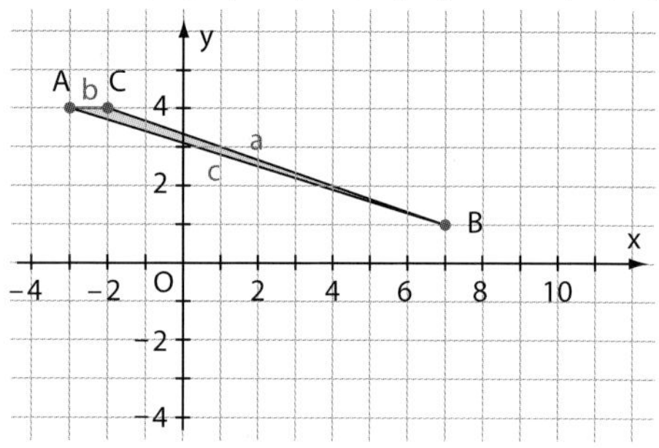

1020 Der Schatz liegt im Umkreismittelpunkt $U = (7{,}84|4{,}87)$ der drei Wegpunkte.

1021 a) $U(0{,}5|0{,}17)$ $r = 4{,}9$ b) $U(0{,}14|2{,}29)$ $r = 5{,}15$
c) $U(-2{,}11|-1{,}71)$ $r = 12{,}11$ d) $U(0{,}17|8{,}17)$ $r = 7{,}84$

1022 a) $H(8|2{,}67)$ b) $H(2{,}71|-0{,}57)$ c) $H(1{,}22|7{,}41)$ d) $H(0{,}67|12{,}67)$

1023 a) $I(3{,}28|1{,}46)$ b) $I(1{,}72|1{,}1)$
c) $I(0{,}32|2{,}35)$ d) $I(0{,}63|10{,}23)$

11 Abstand eines Punktes von einer Geraden

1024 a) $\cos 60° = 0{,}5$ (positiv) b) $\cos 139° = -0{,}75$ (negativ) c) $\cos 90° = 0$ 325

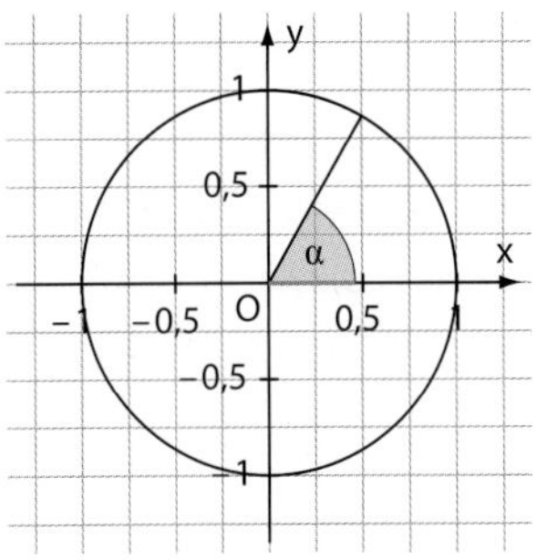

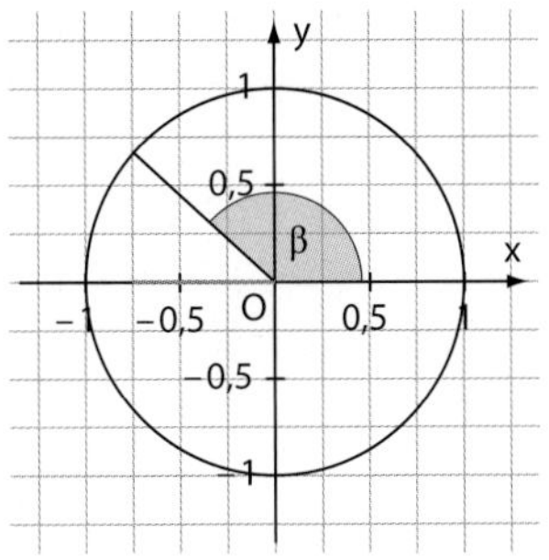

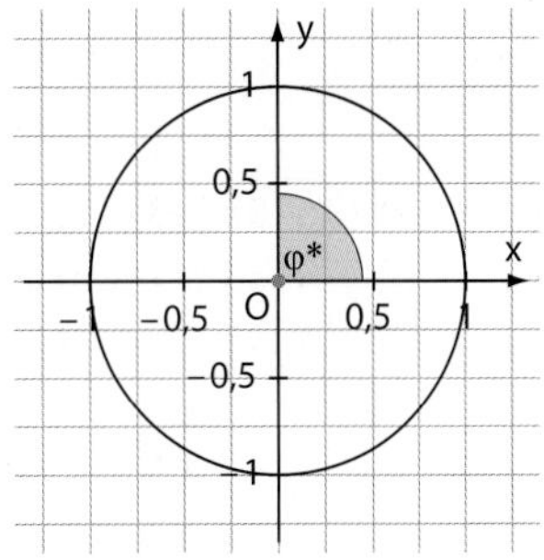

1025 $\alpha = 49{,}57°$ $\beta = 62{,}59°$ $\gamma = 67{,}83°$

1026 F – A – D – E – B – C

1027 a) 5,08 (spitzer Winkel) b) – 10,18 (stumpfer Winkel) 327

1028 z. B. $P(0|3)$; $\overrightarrow{AP} = \begin{pmatrix} -3 \\ 1 \end{pmatrix}$; $\overrightarrow{n_0} = \begin{pmatrix} 1 \\ 2 \end{pmatrix} \cdot \frac{1}{\sqrt{5}}$; $d(A, g) = \left|\overrightarrow{AP} \cdot \overrightarrow{n_0}\right| = \left|\begin{pmatrix} -3 \\ -1 \end{pmatrix} \cdot \begin{pmatrix} 1 \\ 2 \end{pmatrix}\right| \cdot \frac{1}{\sqrt{5}} = \frac{|-5|}{\sqrt{5}} \approx 2{,}24$ 328

1029 a) 3 b) 8,35

1030 $d = 0{,}6$

1031 a) – 7,49 stumpf b) 7,9 spitz c) – 772,74 stumpf 329

1032 a) $b_a = a_b = 1{,}9$ b) $b_a = 3{,}3$; $a_b = 3$ c) $b_a = a_b = 6{,}25$
Die beiden Normalprojektionen b_a und a_b sind gleich groß, wenn die beiden Vektoren gleich lang sind.

1033 a) 2,85 b) 6,53 c) 4,74 d) 3,47

1034 a) 0,47 b) 2,94 c) 0,99 d) 0,2

1035 a) $h_a = 15{,}97$; $h_b = 10{,}6$; $h_c = 13{,}1$ b) $A = 105\,E^2$
c) $S(4|1)$ d) von c: 4,37; von b: 3,54; von a: 5,32

12 Geometrische Deutung des Skalarprodukts

330

1036 A und D – C und E – B und F

331

1037 a) $\begin{pmatrix}5\\0\end{pmatrix}\cdot\begin{pmatrix}2\\3\end{pmatrix}=5\cdot 2=10$ b) $\begin{pmatrix}-3\\2\end{pmatrix}\cdot\begin{pmatrix}4\\2\end{pmatrix}=-12+4=-8$

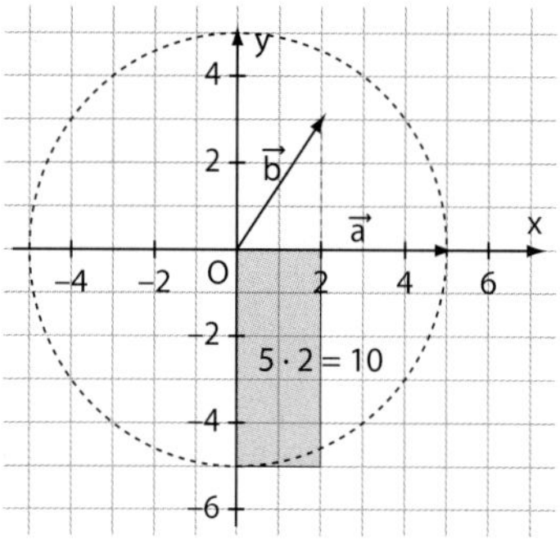

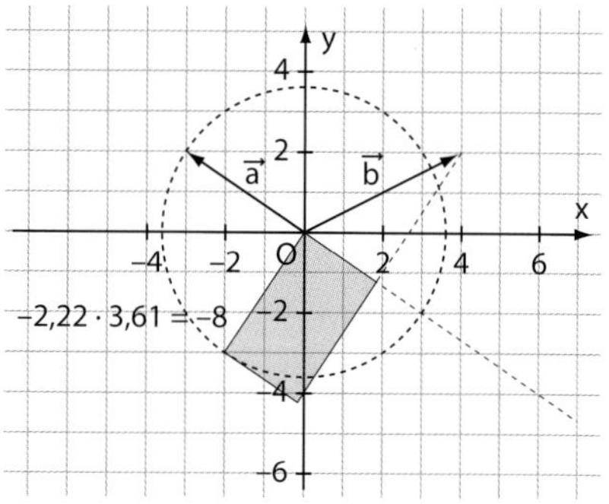

1038 a) im rechten Winkel, b) im spitzen Winkel, c) im stumpfen Winkel, d) 0°, e) 180°

332

1039 a) 13 b) – 12

1040 (1) im rechten Winkel, (2) im spitzen Winkel, (3) im stumpfen Winkel, (4) 0°, (5) 180°

a) (1) z.B. $\begin{pmatrix}-\frac{35\sqrt{74}}{74}\\ \frac{25\sqrt{74}}{74}\end{pmatrix}$ (2) z.B. $\begin{pmatrix}5\\0\end{pmatrix}$ (3) z.B. $\begin{pmatrix}0\\-5\end{pmatrix}$ (4) $\begin{pmatrix}\frac{25}{\sqrt{74}}\\ \frac{35}{\sqrt{74}}\end{pmatrix}$ (5) $\begin{pmatrix}-\frac{25}{\sqrt{74}}\\ -\frac{35}{\sqrt{74}}\end{pmatrix}$

b) (1) z.B. $\begin{pmatrix}\frac{16\sqrt{13}}{13}\\ \frac{24\sqrt{13}}{13}\end{pmatrix}$ (2) z.B. $\begin{pmatrix}8\\0\end{pmatrix}$ (3) z.B. $\begin{pmatrix}0\\8\end{pmatrix}$ (4) $\begin{pmatrix}\frac{24\sqrt{13}}{13}\\ -\frac{16\sqrt{13}}{13}\end{pmatrix}$ (5) $\begin{pmatrix}-\frac{24\sqrt{13}}{13}\\ \frac{16\sqrt{13}}{13}\end{pmatrix}$

1041 a) $A = 12$

(1)

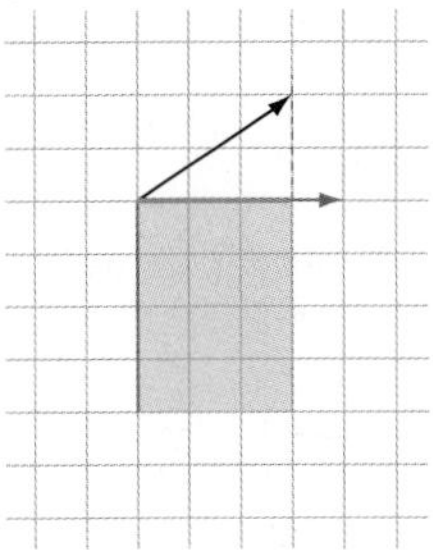

(2)

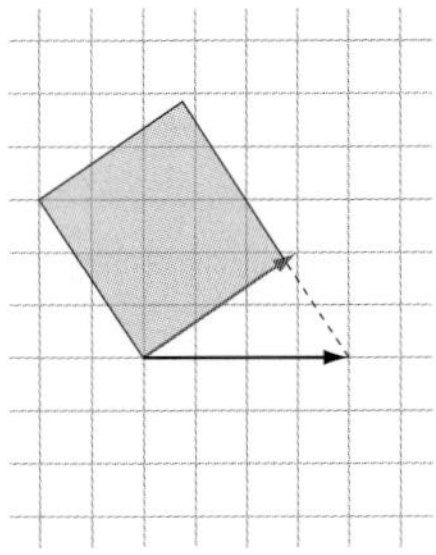

b) $A = 6$

(1)

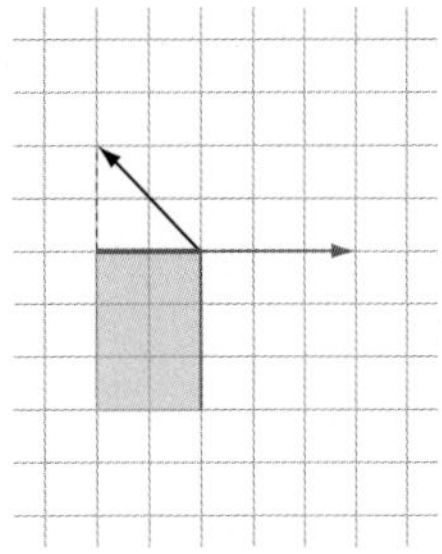

(2)

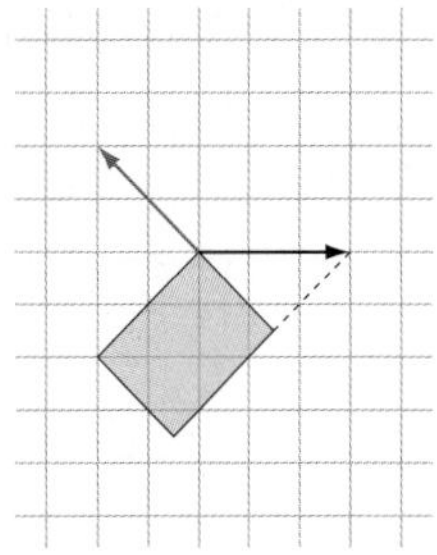

c) $A = 13$

(1)

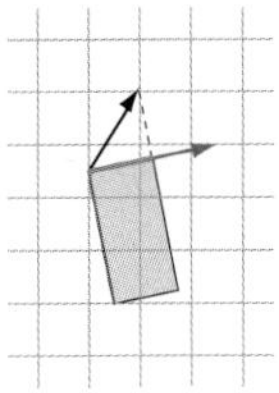

(2)

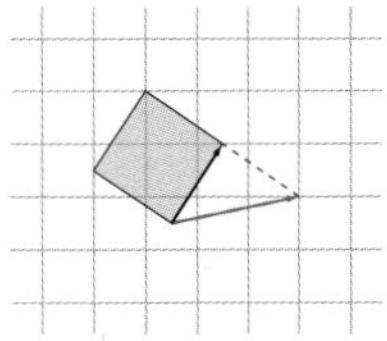

d) $A = 19$

(1)

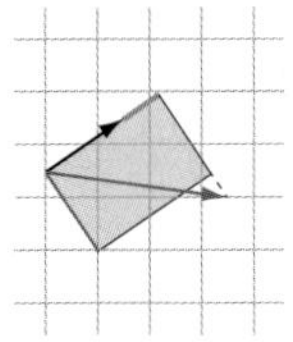

(2)

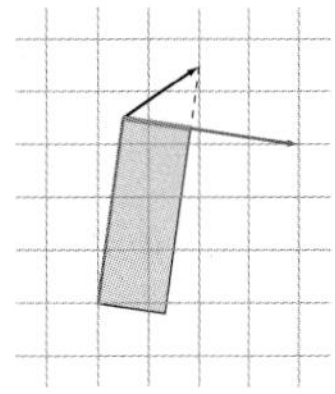

1042 a) stumpfer, b) spitzer, c) rechter, d) spitzer,
e) stumpfer, f) rechter Winkel

1043 A: 3 und 5, B: 2 und 4, C: 1 und 6

1044 richtig – falsch – falsch – richtig – richtig

Typ-2 Aufgaben Vektorrechnung und analytische Geometrie

1045 a) $\overrightarrow{F_1} + \overrightarrow{F_2} = \begin{pmatrix} 5 \\ 3 \end{pmatrix} + \begin{pmatrix} -5 \\ 1 \end{pmatrix} = \begin{pmatrix} 0 \\ 4 \end{pmatrix}$ 337

b) z_r: $X = (4{,}5 \mid 1{,}5) + t \cdot (5 \mid 3)$

c) t_r: $X = (4{,}5 \mid 2) + t \cdot (2{,}5 \mid 1{,}5)$ oder $y = 0{,}6x - 0{,}7$

$P \notin t_r$, weil $4 \neq 0{,}6 \cdot 10 - 0{,}7$

d) 0,43

1046 a) $X = (0 \mid 3{,}5) + t \cdot (9 \mid -3{,}5)$; $\alpha \approx 21{,}3°$

b) $\overrightarrow{Fp} = (1{,}69 \mid -0{,}66)$; $\vec{n} = (-0{,}36 \mid -0{,}93)$

c) ca. 19,3 m; ca. 69,5 km/h

$3 \cdot \vec{v}$ gibt den Bewegungsvektor für 3 Sekunden an.

Geschwindigkeit und Hangneigung werden größer.

Begründung: z. B. Bei gleicher erster Koordinate wie Vektor $\vec{v}$ ist die zweite Koordinate dem Betrag nach größer. Der Vektor ist dadurch länger und die zurückgelegte Strecke größer. Die Hangneigung wird größer. Es kann auch durch Berechnung der entsprechenden Werte argumentiert werden (19,7 m/s bzw. ≈ 24,0°)

1047 a) $\vec{g} = \begin{pmatrix} 66 \\ 30 \\ 49 \\ 17 \\ 65 \end{pmatrix}$ und $\begin{pmatrix} 1 \\ 1 \\ 1 \\ 1 \\ 1 \end{pmatrix} \cdot \vec{g} = 227.$ 338

Der Ergebnisvektor $\vec{g}$ gibt an, wie viel Stück von jedem Produkt in den drei Monaten verkauft wurden. Das Skalarprodukt 227 gibt die Gesamtzahl aller in den drei Monaten verkauften Produkte an.

b) Die Verkaufszahlen im Jänner sind für jedes Produkt doppelt so hoch wie im Oktober.

c) $\vec{z} = \begin{pmatrix} 22 \\ 10 \\ 16{,}3 \\ 5{,}7 \\ 21{,}7 \end{pmatrix}$. Der Vektor $\vec{z}$ gibt für die drei Monate den Mittelwert für jedes Produkt an.

1048 a) z. B.: $2 = -1 + 2t \Rightarrow t = 1{,}5$; $4 = 3 - t \Rightarrow t = -1$. Es ergeben sich unterschiedliche Werte für den Parameter t, daher kann der Punkt A nicht auf g liegen.

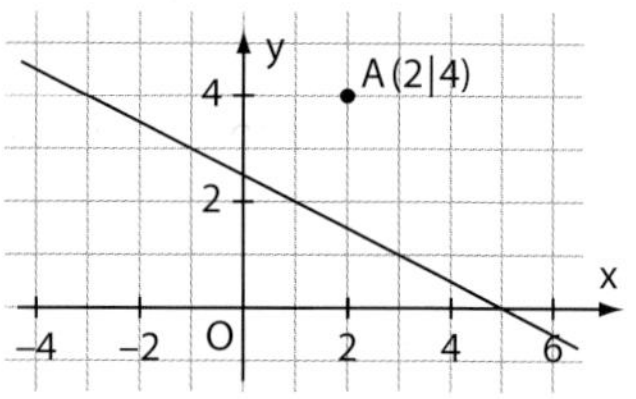

b) z. B.: p: $X = \begin{pmatrix} 2 \\ 4 \end{pmatrix} + u \cdot \begin{pmatrix} 2 \\ -1 \end{pmatrix}$. Da A nicht auf g liegt, kann eine Gerade nicht gleichzeitig mit g identisch sein und durch A gehen.

c) z. B.: s: $X = \begin{pmatrix} 2 \\ 4 \end{pmatrix} + v \cdot \begin{pmatrix} 2 \\ 1 \end{pmatrix}$. Der Richtungsvektor von s darf nicht parallel zum Richtungsvektor von g sein.

d) z. B.: n: $X = \begin{pmatrix} 2 \\ 4 \end{pmatrix} + w \cdot \begin{pmatrix} 1 \\ 2 \end{pmatrix}$; S(1 | 2). Das Skalarprodukt zweier Vektoren ergibt genau dann null, wenn die Vektoren normal zueinander sind.

Primzahlen

1 Teiler – Factors

1049 $5|25 \Rightarrow 5|3 \cdot 25 = 75$ w. A. 339

1050 Teilt eine Zahl a eine Zahl b, so teilt a auch jedes Vielfache von b. 340

1051 $7|49$ und $7|28 \Rightarrow 7|(49 + 28) \Rightarrow 7|77)$ w. A.

1052 Teilt eine Zahl a sowohl eine Zahl b als auch die Zahl c, so teilt a auch die Summe von b und c.

1053 $3|33$ und $3|9 \Rightarrow 3|(33 - 9) \Rightarrow 3|24$ w. A.

1054 Teilt eine Zahl a sowohl eine Zahl b als auch die Zahl c, so teilt a auch die Differenz von b und c.

1055 (1) $2|16$ (2) $3|2355$; ZS = 15 (3) $4|23416$; $4|16$
(4) $5|10$ (5) $2|36$ und $3|36$; $6|36$ (6) $9|25767$; ZS = 27
(7) $10|1000$

1056 Eine Zahl ist durch 12 teilbar, wenn sie auch durch 3 und durch 4 teilbar ist.
Eine Zahl ist durch 15 teilbar, wenn sie auch durch 3 und 5 teilbar ist.
Eine Zahl ist durch 18 teilbar, wenn sie durch 2 und durch 9 teilbar ist.

1057

	2	3	4	5	6	9	10	12	15	18
34 860	x	x	x	x	x		x	x	x	
29 160	x	x	x	x	x	x	x	x	x	x
25 550	x			x			x			
12 345		x		x					x	

1058 849 654 und 498 654

2 Primzahlen

1059 97 und 101 341

1060 a) $1176 = 2^3 \cdot 3 \cdot 7^2$ b) $1635 = 3 \cdot 5 \cdot 109$ c) $2926 = 2 \cdot 7 \cdot 11 \cdot 19$
d) $3452 = 2^2 \cdot 863$ e) $993 = 3 \cdot 331$ f) $6716 = 2^2 \cdot 23 \cdot 73$

1061 121

1062 2, 3, 5, 7, 11, 13, 17, 19, 23, 29, 31, 37, 41, 43, 47, 53, 59, 61, 67, 71, 73, 79, 83, 89, 97, 101, 342
103, 107, 113, 127, 131, 137, 139, 149

1063 Diese Zahlen werden erhalten:
41, 43, 47, 53, 61, 71, 83, 97, 113, 131, 151, 173, 197, 223, 251, 281, 313, 347, 383, 421
Alle sind Primzahlen.

1064 a) $n = 7$ b) $n = 31$ c) $n = 211$
d) $n = 2311$ e) $n = 30031 = 59 \cdot 509$ f) $n = 1086 = 2 \cdot 3 \cdot 181$

1065 3 – 5, 5 – 7, 11 – 13, 17 – 19, 29 – 31, 41 – 43, 59 – 61, 71 – 73, 101 – 103, 107 – 109, 137 – 139.
Das sind 11 Paare.

3 Sätze, Vermutungen und Geheimnisse über Primzahlen

343

1066 Beispiele: $181 = 2 \cdot 140 + 1$; $239 = 2 \cdot 119 + 1$

1067 Beispiel: $p = 7, n = 3$
$3^{7-1} = 3^6 = 729$
$729 : 7 = 104$, Rest 1

1068 Beispiele:
$193 = 4 \cdot 48 + 1$
$193 = 7^2 + 12^2$

1069 $42 = 19 + 23$; $44 = 13 + 31$; $46 = 3 + 43$; $52 = 5 + 47$; $88 = 5 + 83$

344

1070 Zwischen 196 und 225 liegen die Primzahlen 197, 199, 211 und 223.

1071 $257 = 2^{2^3} + 1 = 2^8 + 1 = 256 + 1$

1072 $2 | n$ und $2 | 2 \Rightarrow 2 | n + 2$
$3 | n$ und $3 | 3 \Rightarrow 3 | n + 3$
$100 | n$ und $100 | 100 \Rightarrow 100 | n + 100$